储能科学与技术丛书

储能技术及应用

[法] 伊夫 · 布鲁内特（Yves Brunet） 等著

唐西胜 徐鲁宁 周 龙 韩 娜 译

机 械 工 业 出 版 社

本书主要讲述了储能在电力系统、交通运输、新能源发电和移动电子设备中的应用；介绍了现在主要的储能技术，包括各种储氢技术与燃料电池、电化学储能、超级电容器与微电源等；分析了主要储能技术的性能特点、材料与关键技术，以及在典型应用系统中的技术经济性等。

本书适合于面向智能电网、新能源汽车与移动式电子应用的储能科研、规划、设计与运行的工程师，以及高等院校从事储能与应用的教师与研究生阅读。

图书在版编目（CIP）数据

储能技术及应用/(法) 伊夫·布鲁内特 (Yves Brunet) 等著；唐西胜等译. —北京：机械工业出版社，2018.4 (2024.1 重印)
(储能科学与技术丛书)
书名原文：Energy Storage
ISBN 978-7-111-59622-6

Ⅰ.①储…　Ⅱ.①伊… ②唐　Ⅲ.①储能－技术－研究
Ⅳ.①TK02

中国版本图书馆 CIP 数据核字（2018）第 067221 号

机械工业出版社（北京市百万庄大街 22 号　邮政编码 100037）
策划编辑：付承桂　责任编辑：付承桂　任　鑫
责任校对：郑　婕　封面设计：鞠　杨
责任印制：单爱军
北京虎彩文化传播有限公司印刷
2024 年 1 月第 1 版第 8 次印刷
169mm×239mm · 13.25 印张 · 2 插页 · 262 千字
标准书号：ISBN 978-7-111-59622-6
定价：79.00 元

凡购本书，如有缺页、倒页、脱页，由本社发行部调换

电话服务	网络服务
服务咨询热线：010－88361066	机 工 官 网：www.cmpbook.com
读者购书热线：010－68326294	机 工 官 博：weibo.com/cmp1952
010－88379203	金 书 网：www.golden－book.com
封面无防伪标均为盗版	教育服务网：www.cmpedu.com

译者的话

随着智能电网、新能源发电、电动汽车与移动式设备的发展，对储能技术及其应用系统的需求越发迫切。近年来，国内储能相关的研究、开发与应用工作越来越多，但尚缺少一本全面介绍储能技术及其应用的专著或译著，这也是译者想把本书介绍给国内读者的一个重要原因。

本书由来自法国科研院所和电力公司的19位作者共同编写而成，他们将各自不同的专业技术背景有机结合起来，从微观到宏观，为我们展现了一个纷繁而奇特的储能世界。本书共9章，第1~4章主要介绍了储能在电力系统、交通运输、新能源发电和移动式设备中的应用；第5~7章介绍了几种主要的储氢与燃料电池技术；第8章和第9章重点分析了典型的电化学储能与超级电容器的性能特点、关键技术及其应用。

本书第2章与第9章由周龙翻译，第3章由韩娜翻译，第5~7章由徐鲁宁翻译，其余部分由唐西胜翻译，博士研究生刘文军和苗福丰也参与了部分翻译工作。全书由唐西胜统稿。

感谢中国科学院电工研究所的齐智平研究员、中国科学院宁波材料技术与工程研究所的张一鸣博士和ABB中国研究院的张国驹博士在本书翻译过程中给予的指导与帮助。

储能技术门类庞多，涉及多学科、多领域的专业知识，尽管译者竭力求实，但受水平和专业领域所限，加之部分技术处于前沿，本书难免存在错误和不妥之处，恳请读者不吝赐正。

唐西胜

于中国科学院电工研究所

目 录

概论㊀

㊀ 概论由 Yves Brunet 撰写，可以参考 Yves Brunet 的另一本书《Low Emission Power Generation Technologies and Energy Management》（ISTE/John Wiley，2009）的“Energy storage：applications related to the electricity vector”一章。

能量之源：能量密度

能量都是存储起来的，或者在特定的地理区域内，或者在更大的规模上（如太阳）。存储的能量可以按照需求使用，直至用完（“可再生”能源只有在人类这个时间尺度上能够再生，才有意义）。本书将能源区分为一次能源与二次能源。一次能源是指早就“自然”存在着的化石能源，对此我们只需要支付采掘费用。而二次能源则是指人造的能源，为此我们不但需要支付采掘费用，还需支付存储费用。能源的更替周期见表1。

表1　能源的更替周期

能源	更替周期
生物质能	几年
海洋热能梯级利用	几百年
化石能源	几百万年
潮汐/波浪能	几小时
地热能	几天至几年
热质（蓄热材料）	几小时
蓄电池	几分钟
超导储能	几秒
电容器	几秒
抽水蓄能	几小时

（资料来源：W. A. Hermann，Quantifying Global Energy Resources，Science direct，Elsevier 2005）

本书将重点关注二次能源的储存。

能够被开发利用的能源不但以不同的形式存储在自然界中，而且存储的密度也大不相同（见图1）。

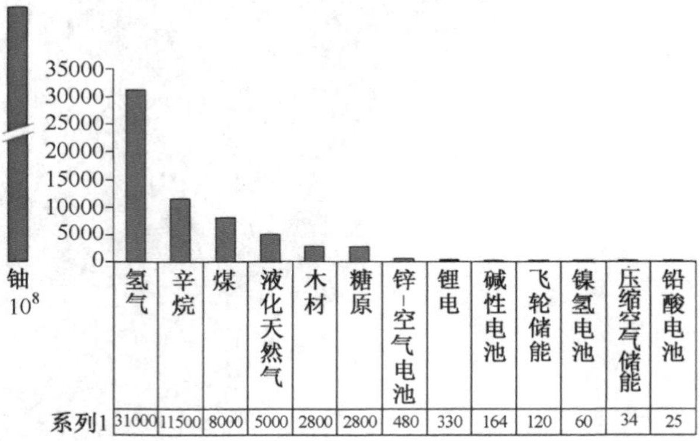

图1　不同的储能材料或储能器件的能量密度有很大不同（图中显示了化石能源相对于二次能源在能量密度上的巨大优势。核能的能量密度尤其高，每千克铀裂变可以产生 10^8W·h 的能量）

通过下面几个简单的例子可以直观地看出电能产生的效用，对于1kW·h的电能，可以做以下事情：

1）一辆百千米油耗8L的汽车行驶1km。

2）电冰箱运行一天所需的电能。

3）为一个家庭提供一夜的照明。

4）生产200g钢或100g塑料。

在法国，平均每个人的年用电量为40MW·h，即每人每小时用电4.5kW·h。

储能的变换

根据应用场合的不同，存储的能量可以以功率[单位为瓦(W)]或能量[1][单位为焦耳(J)或瓦时（W·h）]的形式释放出来，而能量则是功率在一定时间长度上的累积。储能装置能够将存储的能量以一定的功率立即释放出来，这在实际应用中是非常有用的。

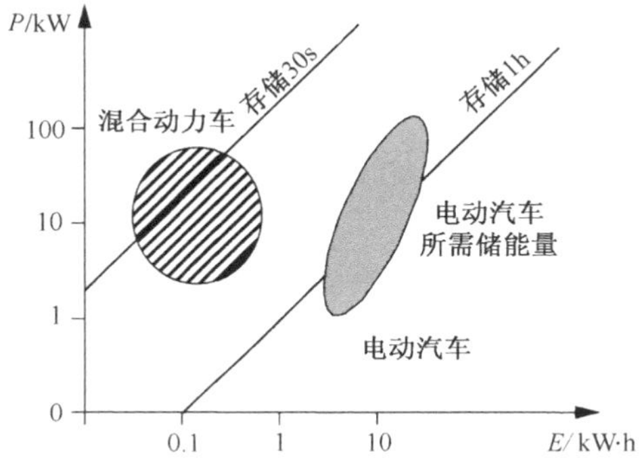

对于储能的应用策略不同，导致了不同的储能解决方案（见图2）。

能量存储在储能装置中，经过能量的转换和变换后，以最适宜于应用的形式供给用户。电能是能量的存储形态之一，无疑也是目前所知的最灵活和便捷的应用形式（见图3）。

图2　电动汽车的储能需求（混合动力汽车关注储能所能提供的功率，而纯电动汽车则既关注功率也关注能量。对于混合动力汽车，所需的储能量约为12W·h/kg，功率约为500W/kg，能够在2s内以10kW的功率提供300W·h的能量，储能装置的寿命预期为15年）

储能涉及的问题既有技术上的，也有经济上的，而相应的解决方法与其具体的应用目标密切相关（参见第1~5章）。以电力存储为目的的储能技术，并不是一种权宜之举，尤其是在电网中的应用。目前，至少有两种截然不同的储能应用需求可以说明这个问题。

1）移动式应用，如移动电话和各种手持设备等。储能的目的是确保设备的正常运行，或者是作为功率“缓冲器”，在设备需要脉冲功率时提供足够高的功率输出。

2）固定式应用，如应用于电网中的储能，需要较高的能量和功率。

[1] 3600J=1W·h，1MW·h=0.0857 toe（吨当量油），1tep=11.7MW·h。——作者注

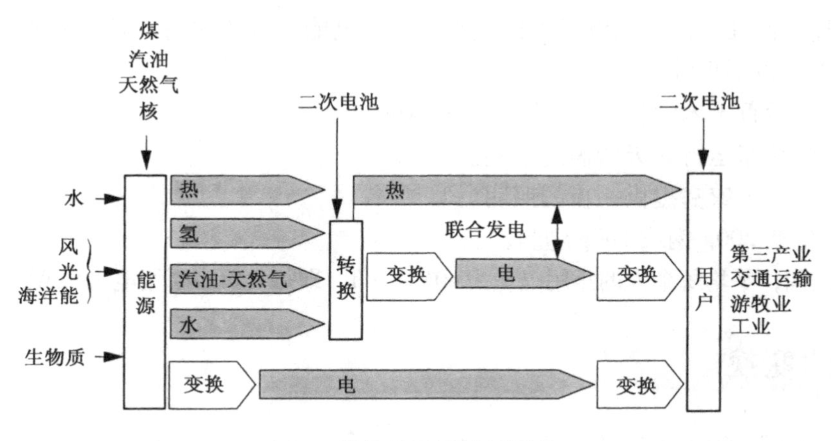

图 3　储能装置的运行原理

储能的脉冲应用案例㊀

脉冲功率系统需要在很短的时间内将存储的能量释放出来。能量一般以电磁的形式（电场或磁场）存储起来，在快速开关的作用下能够在非常短的时间内（毫秒级）提供能量。因此，对于特定容量的储能量 W，输出功率 $P = W/t$ 会非常大。

例如，对于串联电容器储能系统（Marx Generators，马克斯发生器），影响能量释放的主要因素有

1）储能电路的电气特性（R，L，C）。

2）充电电路的阻抗特性（R，L，C）。

3）储能系统的初始状态。

4）开关系统的特性（R，L，t）。

脉冲应用类储能系统的电压可以达到几百万伏，峰值放电电流可以达到几百万安培，脉冲可能是单脉冲，或者是几千赫兹的脉冲序列。

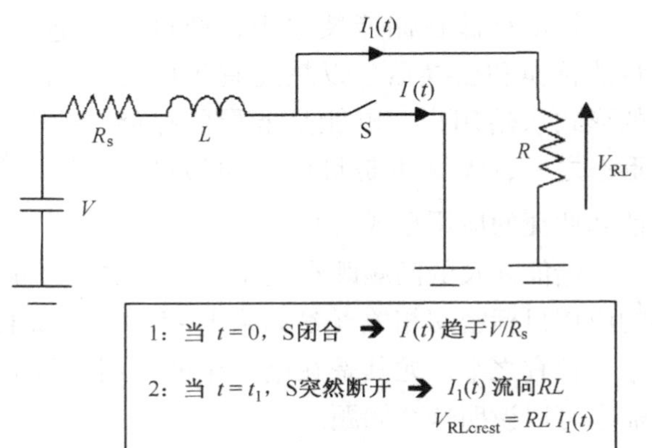

图 4　电压型电感储能系统（其基本原理是在电感中产生电流，并迫使电流在特定时刻流经一个电阻，该系统需要分段能力强的开关）

电容储能系统一般包括电容器组与闭合开关（V），而电感储能系统（见图 4）则包括储能电感、闭

㊀ 感谢 Jean-Claude BRION（Europulse 公司）对本节的校对。——作者注

合开关（I）与断路开关（V）。

开关装置可以采用以下类型：

1）气态开关：高压火花间隙、引燃管、闸流管等。

2）半导体开关：晶闸管、GTO、IGBT、MOSFET、SRD（超快速恢复二极管）等。

3）固态开关：熔断器。

对于电容储能系统，马克斯发生器通过先对电容器并联充电，然后再串联放电，可以获得很高的电压值如图5所示。

脉冲式的能量已经在工业和科研领域获得了诸多应用，诸如雷达、粒子加速器、强磁场、激光、电炮（电子射线武器）等。

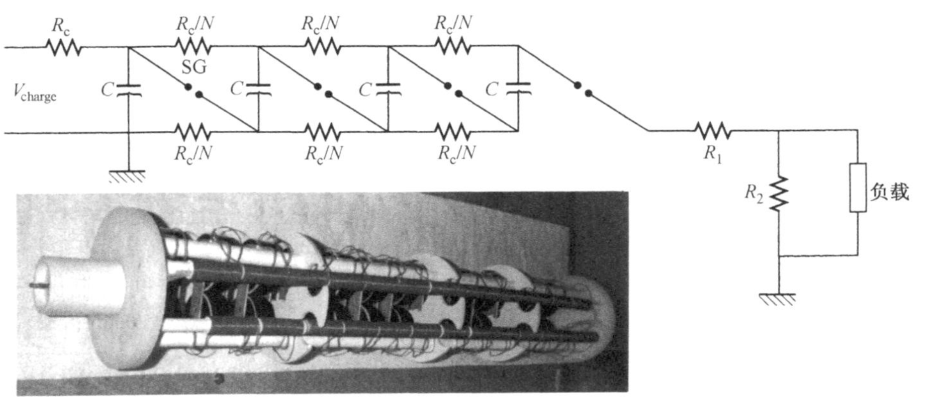

图5　马克斯发生器原理图和实物图（其中电容器为13只，5.2nF，40kV，6kJ/s；V_{max}=350kV，上升时间为15ns，脉冲宽度为50ns，脉冲频率为115Hz）

储能的电网应用案例

本书的第1章将对这部分进行详细分析，这里仅对储能应用于电网的基本性能进行简述。由于电能很难被高效和大量地存储，因此时刻保持发电和用电的平衡对于电力系统来说是非常重要的，而用电量是随着每天不同时段或季节不断波动的（见图6），因此能量存储的问题将会在电网中更加突出。储能通过将发电存储起来并用于之后其他时段，有效地打破了发电和用电的这种耦合关系。

因此，有必要将能量以某种形式存储起来（如机械能、热能、化学能等），并在需要时将储存的能量通过变换装置（如蓄电池、发电机等）转换为电能释放出来。能量变换装置大多是基于电力电子器件的，其转换效率（80%～90%）关系到储能系统的成本与经济性。

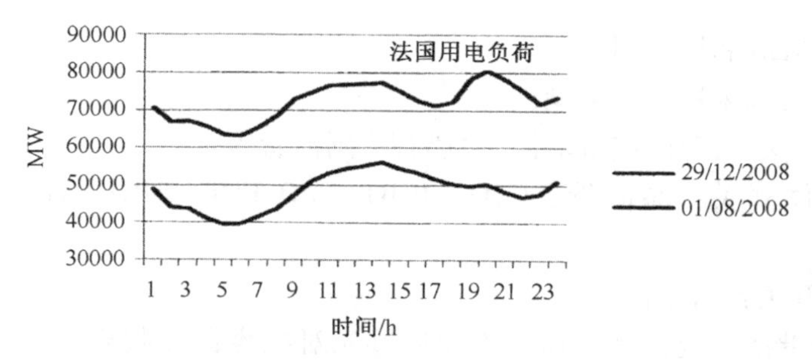

图 6　法国的用电情况（资料来源：RTE）

储能可以应用于电能的各个环节，包括发电、输电、配电和用电等，如图 7 所示。

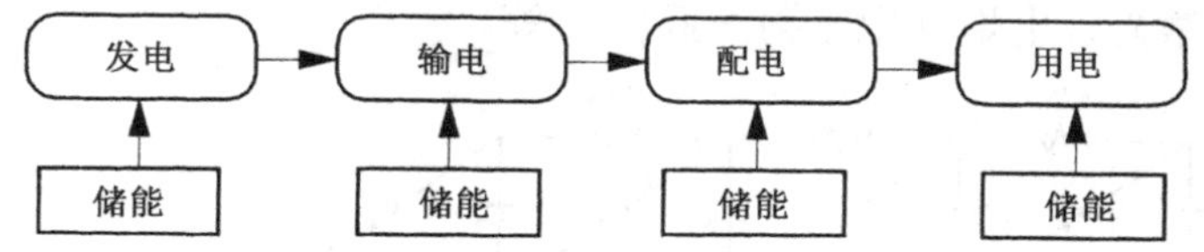

图 7　储能在电网中可能应用的环节

储能应用于电力系统，不仅要在技术性能上满足要求，还要具有一定的经济效益，如图 8 所示。在日益开放的电力市场中，能源的价格在一年中甚至一天中的不同时段很可能不同（遵循供需平衡的市场原则），而用电峰谷之间的电价差是决定储能在多大程度上获利的重要因素。储能作为增强电力系统柔性的重要手段，同时也要受到以下几个因素的制约：

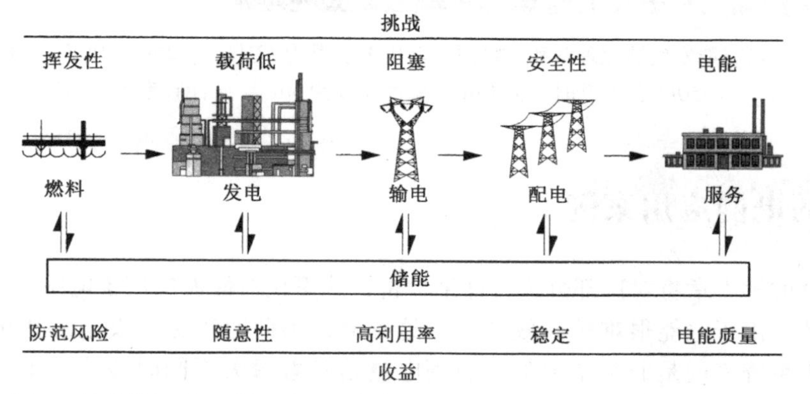

图 8　储能是解决电网问题的有效手段（来源：Energy Storage, The Missing Link in the Electricity Value Chain: An ESC White Paper, Published by the Energy Storage Council, May, 2002）

1）储能系统的成本与所采用的储能技术类型及其实际配置容量紧密相关。

2）即使是同类型的储能技术，在不同的电力市场中或不同的运营商，其效益也是不同的。

3）几个影响运营商评估储能系统效益的重要因素，包括电网中电源的类型及其比例、电网的阻塞程度等。

储能在电力系统中可以发挥多种不同的作用，具体包括：

1）电力调峰。

2）负荷跟踪（平滑暂态性用电冲击）。

3）改善电能质量，包括电流、电压和频率。

4）在电网运行状态恶化时支持电网运行。

5）可再生能源发电高渗透率接入下的电网平衡调节。

6）提高电力资产利用率。

在微电网或独立电力系统中，往往会包含一些间歇式电源（如风电、太阳能发电等），在这些情形下，储能的应用方案需要根据其技术性能和经济性能进行认真研究。总的来看，储能通过以下方式克服了间歇式电源的不足：

1）最大化利用光伏等可再生能源发电。

2）就地利用发电，提高系统的效率。

3）提高能量管理系统的柔性与效率。

4）当电网停电时确保用户的用电安全。

在上述不同的应用目标下，储能的几个关键技术性能和经济性指标（投资费用、能量和功率密度、循环寿命、环境影响等）左右着对储能技术的选择（见图9）。本书第6章及其以后的篇章中将详细介绍这些不同的储能技术。

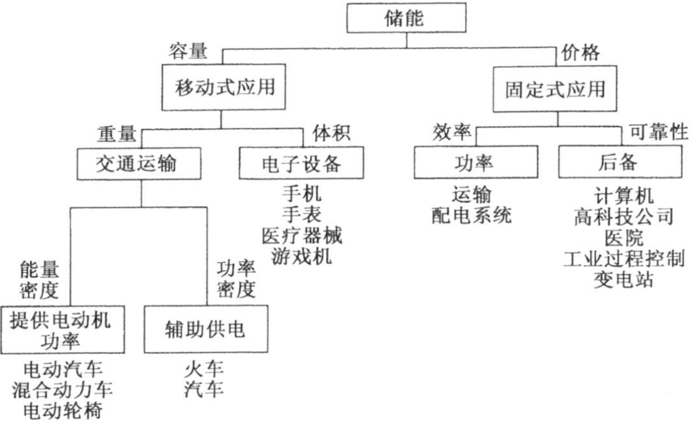

图9　不同应用目标下储能的选择标准与约束条件

重新回顾图6，可以看出，如果要储能存储日平均功率以上的所有能量，则需要的储能容量高达几十GW·h。而在用户侧，由于所需的储能量要小很多，因而情况会有很大不同，使得在用户侧安装储能更有吸引力㊀（见图10）。同时，储能

㊀ 美国电科院（EPRI）位于盐河的2.4kW/15kW·h户用光伏-蓄电池储能系统。——作者注

还是确保用户供电质量的有效手段（UPS，不间断电源）。

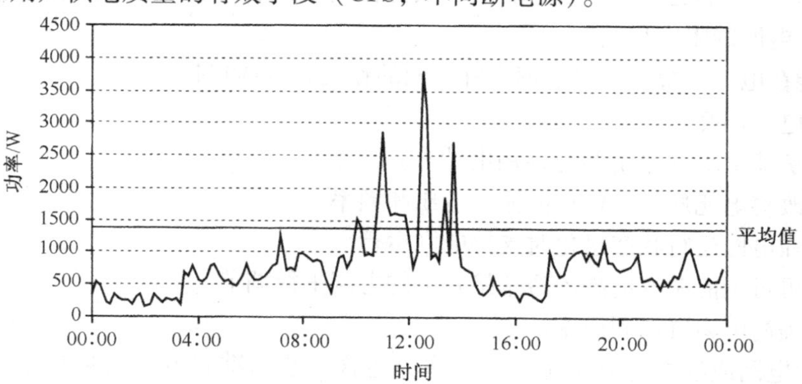

图 10　某家庭的日用电曲线［2005 年 11 月 4 日[一]。按照常规的设计方案，该家庭的供电设计要高于其实际的最大负荷功率，需要 6kW，而通过配置 4kW/4kW·h 的储能系统，其实际的供电设计可以降至 1kW（配电变压器平均功率为 780kW），完全可以满足峰值用电需求］

由于当今世界各行各业与电网的联系日益紧密，瞬时停电或长时间的供电中断会造成巨大的经济损失（据统计美国每年的停电损失高达几百亿美元）[二]。可以将这种损失与为避免停电而配置的储能费用进行比较，以评估储能的效益。

电能的运行管理需要在整个电网的层面上，由基于信息通信技术（ICT）的系统管理中心统一实施，即使是目前广泛发展的分布式发电，也可以纳入该管理体系之中。在传统控制管理之外，还可以通过虚拟电站技术将整个发电、储能和用电高效组织起来。

储能技术

以下两个表格总结了各种典型储能技术及其主要应用领域。

表 2　大容量储能技术（来源于 CEA）

储能技术	抽水蓄能	地下压缩空气	电化学电池	液流电池	储热与燃机

[一] Doc GIE IDEA（Tuan Tran Quoc）。——作者注

[二] Communication J ETO EESAT 2004。——作者注

（续）

储能技术	抽水蓄能	地下压缩空气	电化学电池	液流电池	储热与燃机
能量密度	落差 360m 时为 1kW·h/m³	地下存储压力 100bar[㊀]时为 12kW·h/m³	铅酸电池：33kW·h/t 锂离子电池：100kW·h/t	33kW·h/m³	200kW·h/m³
可用容量	1000～100000 MW·h	100～10000 MW·h	0.1～40MW·h	10～100MW·h	1000～100000 MW·h
可用功率	100～1000MW	100～1000MW	0.1～10MW	1～10MW	10～100MW
效率	65%～80%	50%（在燃气发电下）	快速放电时每月 70%	70%	60%
目前装机情况	100000MW·h 1000MW	600MW·h 290MW	40MW·h 10MW	120MW·h 15MW	—
kW·h 成本/欧元	70～150	50～80	200（铅酸）～2000（锂电）	100～300	50
kW 成本/欧元	600～1500	400～1200	300（铅酸）～3000（锂电）	1000～2000	350～1000
成熟度	非常成熟	全球有几个示范项目	全球有几个示范项目	正在研发样机	规划阶段
备注	选址需要有落差的水库	地下选址	含重金属	会产生中间化合物	不受地理位置限制

表 3　中小容量储能技术（来源于 CEA）

储能技术	超导储能	超级电容器	电化学电池	飞轮储能	罐装压缩空气储能	可逆 PAC 储氢

㊀ 1bar = 10^5Pa，后同。——译者注

（续）

储能技术	超导储能	超级电容器	电化学电池	飞轮储能	罐装压缩空气储能	可逆 PAC 储氢
储能方式	电磁	静电荷	化学	机械	压缩空气	燃料
能量密度（不包括附属设备）	1～5W·h/kg	10W·h/kg→60W·h/kg	20～120W·h/kg	1～5W·h/kg	8W·h/kg（200bar）	300～600W·h/kg[①]（200～350bar）不含 PAC
可利用容量	几千瓦时	几千瓦时	几千瓦时至几兆瓦时	几千瓦时至几十千瓦时	几千瓦时至几十千瓦时	—
储能时间	几秒到 1min	几秒到几分钟	几十分钟（镍镉）到几十小时（铅酸）	几分钟到 1h	1h 到几天（自放电率很小）	1h 到几天（自放电率很小）

① 原书中为 300～600W·h/g，可能是笔误。——译者注

第1章 应用于电力系统的储能技术[㊀]

㊀ 本章由 Régine BELHOMME，Jérôme DUVAL，Gauthier DELILLE，Gilles MALARANGE，Julien MARTIN 和 Andrei NEKRASSOV 撰写。

1.1 简介

本章将介绍储能技术在电网，以及在电力系统中的潜在应用。“电网”通常指的是输电网和配电网，而“电力系统”则囊括了整个电力供应链，这其中包括：

1）电源，不仅包含集中式发电厂（核电、火电、水电等），还包括小型分散式发电单元（余热发电、内燃机发电等），以及可再生能源发电（风电、光伏发电等）。

2）不同电压等级的输配电网络（从400kV的高压输电系统到400V的低压配电线路）。

3）多种不同类型的电力用户，包括工业、商业、第三产业，以及居民用电等。

由于电力系统需要时刻保持电力生产与消费之间的平衡，使得电力储能很早就成为一个备受关注的问题。而事实上，储能技术在电力系统中也已经应用了很长时间，如法国建设的抽水蓄能电站（STEP）。但是，由于大多数储能系统的经济性问题，比如较高的建设成本、接入电网的相关经济性约束、投资收益性较差等，使得储能技术在电力系统中的发展难以达到预期的水平。

然而，电力行业的现状和未来发展方向为储能技术的应用带来了新的机遇，对于储能系统经济性不高的观点可以重新审视，原因如下：

1）CO_2减排的需要。

2）间歇式可再生能源的发展与可靠并网。

3）传统化石能源的日益减少成为公认事实。

4）化石燃料价格的必然上涨。

5）电力市场中电价的波动性。

6）电网越来越接近运行极限，而进一步的升级建设将遇到很多困难。

7）相关技术的进步。

8）相关电力政策的调整与进步。

正是由于以上多种原因，储能在电力系统中的应用重新引起了人们的兴趣，一大批针对多种不同储能技术的应用研究项目正在进行之中。在这种情况下，电力系统的每一个环节都有其对储能的不同需求，这也产生了储能在电力系统中的不同应用。

因此，在本章中，我们将回顾电力系统的主要功能，并分析储能在其中的潜在应用。简而言之，我们将重点关注以下几个应用：

1）发电（第1.2节），特别是可再生能源的并网发电（第1.3节）。

2）输电系统（第1.4节）和配电系统（第1.5节）。

3）能源供应商或零售商（第1.6节）。

4）电力用户（第1.7节）。

5）平衡责任方（Balancing Responsible Party，BRP）（第1.8节）。

在1.9节中，我们将做一个简要的总结。

1.2 储能技术应用于发电环节

"发电"由发电厂的电能生产和电量的实时销售组成，电量的销售包括批发（如电力供应商购买）和零售（直接供给电力终端用户）两种。

法国对于电力的监管较少，因而，发电商在电力市场中是自由竞争的。"纯粹"的发电商在批发市场销售他们所生产的全部电量。既发电又售电的联合发电商，将发出的全部或部分电量用以满足用电大户的需求，而这也是他们收入的主要来源。

无论发电商如何看待电力市场，其发出的电量多少与收益大小都会受到以下几个不同因素的影响：

1）发电商任一时刻销售的电量多少取决于发电机组的装机容量、负荷的用电需求量，以及发电成本的竞争力。

2）售电价格，无论是本地销售还是通过电网输送到其他地方，都是与电力系统的运行状况相关的。

面对这些不确定因素，对于发电商来说，关键在于如何优化与确保安全电力生产，并保证运营收益。

1.2.1 "大功率储能"可以使发电收益最大化

电价随着负荷需求的小时、周，以及季节性的变化而波动。为了实现发电收益最大化，在电价最高时最大限度售电是非常重要的。

通过管理储能系统，可以在电价低时将电量存储起来，然后在电价较高时售出。因此，储能系统可以作为一个调节杠杆，提高发电商的发电收益。

为了能够通过储能获得更多的收益，储能系统的容量应该足够大，能够进行数十小时的充放电循环。此外，储能系统的功率也应该足够大（几百兆瓦量级）。这样的储能系统可以进行夜间充电白天放电，或者周末充电工作日放电的循环。一般情况下，定位于上述用途的较为成熟的储能技术均为大型的储能系统，比如抽水蓄能电站（STEP）和压缩空气储能系统（CAES）。

对于大型抽水蓄能电站，利用夏、冬之间的季节性能量转换（可以循环利用几百小时），同样可以获得较大的收益，如雨季存水，旱季放水发电。然而，值得注意的是，最适合建造此类储能系统的地点（比如山谷），在法国已经基本上被用完了。

总之，根据负荷的用电特点（夏-冬、周末-工作日、日-夜），储能系统通过峰荷转移或平滑负荷曲线可以使发电商的收益实现最大化，如图1-1所示。此外，储能还可以使发电商在其他方面获得新的收益，主要体现在以下几个方面：

1）降低燃料费用：在非峰值时刻利用最便宜的燃料发电，通过峰谷转移，从而减少峰值负荷时所需采用的昂贵化石燃料的量。

2）优化市场中的电量销售策略：当电价更有利时，售出更多电量。

3）减轻影响发电机组运行和管理的多种动态约束条件的限制：通过平滑负荷曲线以优化发电机组的运行（比如，减少某些起停费用较高机组的起停次数）。

4）降低 CO_2 排放水平，相应减少购买碳排放许可的费用：尤其是在碳排放低的水电或核电承担基荷的情况下，使用储能系统作为发电补充，可以减少用以满足峰荷需求的化石燃料发电，从而减少 CO_2 的排放。

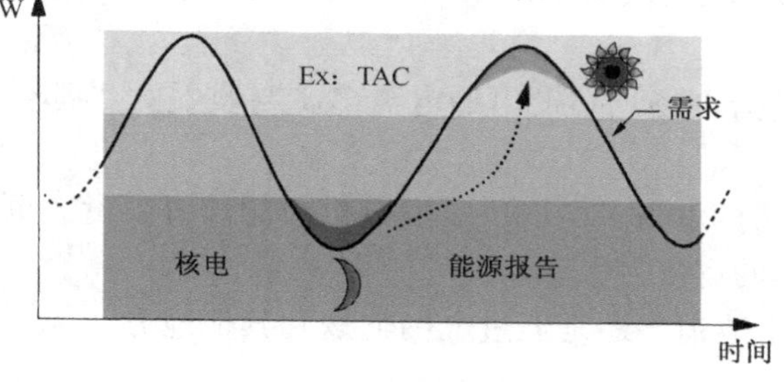

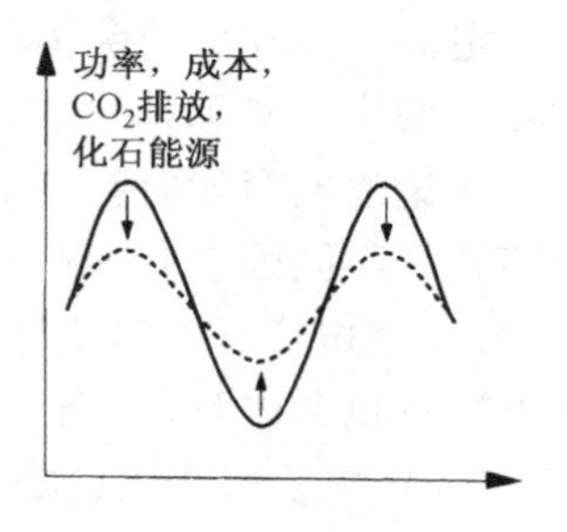

图1-1 储能系统在日发电循环中的作用以及应用于燃气轮机发电机组的优势

1.2.2 “大功率储能”可以减轻发电系统的运行和经营风险

储能技术的应用，可以减轻发电机组在运行过程中可能出现的不利影响，比如常规发电可用容量的缺失、冷锋、缺风等。储能系统是减轻上述不利影响的有效解决方法，能够避免对其他解决方式的依赖，如从期货市场购买能源，或投资建设备用发电容量等。

储能技术还可以平滑负荷曲线中的极端峰值负荷，而这些峰值负荷在一年中可能只出现几个小时，这样就可以减少针对这种极端峰值负荷的额外发电容量的投资。因此，储能能够推迟甚至减少这种新上发电容量，对于发电商来说也是一种成本节约。

另外，储能还可以通过适时提供所需的电能，以限制电力市场中由于电价波动而带来的金融风险，从而降低发电商对其他解决途径的依赖，这也是储能的另一种价值体现。

1.2.3 储能的辅助服务

发电商通过配置储能，能够完善发电机组在电力系统中的功能，比如储能参与系统调频或电网故障恢复等。当然，这取决于储能系统的规模与技术特征。下面将给出这些功能的简单分析。

1.2.3.1 调频

由于不同的国家对频率的调节特性有很大区别，因此在调频的需求上也存在很多不同之处。为了方便起见，在本章中只针对法国，我们将频率调节分为三种：一次调频、二次调频和三次调频。

1）一次调频。一次调频的目的是通过对参与调频发电机组进行直接的和自动的发电控制，以维持发电系统的实时发电-用电平衡。尤其是在互联电网中，由于发生故障而伴随着频率的变化，一次调频能够保持数秒钟的频率稳定。

一次调频能够实现，是由于部分参与调频的并网发电机组具有有功备用（一次备用），而这些装置平时以低功率状态运行。图 1-2 描述了调频发电机组在稳态运行下的有功/频率特性。

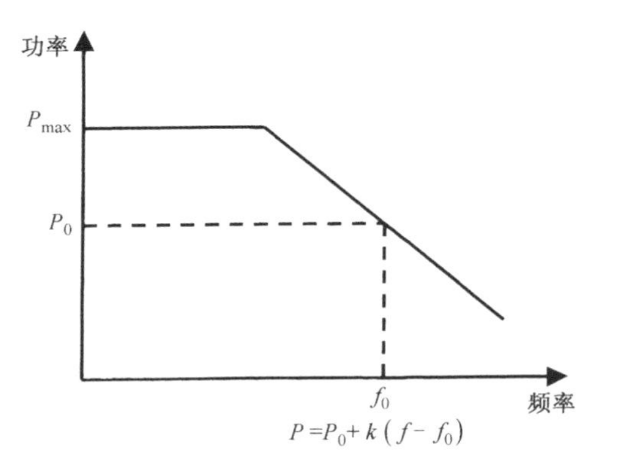

图 1-2 调频发电机组稳态运行下的有功/频率特性

对于 UCTE（欧洲电力传输协调联盟）范围内的区域电网，其所需的一次备用容量要能够补偿基准故障发生时的电力缺失，也就是要能补偿 3000MW 的突发发电损失。另外，为了减少稳态下的频率偏差，参与调频的机组需要满足 $\frac{\Delta P}{\Delta f}$ 的比率最小值。这里，ΔP 表示参与调频机组的功率变化量，Δf 表示稳态下的频率变化量。这个比率即为系统调频所需的能量。对于 UCTE 的第一个同步区（西欧地区），所需的能量最少要达到 18000MW/Hz，而对于第二个同步区（巴尔干地区），则至少要达到 3000MW/Hz。因此，可以很方便地在系统中将一次备用容量分配给多个发电机组，以确保系统稳定运行所需的调节能量。

为了实现系统的频率稳定，对备用容量的响应时间也有一定的要求。一般地，当所需的补偿容量小于或等于 1500MW 时，要求能够在 15s 的时间内释放出来；而当所需的补偿容量达到 3000MW 时（基准故障发生时的电力缺失），则要求能够在 30s 的时间内释放出来。

2）二次调频。二次调频是对参与调频的发电机组进行集中式自动调节，以使系统频率及与相邻电网的功率交换达到预定目标值。与一次调频相比，二次调频不是利用本地信息来实现的，而是需要将一个指令发送到发电机组。这个指令是由电网调度（TSO）的控制中心通过计算而来的。由于发电机组中有功备用（二次备用）的存在，使得二次调频的实现得到了保障。只有达到特定容量（在法国为120MW以上）的发电机组才可以参与二次调频。

3）三次调频。三次调频属于手动调频，主要用于：①释放一次备用和二次备用容量，并在二次调频没能实现调节目标时（可能由于二次备用容量的不足），将频率调整到预定值；②当电力供需不平衡缓慢增大时，使系统重新恢复到平衡状态。

三次调频也用于解决输电网阻塞的问题，当然，这取决于不同国家的政策。

三次调频对三次有功备用容量的调度可以有不同的时间尺度（见参考文献[RTE]）。在法国，这些备用容量的调度是由TSO控制中心通过电话传达给发电商的。

三次调频往往与电网调度（TSO）的平衡机制联系在一起，类似于一种固定的投标，平衡责任方提交“调整”方案，比如发电商提供发电机组向上或向下调节的精确量，然后TSO选择适宜于系统的方案，以确保发电-用电的平衡与系统的安全。

1.2.3.2 电网恢复

当电网出现部分或全部供电崩溃时，故障恢复的目标是尽快恢复电网供电。首先保证高优先级负荷的供电恢复，然后逐渐恢复到全部负荷，直到整个电网正常运行[RTE 04]。

电网的故障恢复包含一系列步骤，并且依靠于发电机组。储能系统能够与其他发电机组类似地参与电网的故障恢复，但这取决于储能系统的容量大小与技术特性。在法国，只有40MW以上的发电机组才允许参与这种运行方式。

1.3 储能技术应用于间歇式电源

1.3.1 不含储能的调频

间歇式电源（如光伏、风电等）给电力系统带来的一个主要问题是其提供辅助服务的能力有限，尤其是参与调频的能力。由于其发电功率的波动性以及电网被强制性要求回购可再生能源发电的规则，间歇式电源通常以最大功率跟踪方式发电，而不会参与调频。

到目前为止，由于风电的并网渗透率仍然比较低，风电场调频能力的缺失还不是问题。然而，随着风电装机容量的增加，将取代一些传统的具有调频能力的火力发电，这使得风力发电提供调频等辅助服务在将来成为必要。

1.3.1.1 调频的由来

风力发电具有不可控性，为风电场配置备用容量比起传统发电来说经济性更差，因为这些作为备用的传统发电会导致系统负荷率的进一步下降。

然而，随着风力发电危及电力系统安全性的问题越来越突出，风电参与调频任重而道远。从某些风电渗透率特别高的国家现在出台的“并网导则”中，也可以预示出未来风电参与调频的可能性，尽管调频控制对于间歇式的风电来说是很有难度的。

以丹麦为例，其风电并网导则中提出了一些高级服务功能，包括风电参与维持系统频率的稳定。而在爱尔兰，由于各区域电网之间联系较弱，风电的渗透率又特别高，使得风电输出功率的波动对系统频率产生了比较大的影响[ESB 04]。

1.3.1.2 调频方式

在风电场层面上进行控制，实施风电参与一次调频是可行的。本章参考文献[SOR 05]指出，当系统频率处于额定值附近时，风电场可以通过降功率运行方式以留有一定的容量来参与一次调频。位于丹麦荷斯韦夫（Horns Rev）的海上风电场就装备了特殊的控制系统，能够使风电场降功率运行，以参与电力系统的一次频率调节。当然，在额定频率之上或之下，会设置一个边界区域，当系统频率处于这个区域内时，对风电场的调频要求是不会被执行的，风力发电机组处于正常运行状态；而当频率出现明显偏差时，风电场通过调节使有功功率输出与频率的偏差呈线性关系。

风电场在正常运行时，各个风力发电机组一般以最大功率跟踪方式运行。要实现风电场的降功率运行，可以有多种不同的控制方式，如减少固定额度的功率输出，维持风电场实际输出功率与可发功率在一个固定数值上，限制风电场的功率爬坡率等。

1.3.1.3 制约因素

首先，对于风电场运营商来说，在风力不可控的情况下，任何主动的发电功率减少都会导致发电收益的非最大化。

此外，由于风电场的可用容量直接与当时各个风力发电机组所能获取的最大风能相关，风力的间歇性使得风电场功率增加的要求不一定能够得到满足（不过值得庆幸的是，由于接入电力系统不同区域的多个风电场存在发电差异性，能够在一次调频的时间尺度上实现风电场集群整体输出功率的平滑）。

上述事实引发了关于风电联合储能，参与系统一次调频的可行性研究，以实现以下目标：

1）优化风电场的经济运行。当风电场配置储能系统后，风力发电机组可以接近最大功率点运行，而储能系统以系统频率偏差为依据对风电场并网连接点处的功率进行调节（在短时间内可以按照风力机额定功率的固定比例进行功率调节）。

2）由于采用了储能系统，确保风电场在增加功率输出的同时备用容量的可信度。

1.3.2 储能对功率/频率的调节作用

1.3.2.1 风电场的集群效应

美国能源部的一项研究评估了风电场参与系统频率调节所应满足的备用容量需求[KIR 04]。研究中参考的风电场装机容量较大（138 台风力发电机组，总发电功率可达 103MW），这样可以更好地看到风电场的集群效应对一次调频的影响。

将上述风电场的全部机组划分为四个分区，并估计出每一组参与调频所需的备用能量，结果见表 1-1。可以看到，假如四个分区单独参与频率调节，所需的备用容量是 7.5MW，而风电场联合运行后所需的备用容量为 4.8MW，仅为前者的 65%。该项研究的作者推断出风电场的集群效应对于系统调频具有积极的作用。

表 1-1 风电场集群效应对系统调频的影响[KIR 04]

	机群				总计
	A	B	C	D	
风机数量	30	39	14	55	138
功率/MW	23	29	10	41	103
调频所需功率/MW	1.8	2.2	1.0	2.5	7.5

在这个问题上，一方面，风电对系统频率的调节作用对于一个大型的区域电网来说，其影响是微乎其微的。因此，其他发电方式的一次备用容量不会受到风电波动的影响。另一方面，大型风电场（如多风电场集群）集群效应产生的积极作用又可以减少对于备用容量的依赖。因此，风力发电对一次调频的作用应该针对整个电力系统进行评估，而不是针对单个风电场。但是，这种说法又遇到了新的问题，即什么样的风电运营商愿意或必须配置储能系统（是各个风电场在本地建设分布式储能系统，还是根据系统规划建设集中式储能）。

此外，作者在研究的结论部分指出，飞轮储能系统能够很好地满足风电场参与系统一次调频的储能性能要求（循环寿命长、响应速度快、适应于短时放电等）。由于进行一次调频最重要的是功率输出能力，因此所需的储能应该是一种“功率型储能”技术。

1.3.2.2 储能的运行策略

参与一次调频的传统发电机组应该具有符合如图 1-3 所示的功率/频率特性。其功率输出围绕一个参考值进行调节，如果频率保持 50Hz 不变，那么机组的发电量也不会发生改变。

很显然，这种运行策略无法在输出功率波动性较强的单个风电场进行验证。为了确保单个风电场具备同等的调频效能，储能系统应该具有以下两个功能：

1）根据频率调节需求调整功率输出。

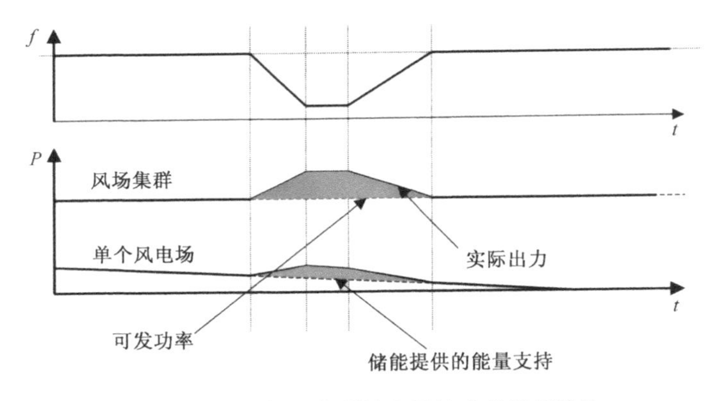

图 1-3 风力场和集群风电场的功率调节特性

2）维持系统的相关运行参考值（如频率为 50Hz）不受发电功率变化的影响。

这些要求对储能系统来说很可能在容量配置上大得不切实际。我们知道，对于一定规模的区域电网来说，风力发电的瞬时输出在几分钟的时间内可以认为是几乎固定不变的㊀。

在这种方式下，大型风电场集群（多个风电场的联合）对系统一次调频的作用可以通过储能系统来实现。在运行过程中，储能系统只调整风电场并网处的功率，而保持每个风力发电机组输出功率不变（往往采用最大功率输出方式运行）。由于不同风电场在地理位置上的自然分散性，起到了整体上的等效平滑效果，使得整个风电场集群的功率遵循预期的有功/频率下垂特性。

1.3.2.3 储能荷电状态的管理

风电的一次调频不像传统的发电机组那样，受限于机组的机械条件，只能提供介于最小功率值与额定功率值之间的变化功率，但风电的一次调频过程会受到储能系统荷电状态的制约。

每一种类型的储能都有一个最小荷电状态，低于这个荷电状态会导致储能器件发生性能过快下降的风险。另外，为了在充电和放电的过程中能够拥有同样的可用容量，尽可能维持储能系统的荷电状态处于一个中间值，避免出现图 1-4 中所示的极端情况，对于储能的电力调节应用是很有必要的。

电力系统在实际运行过程中，其频率一般围绕额定值（平均为 50Hz）上下波动。在频率微幅波动和频率偏差平均值为零的条件下，储能系统的荷电状态应该维持在一种有效的状态并接近于参考值。不过，当系统频率出现明显的扰动，储能系统荷电状态的参考值可能需要重新设定。因此，确定风电场到底应该在功率和能量上设定多大的备用容量，是非常关键而必要的问题。

要实现风电场有效地参与一次调频，必须具备足够的备用容量以实现调频所

㊀ 这也解释了为什么风电对一次备用容量的影响通常可以忽略不计。——作者注

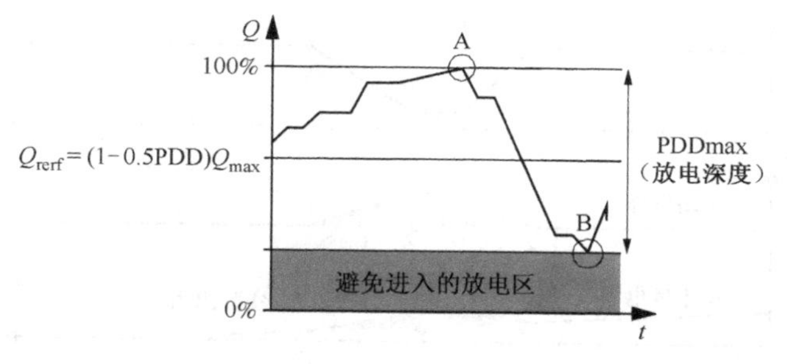

图 1-4　储能系统的荷电状态（在 A 点，处于最大荷电状态，无论储能系统容量有多大都不可能再减少系统的发电功率。相反，在 B 点，无论储能系统容量有多大都不可能再增加系统的发电功率）

需的最大功率，并至少维持 15min。

1.3.3　储能的其他辅助功能

1.3.3.1　二次调频和三次调频

到目前为止，我们只考虑了风电场参与电力系统一次频率调节的能力。不过，对于二次调频和三次调频来说，目前似乎超出了风电场的能力范围。

一方面，风力发电本身对系统的备用容量有需求，而且其发电间歇性的影响也不能忽视。因此，所配置储能系统的容量不仅要能满足一次调频所需的能量，还要能在一定程度上实现对风电波动的平滑。

另一方面，作为电力系统的备用容量，应该能够在较长的时间内被随意利用，这就决定了备用容量不能过小。由此可见，为一次调频所配置的储能系统，在容量上远远不能满足二次调频、三次调频及其附带的其他一些应用（如负荷移峰等）。

1.3.3.2　电压调节

储能系统能够通过调整并网点处的无功功率输出，从而较好地实现电压调节的功能。尽管越来越多的风力发电机组也具有电压调节的功能，但需要在即使风电不能发电的情况下，风电场也能发挥这种作用。另外，确定风电并网点处的无功调节在多大的范围内能够起作用是很有必要的，后面章节中将详细介绍风电参与电压调节的可行性。

1.3.3.3　其他应用

风电输出功率的快速波动有可能会给配电网带来暂态电压问题，而较小容量的储能系统可以参与电能质量的治理。不过，这需要评估用于消减上述暂态电压问题的储能容量，并且要弄清这种需求与一次备用容量的相互关联，即要在一次备用的基础上再增加多少储能。

储能的另一个应用就是电网停电后的恢复。电网故障恢复的主要问题之一是如何在恢复供电区域内确保足够的发电容量，以维持电压和频率的稳定。随着风电装机容量在整个系统中占比越来越高，风电场的可调节容量已成为配电电压调节的决定性因素。

1.4 储能技术应用于输电系统

根据运行模式的不同，储能系统既可以等效为发电机组，也可以等效为电力负荷（用户）。因此，原则上，储能在输电系统中可以提供类似发电机组和电力负荷的同样功能。储能技术在输电系统中的大多数应用已经在前面两节中介绍过了，在本节就不再赘述，需要时可以参考这些章节的内容。

1.4.1 投资控制与阻塞管理

通过控制储能系统的充电或放电可以控制输电系统的潮流，使系统潮流维持在一个最大限额之下，当然这取决于储能系统的容量和技术特性。

输电系统控制中心可以采用储能的上述功能来解决网络阻塞的问题（目前多采用发电机组来解决这类问题），并且可以推迟电力增容的相关投资。此外，在某些电网改建有困难的地区（如当地居民的反对），储能似乎可以作为一种解决方案。

储能系统往往需要持续支撑几个小时以平滑输电系统中的峰值功率，如果储能系统需要支持的时间更长，则意味着当地的电力设施落后严重，对其进行升级改造是不可避免的。对于输电阻塞管理，输电系统控制中心还可以调用三次备用容量或启用平衡交易机制（见 1.2.3.1 节）。不过，这取决于不同国家的政策与机制。

1.4.2 调频与平衡机制

与常规机组类似，储能系统可以参与系统调频。这一方面内容已经在 1.2.3.1 节中重点讨论过了，包括一次调频、二次调频和三次调频。

本节不再重复描述储能参与调频的过程，但要强调的是，参与系统调频的机组既可能往上调，也可能往下调。也就是说，储能既需要向电网中注入能量，也需要从电网中吸收能量。因此，要求储能系统具有特殊的技术性能和运行模式。

此外，储能系统也可以参与平衡交易机制。这部分内容也已在 1.2.3.1 节中简单介绍过，并且将在 1.8 节中详细讨论，包括储能在平衡机制下（或在平衡交易市场下）作为平衡责任方参与交易等。一般地，储能参与平衡交易机制，会在容量上对其有一个最低要求，如在法国，储能系统的最小容量是 10MW[RTE 09]。

1.4.3 电压调节与电能质量

电压调节并不是储能的最主要功能，毕竟还有其他更有效而且成本更低的专门系统来实现这个功能。不过，当在输电系统中已经配置了储能以实现满足某种应用需求时，储能系统也可以通过旋转电机或电力电子装置实现电压调节。当然，这可能需要对储能系统的容量进行调整。

按照频率调节的分类方法，电压调节也同样可以分为三类，即一次调压、二次调压和三次调压。

一次调压是一种局部的自动电压调节，用以维持电网中特定节点电压在合理范围之内。为了实现这项功能，需要为发电机组配置自动电压调节器。输电系统中的一些其他设备也可以实现这项功能，比如静态无功补偿器、静止同步补偿器（STATCOM）等。在法国，每一台与输电系统相连的发电机组都要装备一次调压系统。

二次调压是一种集中式的自动电压调节，用以协调各台具有二次调压功能发电机组的电压调节装置，从而将电压水平控制在预先设定的范围之内。在法国，只有接入225kV到400kV电压等级的发电机组才被要求参与二次调压。

三次调压是一种由电网调度人员手动操作的电压调节过程，以协调不同区域之间的二次调压过程，从而达到整个系统电压调节的目的。

同样地，电能质量改善也不是储能的主要功能，但既然储能系统已经具备了一些技术条件（比如具有电力电子并网接入装置），也可以用来改善电网中的电能质量。

1.4.4 系统安全与故障恢复

储能系统除了可以参与频率和电压调节之外，在充电状态下还可以对电力系统的安全运行发挥作用，尤其表现在以下几方面：

1）减少电力负荷。当发生电力系统“频率崩溃”，而常规调节手段无法控制频率的下降趋势时，电网调度（TSO）将根据频率所接近的阈值切断部分负荷。在法国，设置了四个低频切负荷阈值，即49Hz、48.5Hz、48Hz和47.5Hz。负荷削减水平（负荷切断容量）与频率所处的阈值有关。正在充电的储能可以被有计划地中断，这恰恰就起到了对负荷进行逐级切除的效果。

2）维持电压稳定。在电网发生电压崩溃时，TSO也可以通过对负荷进行控制来实现电压稳定，而储能也能够起到这种作用。

最后，就像在1.2.3.2节中提到的那样，在电网全部或局部停电后，储能系统能够像其他发电机组一样，恢复电网供电。当然，这取决于储能系统的容量和技术性能。

1.4.5 其他可能的应用

孤岛运行：在一些特殊情形下，输电系统的一部分区域能够以孤岛的方式运行，比如短时断电或因系统故障而发生的长时停电。在等待电网完全恢复的时间内，这些电网区域允许以孤岛的方式运行。

一般地，孤岛运行电力系统与互联的大电网相比，更容易受到频率和电压波动的影响。然而，TSO 必须确保电力供需的实时平衡。由于储能系统可以灵活充电与放电，为维持电力供需平衡和孤岛系统的稳定性提供了有效的手段。

1.5 储能技术应用于配电系统

储能在配电系统中的传统应用主要是为电网中的某些重要设施提供应急供电。其中，在变电站中使用蓄电池为控制/调度系统和继电保护装置提供应急供电就是一个典型的应用实例。在本节接下来部分，将描述在配电系统中安装储能所带来的其他创新性作用。

1.5.1 储能对电网规划的作用

1.5.1.1 储能用于负荷平滑

电网公司从资产优化运营管理的角度出发，认为负荷平滑是储能的一个重要功能。当然，从更大的范围上讲，分布式能源系统（包括分布式发电和负荷管理）也可以发挥负荷平滑的作用。

当预期到负荷的增加在不远的将来会导致电网中某些设备容量不足时，通常的解决方案是新建配电设施或改造现有设施。由于电力设施是按照标准化的序列设计制造的，相应的容量增加通常会在短期内远大于实际需求，这就造成了新建电力资产在很长的一段时间内“利用不足”（即低利用率）。

在阻塞网络的下级电网使用储能系统是一种灵活的临时性解决方案。如图 1-5 所示，在非峰荷时段对储能系统进行充电以形成有功备用，当峰荷出现时储能就可以向电网注入能量，这样可以减少上级电网输送的最大电流。储能通过这种方式可以避免电网发生网络阻塞。通过控制有功功率，以及按照预定的运行曲线或闭环的实时测量进行本地无功补偿，可以大幅减少电流的流通。

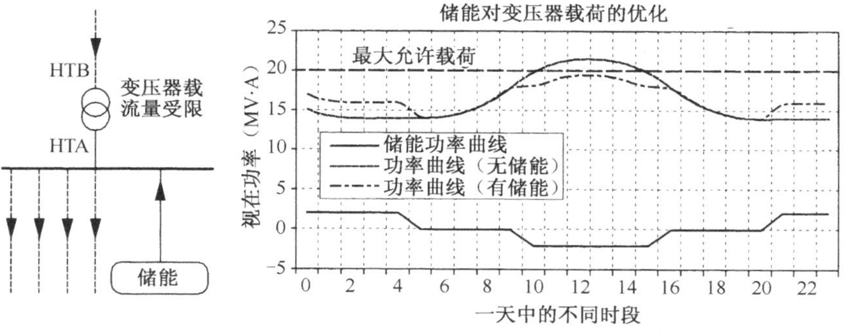

图 1-5 储能应用于负荷平滑的示意图

通过上述方式消除短暂的负荷高峰，能够避免电力扩容投资，至少也可以推迟投资的时间。例如，本章参考文献［NOU 07］介绍了 2006 年美国电力公司在

12kV 电网中安装了 1MW/7.2h 的钠硫电池储能系统。储能系统能够对 20MV·A 的 46kV/12kV 降压变压器进行削峰，使这个即将被扩容的配电系统又继续使用了几年。通过这种方式可以推迟那些投资巨大的变电站的建设。另外，储能技术还可以降低电力设施的热应力，也能够延长其使用寿命。

在推迟扩容建设阶段的末期，对电力设施的升级改造将不可避免。在这种情况下，储能系统或者原地不动，或者搬移动到其他地方继续使用。在以下几种情况下，储能的削峰作用尤其有效：

1）当由于一些制约因素（如环境问题、合法性、当地居民反对）的存在，阻碍或推迟电力工程建设，从而产生电能质量以及/或者供电连续性降低的潜在风险。

2）对于诸如工程现场等的临时供电，往往需要临时性电力接线，建设储能系统可以避免电网的升级改造。由于这些临时供电需求最多持续 5～15 年（这与储能系统的典型使用寿命相当），通过配置储能系统来解决电力供应问题值得考虑。

为推迟电网升级改造而配置的储能系统一般安装在用电受限节点的下游即可，这也使业主能够更灵活地规划储能的位置，比如可以将其安装在更能发挥其他辅助功能的地方。然而需要考虑的因素非常多，包括土地、施工便利性、通信需求、被当地接受的程度，以及可能的资源共享等。当然，这些问题更多地需要特殊情况特殊处理。

如果将储能设备尽可能地接近用户侧安装（以平滑负荷波动），将会增加大量新的电力资产。而如果采用更集中的储能安装方式［比如安装在高压/中压（HV/MV）变电站附近］，则可以充分利用负荷的集群效应所带来的平滑效果，并且比大量的分散储能单元更易于管理。安装于电网上游的集中式储能设备在达到同样的电网升级延迟效果的同时，所用的储能容量会更小[MAR 98]。

当电网运行达到某些技术条件上限时，配电系统运营商（DSO）需要采取相应的应对方案，而无法顾及方案的经济性。然而，如果有多种不同的解决方案在技术上都是可行的，那么将能够从经济上来考虑选择最优的方案。假定几种不同的方案均可以满足负荷的增长需求（如电网改造，电网部分或全部重建，双回线路），那么往往需要对多种不同的经济费用进行综合考虑，比如投资、网络损耗、电力资产维护、停电损失等，择优选择特定时期内成本最低的方案。因此，削峰带来的经济效益也将被界定在这个框架内，通过比较“存储”削峰与其他可能的方案，来选择最佳的一种。

1.5.1.2 储能在电压控制中的作用

频率是基于电力系统发电和用电瞬时平衡的全局量，而电压则是一个本地量，电压的高低是非常重要的，电力系统需要不断地调整本地电压以确保电气设备的正常运行。因此，电网公司应该遵守与电压相关的规范和运行约束，从而确保为用户提供合格的供电电压。电网可以有多种不同的技术手段来满足电压控制的需要，比如中压/高压变压器的有载分接开关，以及中压/低压配电变电站的无载调压开关等。

由于线路上存在阻抗，电能的输送导致馈线上的电压不断下降，可以使用下面的简化公式进行计算：

$$\frac{\Delta U}{U} \approx \frac{RP + XQ}{U^2}$$

式中，U 表示电压；R 和 X 分别表示线路的电阻和电抗；P 和 Q 分别表示线路中传输的有功和无功功率。

对于配电线路，在没有分布式发电的情况下，电压从高压/中压变电站起到供电线路的末端是不断下降的（见图 1-6）。因而，在进行电网规划时尤其要避免用电高峰时出现低电压。

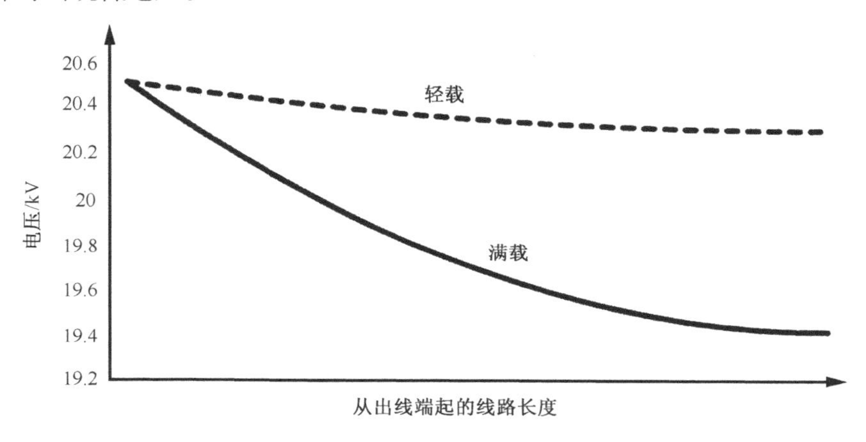

图 1-6　中压线路的电压分布图

近几年，一些研究开始关注分布式发电对于配电线路电压的调节作用，以提高分布式发电的渗透率，或减少新建线路带来的投资费用。同样地，分布式储能系统也能够向现有线路中注入有功和无功功率，以确保用电高峰时的电压质量。

因此，在一些必须进行电网改建以使供电质量达到合约要求的地方，如增加部分线路的线径以减少阻抗，进而减少线路压降时，储能可以成为一种有效的替代方案。

本章参考文献［VRB 05］和［VRB 07］给出了美国太平洋电力公司的一个应用实例。该公司 2003 年建立了一套 350kV・A/8h 的钒液流电池储能系统，用以维持一条 25kV 输送距离很长的线路电压。之前该公司常常由于供电质量问题而受到当地用户的投诉，而且由于电压过低的限制，该地区也无法满足新用户的并网接入需求。电网公司评估了几种不同的技术方案，包括增加新的无功补偿装置，对已有线路进行扩容改造，以及重建系统等。在环境限制非常苛刻的情况下（该地区有自然保护区），最终选择建设储能系统作为解决方案。储能系统安装在该条线路中间处，通过预先设定的程序进行负荷削峰，将电压维持于特定水平。

1.5.1.3 储能在电网运行状态下降时的支撑作用

一般地，从变电站引出的中压线路，往往会与同一变电站或其他变电站引出的其他线路连接，以便于故障后迅速恢复供电。这种备用供电方式将会改变电网的拓扑结构，进而影响电网的潮流（电流、电压、功率）。在电网规划阶段应该考虑到这个问题。对于中压系统，“N－1 准则㊀”的验证可以在峰值负荷时段进行，侧重于考察电压曲线以及流过网络中各个电力设备的电流。

从各个方面来看，使用储能都可以给电网带来好处，除了正常的功能需求外，储能还能带来一些额外的辅助服务，如能够处理一些较为少见的突发事件。对这种潜在的重要功能多投入一些是很有必要的，而对于诸如储能等电网新技术的研究也是合理的。

分布式储能通过减轻电力设备的应力，从而在电网运行状态下降时提供支撑。它可以起到两种作用（也可能同时起作用），削减性能发生恶化的变电站的负荷峰值，并提供本地电压支持。这样，在变电站发生性能下降或故障恢复过程中，用电负荷可以在允许的电压限值内继续维持运行。所以，分布式储能可以支撑电网的降额运行，类似于前面提到的负荷平滑与电压调节。当然，也可以将其看成是电压调节的一种特殊情况。

1.5.2 其他应用

理论上，只需要在一年中的某些特定时间段（峰值负荷）内进行针对性操作，就可以发挥储能的削峰和电压调节作用，而且这些峰值负荷曲线可以提前几小时或几天预测出来。在电网运行状态恶化时，储能对其进行支撑是相对比较特殊的情况（难以准确预测），不过，这可以简单地通过长期保持足够的储能以应对意外事件的发生。

事实上，储能在以上所提到的几个时间段的备用需求以外，还可以使配电系统运营商（DSO）最大限度地获益。比如，通过储能还可以获得以下的额外利益：

1）在储能的几种功能应用中，都是利用谷电进行充电并且在负荷高峰时放电，这意味着网络损耗以二次方的趋势降低。可以认为给 DSO 带来的好处是储能装置本身损耗的减少，而当储能容量很大时这部分效益是非常可观的。当然，这还要取决于多种不同的因素，比如负荷曲线、网络阻抗等。

2）分布式储能通过电力电子变换装置，可以在配电系统的重要环节发挥无功补偿器的作用，从而可以避免在变电站对无功补偿电容器组的投资，由此可以评估出分布式储能带来的效益。另外，电力电子接口也有助于电网公司对电力用户履行关于供电质量方面的合约（起到有源滤波器的作用）。

㊀ 即失去一台发电机组。——作者注

3）分布式储能还可以在故障后对部分配电网进行电压恢复。电压恢复可以采用移动式储能系统，就像传统的燃油发电机那样，及时运送到现场发电，或者由静止式储能电站辅助提供本地电压支撑的功能。典型的应用场景是在一个容易发生供电可靠性问题，而常规的解决方案（如多回路供电或加强网架）又难以实施的地区。如果该区域处于恶劣天气状况时，外界又难以接近，本地供电的恢复就可以通过储能系统或其他本地电源来解决。如此，在本地使用储能装置的益处将会更加明显。

尽管这么说，分布式储能应用于配电系统所涉及的技术问题繁多且复杂，尤其是需要涵盖以下的技术问题：电能质量、供电安全性，以及电网公司对当前业务的重新评估，以确定哪些用户在电网故障后可以由分布式发电进行孤岛运行以继续供电。

1.6 储能技术应用于电力零售

电力市场化包括电能的销售及其相关服务，以满足个人用户和企业用户的需求与期望。与发电端的市场（参见1.2节）类似，电能的销售在法国不属于政府管制范围：从2007年7月1日起，法国的电力市场对所有用户开放。为了满足所有用户的需求，参与电网运营的主体（发电商和零售商）必须制定适应用户临时负荷需求的供电计划。

对于综合了发电和零售业务的电网运营商来说，由于其自身拥有一定的发电容量，能够向用户销售全部或部分电能。对于非综合性业务的零售商来说，只能通过电力市场来确保他们的售电，如双边合同或者场外谈判，从期货市场购买标准的电力产品，在现货市场上买进和卖出。

不论采用何种采购策略，电能采购的容量和成本会受到以下因素的制约：

1）电力供应量受制于气候和经济条件的限制。比如，使用电采暖居民的用电需求取决于环境温度，工业用户的用电需求取决于生产过程中的相关风险（如发生设备故障，经济状况影响等）或者市场情况（现货市场上客户之间的仲裁）。

2）电力的购买成本取决于当时市场的一些实际条件（价格与供应量），对于不能发电的纯电力零售商来说尤其是这样。综合了发电和零售业务的运营商也存在一定的风险，主要是发电风险（例如，电站的可用性，间歇式能源的容量等）。

由于要面对上述这些不确定性，对于发电商/零售商来说，降低采购成本、控制市场风险是非常重要的。

1.6.1 利用储能降低采购成本

通过储能系统的运行管理能够实现负荷高峰和非高峰之间的转移。这意味着可以在用电需求最大而且往往电价也是最高时，使用先前用电低谷而且电价便宜时段存储的电能，以获取最大利润。

于是，储能系统就可以成为使供电商降低运营成本的杠杆。为了胜任这个角色，并且尽可能从峰谷电价差中获利，储能系统应该能够满足几十个小时的循环需求，并且功率要足够大（数百兆瓦级）。大容量储能技术比如抽水蓄能（STEP）和压缩空气储能（CAES）是很好的技术路线。

值得注意的是，一些特殊的用电负荷（比如电热水器），在一定程度上也能进行电能的转移。因此，电力的市场化和供应管理（如价格激励）都可能影响运营成本，它们共同组成了一个类似于储能系统的调控杠杆，能够有效地实现电能转移，减少供应商的采购成本。

1.6.2 利用储能降低采购成本风险

利用储能形成的备用，能够减少对采购过程中可能遭遇的多种不利情况的发生，如高电价且市场调剂能力不足，发电的高边际成本，或者成本控制的安全裕度过低等。

在这个意义上，储能是一种可以进行价格和容量风险管理的工具，而这对于零售商的采购过程非常重要。

1.7 储能应用于电力用户

接下来的章节主要讨论储能对于工商业用户的作用。尽管储能技术比较复杂，但储能带来的一些功能现在（或在不久的将来）也会或多或少地引起家庭用户的兴趣。对这些家庭用户来说，储能系统的占地需求和潜在的危险是主要的制约因素。

1.7.1 储能的削峰作用

在储能对电力用户的作用中，大多文献均强调削峰的效用（如本章参考文献［MAR 98］、［EYE 04］和［NOR 07］）。削峰作用的价值来源于电能的定价原则。用户电费账单上的价格是这样产生的：一部分与申请的容量（“功率订购额”）成比例，一部分与消耗的电量成比例。

然而，功率订购额只是一个最大值，而在实际使用中很少能达到这个值。从用户的角度来看，功率订购额是一种预定的用电容量，如果超过了这个额度，就要为多用的部分付出很大代价。

削峰的主要目的是通过平滑用户负荷曲线以减少功率订购额。储能可以在用电需求低时充电，而在用电需求变高时放电，从而实现减少功率订购额的作用，图1-7可以很好地说明这一过程。

很明显，上述方案的实现与用户的负荷曲线及相关合约密切相关，包括功率订购成本、实际超出订购额后的计价方法等。本章参考文献［MAR 98］和［OUD 06］指出，最有利的情况是提前预测出短时负荷峰值，这样就可以减少储能系统的安装容量（进而降低系统成本）。

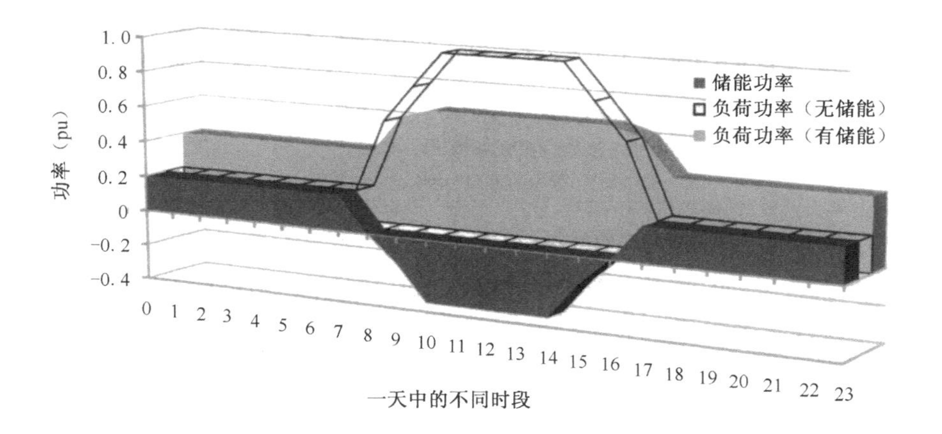

图1-7　储能的削峰作用

削峰的价值在本章参考文献［EYE 04］和［NOR 07］中以美国为例已经讨论过了。此外，Oudalov 等人在本章参考文献［OUD 06］中研究了一个瑞士工业用户的真实案例，其功率订购部分占用电费用的57%，而且容量超出部分按照固定的89 欧元/kW 收费。一个优化的解决方案是配置 130kW/65kW · h 的铅酸蓄电池储能系统，经过分析，该系统似乎是可以盈利的（20 年中可获利 32000 欧元，投资回收期为 12 年）。但实际上，由于不能准确地预测负荷峰值，因而实际上配置的储能系统在容量上会大一些，这将使储能系统的获利空间大为压缩，而当储能系统仅用于调峰时，其综合效益会更不乐观。不过在本章参考文献［MAR 98］研究的另一个比较简单的案例中，证实了在特定条件下，工业用户通过储能削峰是能够盈利的。

在评估储能用户负荷平滑的效益时，还可以将储能的其他多种辅助功能也考虑进来，如电能质量、供电连续性或无功功率补偿等。此外，如果用户用电峰值正好发生在电价很高的时段，储能系统可以自然地因推迟用电而带来好处。储能系统对用户的多种不同作用将在下一章节中介绍。

1.7.2　储能对移峰用电的作用

对于用户来说，由于每小时的电价可能不同，因而可以利用这种电价差决定何时从电网购买何种价格的电（包括发电和输电）。在非峰值负荷时段（HC）电价为 C_1 时对储能设备充电，而在峰值负荷时段（HP）电价为 C_2 时放电，如

图1-8 所示。

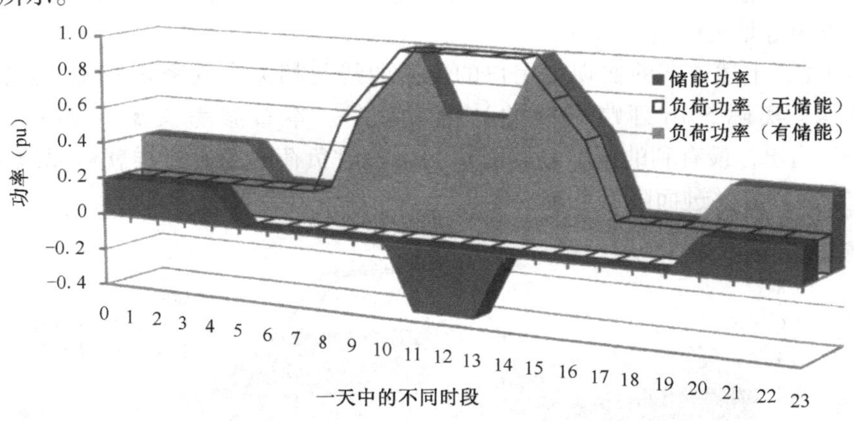

图 1-8　通过储能移峰用电

考虑到储能系统的充放电循环效率 η[㊀]，理论上只有当储能系统因负荷高峰时段放电，从而使免于从电网高价购电的费用高于储能充电等一系列费用，储能的应用才有意义。这意味着：

1）非负荷峰值时段储能充电的费用：$\Delta C_{\text{bought}} = C_1 E_{\text{charged}}$。

2）由于储能在负荷峰值时段放电而减少的购电费用：$\Delta C_{\text{restitution}} = C_2 \eta E_{\text{charged}}$。

3）如果 $\Delta C_{\text{restitution}} > \Delta C_{\text{bought}}$（即 $C_1/C_2 < \eta$），则配置储能可以获利。

很明显，无论在什么情况下，用户延迟用电的效益都取决于供电商的定价方案。本章参考文献［EYE 04］通过实际数据进行了分析计算，在电价峰谷差比较明显的情况下（峰电电价为 0.32 美元/kW·h，谷电电价为 0.10 美元/kW·h），每千瓦装机容量的储能系统每年的利润约为 140 美元（储能系统放电时间为 6h，充放电循环效率 $\eta = 0.8$）。

在法国，由于峰谷电价差没有本章参考文献［EYE 04］中给出的 3 倍那么大，因此潜在的收益相对也要少。然而，对于可能要发挥多种辅助功能的储能系统来说，这种延迟用电所带来的收益至少能够部分补偿储能系统本身的损耗费用。此外，如果将来与电力公司通过合约加强储能的削峰作用，其可预见的获益将会进一步提高。

从环境的角度来看，延迟用电可以在非峰荷时段将低碳排放电源的发电量转移到峰荷时段使用，从而减少对高碳能源的消耗，有利于碳减排。

1.7.3　储能对供电质量和供电连续性的作用

当电网发生偶尔停电时，储能可以作为后备电源为用户持续供电。众所周知，储能的这项功能可以减少突然停电给一些特定用户造成的不利影响，并且已经商

㊀ 储能的充放电循环效率总是小于 1。——译者注

业化应用了很多年。对于一些负荷，无论停电持续时间多长，一旦停电，其损失都已经产生了（比如，一些电子设备可能会因此发生数据丢失）。在这种情形下，可以采用具有快速响应能力的电源瞬时提供一个电力周期（正弦波的一个周期）的电能。当然，这种短时供电支撑也可能需要持续的时间多于一个正弦周期，甚至只有当某些设备完成备份任务后才可以主动断电。还有另外一些情形，停电的持续时间对其影响很大（如冷库），此时采用备用电源是非常必要的，对这种备用电源的启动响应时间没有限制，但要保证能够自动运行。

此外，在用户侧安装储能系统能够滤除来自电网的扰动，这样就可以作为一种特殊的电能质量控制装置来改善重要负荷的供电质量。如在敏感负荷的供电系统中，储能可以用于消除电压暂降等电能质量问题。

不间断电源（UPS）是一种商业化的产品，它几乎涵盖了所有可能的储能技术。UPS 的应用非常广泛，其功率可高达 20MV · A，持续供电时间从几秒钟到几个小时（长时间供电可以采用备用柴油发电机组）不等。一些有源滤波器的样机在市场上同样存在，但仍然处于发展的起步阶段。

用户在多大程度上愿意投资用以改善电能质量和供电可靠性，是与因电能质量差或停电蒙受的损失密切相关的。而储能系统的投资数额又与其运行过程以及储能材料等有关。从投资回报核算的角度看，要想说服居民用户投资建设储能系统会更加困难，因为很难改变他们的个人用电习惯。

一些参考文献提到了很多的使用储能来确保电能质量和供电连续性的案例。比如本章参考文献［ROB 05］介绍了几个储能应用于供电系统（最多支持几分钟）的成功商业案例，如 ST 微电子公司一个半导体工厂的 15MV · A 的不间断供电系统（最初为 12.5MV · A）。在 2000 年 8 月建成后的四年里，这个系统已经成功消除了 100 多起供电干扰事件，包括持续 20s 的停电。对于该公司来说，这种规模的储能系统（直接与工厂的 MV 级变电站相连）所产生的经济效益，超过了采用一批小的低压储能系统。

一些储能非常高的充放电次数对于储能的应用来说也是重要的支撑点，Norris 等人在本章参考文献［NOR 07］中介绍了在俄亥俄州美国电力公司（AEP）的一座商业建筑中进行的两个钠硫（NAS）电池模块（一个为 50kW/7.2h，另一个为 250kW/30s 用于瞬间脉冲式放电）的试验，将对用户非常有用的几种储能功能（主要包括平滑峰值负荷和延迟用电等）集成在一起，并确保负荷的瞬时供电保护，以应对电压降落、短时停电与长时停电等问题。所得到的研究结果是肯定的，在四个半月多的时间内（从 2002 年 2 月到 6 月中旬），所有的供电问题都可通过安装储能系统来解决（发生的供电问题事件共 25 起，相关细节及供电问题的分级标准详见本章参考文献［NOR 07］）。

1.7.4 无功补偿

在法国，从每年的11月到次年的3月期间，中压电力用户或用电功率大于36kV·A的低压用户需要为超过$\tan\psi=0.4$的无功功率消耗付费，无功电价分别为1.77欧元/kV·Arh和1.86欧元/kV·Arh［该价格由法国公共电网定价（TURP）文件的第2版规定］。

分布式储能，通过其电力电子并网接入装置的控制作用，可以弥补本地负载所消耗的无功功率。而配置了储能的电力系统运营商，可以利用储能的这一特性获利。这种经济效益是通过与无功电费进行比较得来的，或与安装无功补偿电容器组的成本进行比较，而后者可以使电力用户实现与配电系统运营商（DSO）通过合约规定的功率因数。

1.8 储能技术应用于电力平衡机制

平衡责任方（BRP）在世界各地的许多电力系统中都存在。在基于BRP的电力系统中，各参与方在电力市场环境中通过平衡机制来确保电力系统的安全运行。

任何独立的法人，不论是否拥有自己的发电设备，也不论是否签订了电力购买/出售合同，只要与电网调度（TSO）签订了“BRP”平衡责任方合约，都可以成为一个平衡责任方BRP㊀[RTE 09]。

每一个BRP都关联到了同一平衡标尺下，在电力市场下集成了各电力实体单元的电能注入、电能消耗与电能交换合约㊁。BRP有义务为TSO提供必要的预测信息，以便于后者更好地运行电网㊂；BRP还需要在平衡标尺下对TSO进行经济补偿，以弥补TSO由于可能出现的预测值与实际值㊃差异而被迫做出的调整㊄。

上述电量不平衡的计算与经济补偿方式的时间间隔（如每小时），在不同的国家是不同的，但绝大部分都是在国家级的范围内进行调节的。在欧洲，解决不平衡的费用通常是在平衡机制下，为实现电量平衡，发电机组功率的增加（向上调节）或减少（向下调节）为基础而得到的。

㊀ 法语称为Responsable d'équilibre（RE）。——作者注

㊁ 电力实体单元和电能交换合约可以属于各BRP，也可以属于其他的电力系统参与者。——作者注

㊂ 主要的发电、用电、电能交换计划，由各电力实体单元和参与者在BRP平衡标尺下建立起来的。——作者注

㊃ 这种不平衡是通过对发电或用电的实际电量进行事后计算而得到的。——作者注

㊄ 单一的BRP可以因在同一周长的各个分散的、不平衡的电力实体单元的聚集效应而受益。——作者注

以图 1-9 为例，说明了 RTE 输电系统公司（一家法国的输电系统运营商），用于解决不平衡的费用计算方法。

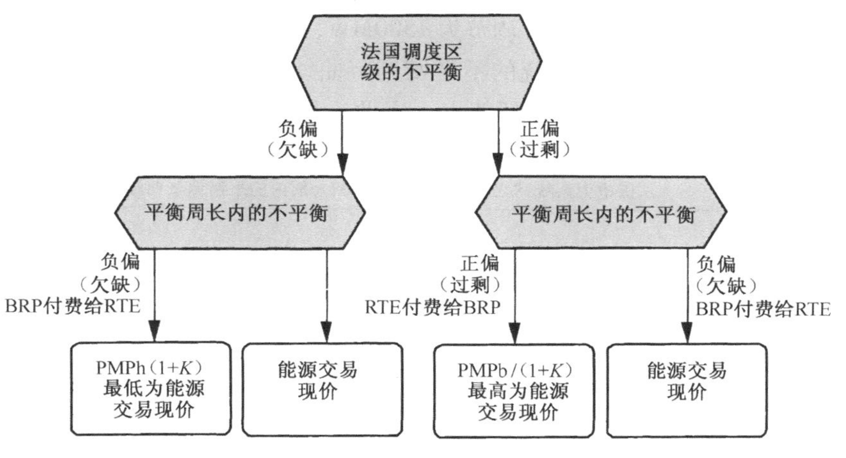

图 1-9　法国 RTE 公司采用的不平衡费用计算方法

图 1-9 中，PMPb 为发电过剩时减少发电的平均加权成本；PMPh 为发电不足时增加发电的平均加权成本；因数 K 为系数，涵盖了增加发电与减少发电费用的共同部分和平衡机制下支付给快速备用电源的容量担保费用；NB 是指示标志。在法国发电过剩时减少发电的平均加权成本（PMPb）为 20% 的现场交易价。同样，发电不足时增加发电的平均加权成本（PMPh）为 120% 的现场交易价。

我们注意到，补偿不平衡的费用具有足够的调控效能，使得 BRP 尽最大可能减少自己的不平衡。这个问题非常重要，在这里以德国为例说明这笔费用之高，2006 年德国平衡机制下的总费用约为 8 亿欧元。要降低这个费用，BRP 可以采取以下一些措施：

1）提高平衡标尺下能量注入/消耗的预测准确度（无论是使用自身的技术手段还是使用外包的方法）。

2）增强发电的可靠性（如果发电容量的不可靠对于电能的不平衡具有不可忽略的影响）。

3）提高自身发电和用电的灵活性，或者从其他发电商获得灵活性较大的电力补偿。

对于最后的这个措施，BRP 可以使用储能以减少不平衡。而要实现这个目的，就要知道储能的典型充放电曲线是什么样子的？而且采用哪种储能技术最适合？

对 2008 年法国电力系统发电/负荷平衡曲线进行分析㊀，可知：

㊀ 详细信息由 RTE 公司提供，http://www.rte-france.com/htm/fr/vie/vie_mecanismehistorique.jsp。——作者注

1）不平衡的最长持续时间：发电不足为70h，发电过剩为32h。

2）不平衡的平均持续时间：发电不足为6.4h，发电过剩为5.3h。

3）所使用的最大功率：向下调节为4500MW，向上调节为5500MW。

图1-10给出了法国电力系统的不平衡调节曲线。由图中可以看到，电能供需的不平衡存在一个很明显的日循环特点，因此，最合适的储能技术理想的存储周期是2～15h。

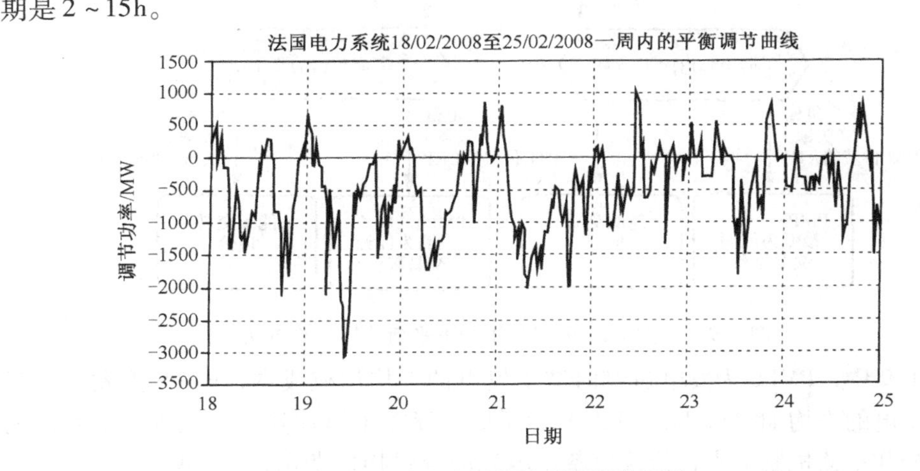

图1-10　电力系统的平衡调节曲线

暂不考虑储能技术的成熟程度，我们预测了以下几种可能用于该场合的储能技术：

1）抽水蓄能（抽水蓄能电站，STEP）。

2）压缩空气储能（CAES，隔热循环CAES）。

3）氧化还原液流电池储能（钒液流电池）。

4）储氢。

5）蓄热（高温或低温储能）。

总之，减少电能供需不平衡的需求导致了BRP对储能的应用需求，使其进行每日的充放电循环。在电力系统中，采用储能所带来的收益，取决于其建设和使用成本，以及系统进行不平衡调节所需的费用水平。

1.9　结论

在本章中，我们回顾了主要电力系统参与者采用储能的可行性，或者说储能在电力系统中的主要作用，比如发电、整合可再生能源发电、输电系统和配电系统、电能供应和零售商、电力用户和平衡责任方（BRP）。

表1-2给出了一份总结。不同的应用决定了储能配置容量的大小，以及所适宜的储能技术性能，这将左右着储能技术的选择。

在世界范围内，储能技术是目前工业界和学术界的一个热点，包括基础问题研究（分析储能在电力系统不同环节中的需求，研究在能源系统中采用储能的经济模型等）、工业应用项目（研发储能系统样机和商业化应用产品），以及现有储能技术的实验研究等。

虽然今天的储能技术能够在技术性能上满足诸多应用需求，但尚未获得更好的经济效益。这就是为什么对于电力储能价值的估计是其应用的基础性问题之一。事实上，由于储能系统的高成本，其经济效益尚未被充分证实，也没有得到广泛认可。

表1-2　储能在电力系统中的可能应用

参与方或功能	储能的可能应用
发电	通过延迟发电与平滑居民用电负荷曲线来使发电收益最大化： ①减少燃料费用 ②优化电力销售 ③整个发电园区运行的动态约束松弛 ④减少二氧化碳排放 避免发电资产的物理风险和过度投资： ①物理风险（如无法发电，极端气候现象等） ②消除极端负荷尖峰 财务风险控制：控制电价较强波动性的影响程度 辅助服务： ①频率调节（一次调频，二次调频，三次调频） ②电网故障恢复
整合可再生能源发电	可以发挥如下作用： ①频率调节（一次调频，二次调频，三次调频） ②电网故障恢复 ③电压调节 ④电能质量的维持与改善
输电系统	电网投资管理 输电阻塞管理 频率调节与平衡机制 电压和电能质量调节 保持电力系统的安全性 电网故障恢复 维持孤岛系统的发电-用电平衡与运行稳定性

（续）

参与方或功能	储能的可能应用
配电系统	削峰与电网投资管理 电压调节与无功功率补偿 在电网运行状态恶化时支持其运行（备用方案/配置） 减少电网损耗 供电质量 电网故障后恢复小区域电网的供电
供电/零售	进行可能的延迟用电，以减少购电成本 控制不利市场条件下的购电价格和数量，以确保控制成本风险
终端用户	削峰与减少购电额 延迟用电并从最优电价中获益（例如，峰谷电价差） 供电质量与连续性 无功功率补偿
BRP	减少平衡标尺内发电-用电预测与实际情况的不平衡： ①补偿用电与分布式发电的预测误差 ②补偿意想不到的发电机组退出 ③提高其客户组合的灵活性（发电和用电）

需要特别说明的是，在今天或可预见的未来，认识到某些因素的影响，进而评估储能的经济性是非常必要的。比如，化石燃料将会越来越昂贵，而且需要计及其排放温室气体的环境成本、长距离输电的电网阻塞问题、建设孤岛电力系统对储能的特殊需求等。当然，还要考虑到储能是作为一种新技术出现的，其成本会遵循一定的演变规律等。

最后，在储能系统自身的经济效益尚不可观时，需要考虑其他具有竞争性的解决方案及其可能的发展态势。比如本章参考文献［BEL 08］中提到的负荷管理和控制（或需求侧管理）、集中式和分布式发电、电网升级改造、灵活交流输电技术（FACTS）、基于电力市场的解决方案等。对于一个特定的应用情形，具体要选择哪一种应用方案，需要在储能与其他替代方案之间进行技术和经济性的综合比较。

1.10 参考文献

[BEL 08] BELHOMME R., NAPPEZ C., NEKRASSOV A., “The flexibility challenge – creating new flexibility between consumption, generation and storage”, *3rd International Conference on Integration of Renewable and Distributed Energy Resources*, Nice, France, December 10-12, 2008.

[CIM 05] CIMUCA G.-O., Système inertiel de stockage d’énergie associé à des générateurs éoliens, PhD thesis, ENSAM Lille, 2005.

[ESB 04] ESB National Grid, WFPS1 – wind farm power station grid code provisions, www.eirgrid.com/eirgridportal/uploads/Regulation%20and%20Pricing/WFPS1.pdf, July 2004, accessed October 2008.

[EYE 04] EYER J., IANNUCCI J., COREY G., Energy storage benefits and market analysis handbook. A study for the DOE Energy Storage Program, Sandia National Laboratories, SAND2004-6177, December 2004.

[JAC 08] JACQUEMELLE M., "Un vecteur de flexibilité pour le système électrique", *Conférence Le stockage d'énergie: quels enjeux pour le système électrique*, Le Printemps de la Recherche 2008, EDF R&D, Clamart, France, May 2008.

[KIR 04] KIRBY B.-J., *Frequency regulation basics and trends*, report of ORNL (Oak Ridge National Laboratory) for the DOE, http://www.ornl.gov/~webworks/cppr/y2001/rpt/122302.pdf, December 2004, accessed October 2008.

[MAR 98] MARQUET A., LEVILLAIN C., DAVRIU A., LAURENT S., JAUD P., "Stockage d'électricité dans les systèmes électriques", *Techniques de l'Ingénieur*, D4030, May 1998.

[MOR 06] MORREN J. *et al.*, "Inertial response of variable speed wind turbines", *Electric Power Systems Research*, vol. 76, pp. 980-987, 2006.

[NOR 07] NORRIS B., NEWMILLER J., PEEK G., NAS battery demonstration at American Electric Power. A study for the DOE Energy Storage Program, Sandia National Laboratories, SAND2006-6740, March 2007.

[NOU 07] NOURAI A., Installation of the first distributed energy storage system (DESS) at American Electric Power (AEP). A Study for the DOE Energy Storage Program, Sandia National Laboratories, SAND2007-3580, June 2007.

[OUD 06] OUDALOV A., CHARTOUNI D., OHLER C., LINHOFER G., "Value analysis of battery energy storage applications in power systems", *IEEE PES Power System Conference and Exposition* (PSCE06), Atlanta, pp. 2206-2211, October-November 2006.

[ROB 05] ROBERTS B., MCDOWALL J., "Commercial successes in power storage - advances in power electronics and battery applications yield new opportunities", *IEEE Power and Energy Magazine*, vol. 3, pp. 24-30, 2005.

[ROJ 03] ROJAS A. (Beacon Power), Integrating flywheel energy storage systems in wind power applications, http://www.beaconpower.com/products/EnergyStorageSystems/docs/Windpowe_2003.pdf, 2003, accessed October 2008.

[RTE] RTE, Référentiel Technique de RTE, http://www.rte-france.com/htm/fr/mediatheque/offre.jsp, accessed October 2008.

[RTE 04] RTE, Mémento de la sûreté du système électrique, Edition 2004, http://www.rte-france.com/htm/fr/activites/garant.jsp, accessed October 2008.

[RTE 09] RTE, Règles relatives à la Programmation, au Mécanisme d'Ajustement et au dispositif de Responsable d'Equilibre, Edition from March 3, 2009, http://www.rte-france.com/espace_clients/fr/visiteurs/offre/offre_marche_regles.jsp.

[SEI] SUSTAINABLE ENERGY IRELAND (SEI), VRB ESS Energy storage and the development of dispatchable wind turbine output: feasibility study for the implementation of an energy storage facility at Sorne Hill, http://www.sei.ie/index.asp?locID=99&docID=932, accessed October 2008.

[SOR 05] SORENSEN P. *et al.* (Risoe), Wind farm models and control strategies, technical report, available at: http://www.risoe.dk/Knowledge_base/publications/Reports/ris-r-1464.aspx, August 2005.

[UCT] UCTE, UCTE operation handbook, available at http://www.ucte.org, accessed October 2008.

[VRB 05] VRB Energy storage for voltage stabilization: testing and evaluation of the Pacificorp vanadium redox battery energy storage system at Castle Valley, Utah, EPRI, Palo Alto, CA., 1008434, 2005.

[VRB 07] VRB POWER SYSTEMS INC., The VRB Energy Storage System (VRB-ESSTM) – Use of the VRB Energy Storage System for Capital deferment, enhanced voltage control and power quality on a rural distribution feeder utility - a case study in utility network planning alternatives, March 2007, online at: http://www.vrbpower.com, accessed October 2008.

第 2 章 交通运输：铁路，公路，航空，海运[一]

[一] 本章由 Jean-Marie Kauffmann 撰写。

2.1 简介

交通运输对于现代社会愈加重要，而化石能源则是交通运输的主要动力源，包括铁路、公路、航空以及海运等。对于铁路运输，不同的国家根据实际情况可能会采用不同方式，但其最终的能量来源仍然是以化石能源为主。值得注意的是，电能已在以上四种运输方式中发挥了重要作用，主要用于改善内燃机车（ICE）的性能，或者取代部分机械设备或液压设备。

尽管我们在充分发挥内燃机功效上已经取得了很大进步，但由于碳氢化合物的燃烧会带来污染并产生温室气体。这迫使我们不断地寻求这些化石能源的替代者，目前看来有两类能源较为可行即电能和氢能。但是电能和氢能都存在较难储存的问题，这在很大程度上制约了它们发展。本章我们将关注那些能够突破输运条件制约，存储电能的技术与设备。

电能广泛存在于各种交通运输工具之中，汽车自身就能够发电，但是要可靠利用电能就首先需要将其存储起来。我们可将汽车分成如下三类：

在第一类汽车中，电能仅作为化石燃料的辅助，而后者主要是通过内燃机转换为动力的。

在第二类汽车中，电能是主要能源，甚至是唯一的能源。在这种情况下，电能的存储是主要的制约因素。

在第三类汽车中，化石能源和电能所占的比重较为均衡，也称作混合动力汽车。

具体的电能存储方式将在本书的其他章节中进行详细讨论，本章将阐述储能的应用环境，具体的交通运输条件对储能的制约因素，以及储能应用的电压等级等。

2.2 电能是二次能源

2.2.1 陆地交通

2.2.1.1 内燃机车

即使是在汽油或柴油内燃机车中，电能也是车辆正常工作必不可少的能源。其最重要的作用是汽车发动机的点火和起动系统，除此之外，还有一些功能是机械能无法实现的，比如照明和刮水器的驱动等。

由于电动系统相对于机械或液压系统更加灵活，汽车的某些特定功能，比如风扇驱动、转向助力以及泵助力制动等，已经自然而然地向电气化转变了，这也使得汽车的内部结构更为优化，效率更高。目前，所有的车载空调系统均使用电能：包括风机和空气阀门的控制等。点火控制和喷油控制系统是电动的，而且正在向电控（代替凸轮轴）气阀（1~2kW）发展，这种带有电子辅助设施的透平压缩机能够改进燃烧效率，并降低污染物的排放。这样，通常由机械能完成的很多功能将会转由电能完成。汽车最终的趋势是向“电线联系与驱动”发展，与机械的关系将降至非常有限的程度。每年新上市汽车的用电增长幅度是120W。

此外，一些方便驾驶和提高驾驶舒适度的汽车辅助套件正源源不断地出现在汽车上，如车载收音机、具有控制校正作用的信息控制系统（车载计算机ECU），各种传感器、车载电话、GPS（全球定位系统），而这些都需要用电。

汽车内的电气结构主要是由起动系统和前照灯等大用电负荷决定的，当然也要考虑到一些低功率电路，以及用于控制的弱电信号电路。由于各种有线通信线、多路复用线、VAN总线（车辆局域网）、CAN总线（控制器区域网络）和电源线往往会放置在一起，这样一方面会带来散热问题，另一方面会引起EMC（电磁兼容）问题。干扰和失效会给诸如ABS（防抱死制动系统）、ESP（电子稳定程序）、ASR（加速防滑控制系统）或者调速系统等关键功能带来致命影响，必须避免。

2.2.1.1.1　车用电的来源

汽车中的电来源于内燃发动机带动的交流发电机，在技术上正由直流换向器式发电机向带有三相二极管整流桥的爪极式发电机过渡，使得发电机可以运行至更高的转速区间，并且在汽车低速行驶或者减速的过程中仍可以得到所需的电能。但是，这些发电机的效率不是很高，一般在50%左右。汽车用电需求逐年增加的趋势，推动了发电机设计和制造朝着更高功率密度和效率的方向发展。目前，最大的车用发电机可达2.5kW，效率为85%。

2.2.1.1.2　车用电的电压等级

很久以前，汽车的用电功率很小，一直使用6V的供电网络，由三个铅酸蓄电池串联供电。很快地，供电电压等级提升到了12V，大型汽车甚至需要两个单独的蓄电池组来供电。用电功率的增加导致人们对42V的供电网络产生了兴趣，对于车上各种驱动器而言，最直接的好处就是所用的铜变少了。但在工业化应用之前还有一些问题需要解决。

为了适应42V的供电网络，所有车用控制器的设计和性能都要修改，并经过充分的测试之后，才能建立新的生产线。目前，虽然一些氙气车前照灯需要远高于12V的电压，但是我们仍然无法用42V电压直接控制照明电路。至今还没有采用42V电压等级进行供电的汽车。对于混合动力汽车，情况有些特殊，它需要更高等级的直流母线电压，一些混合动力试验车型中兼用12V和42V供电网络。

传统汽车都使用铅酸蓄电池，为了满足汽车起动所需的峰值功率，以及运行所有辅助功能设备所需的平均功率，铅酸蓄电池在相应的技术特性上取得了很大的进步。由于这些辅助功能，特别是与舒适度有关的功能，一般并不同时使用，因此在进行能量设计时，会在兼顾汽车发电功率的同时，适当减少蓄电池的配置容量。

蓄电池的容量用安时（A·h）[㊀]表示，电池厂商一般以蓄电池恒流放电的时间和电流的乘积来描述其容量，放电电流采用额定电流。一些关键技术的进步可以促使蓄电池能量密度和功率密度的提高，例如蜂窝状阳极；气体合成（由玻璃微纤维制成的隔膜被电解质浸湿，对阳极的维护很有好处），电池外壳具备防水特性且带有防爆阀门［AGM 电池（玻璃纤维棉蓄电池）］；采用硅凝胶固定电解质。

以上技术还可以使蓄电池的维护次数大为降低，显著提高了蓄电池的可靠性。

汽车的体积限制和机动化运行需求，决定了所装蓄电池的容量为 40～70A·h。采用柴油发动机的汽车由于起动功率较大，而需要功率输出能力更强的蓄电池。

2.2.1.2 公共汽车与长途客车

公共汽车和长途客车一般都采用柴油内燃发动机，对于观光巴士而言，由于其体积比较大，因而，除了内燃机提供的能量之外，与舒适度有关的辅助设备也需要很大的能量，如空调器、照明，以及广播设备等。

我们也不能忽视需要用电的安防系统：被动安保的气动制动，需要一个电动机驱动的压缩机和一个涡流制动器。由于车轮的旋转会使直流电流产生一个磁场，与车轮连接的旋转部分因切割磁力线而感应出电流，引起损耗并消耗了汽车的动能。

公共汽车和长途客车的供电电压通常是24V，由两节12V 蓄电池串联而成，储能容量可高达300A·h。而车上往往还有一个非24V 的供电网络，用于与车内舒适度有关的设备，如音视频设备或安防系统。

2.2.1.3 重型货车与多用途运输车

3.5t 以下的商用车可以使用与观光巴士相同电压等级的供电网络。只有特殊用途的重型货车需要单独考虑。比如，冷藏车需要用到车载电源，而且需要的储能能量较大。一辆小型冷藏车所需要的电功率约为 1.5kW，因此相应的电源功率至少要 2 倍以上（3kW）。这意味着，首先，必须安装更大容量的发电机；其次，蓄电池的容量也要增加；其他的应用案例也可以由此推算，我们会在之后关于重型货车的部分提及这些问题。

对重型汽车而言，其安全措施与客车大致相同（如气动制动和电磁减速器）。同时，驾驶员的舒适感也是必须要考虑的因素，比如助力转向系统、汽车运行或停止时座舱内的暖气和空调器系统。因此，至少要为重型汽车安装 200A·h 的蓄

㊀ A·h：安时，蓄电池存储电能的度量单位，1A·h = 3600C。容量为 40A·h 的电池可以以 5A 的电流恒流放电 8h。——作者注

电池。

在欧洲和美国，冷藏货车或长途货车中的储能尤为重要。由于对驾驶员的休息时间要求很严格，货车需要在服务区停留很长时间。而在此期间让发动机持续运转并不是一个经济的方法，因为这种热机在车辆停止时的效率只有9%～11%。

一种应对方案是可以在服务区配备电气插座来为车辆进行必要的设备供电，还可以在辅助轮毂上安装辅助发电机。一个7kW的小型发电机就足以胜任，仅需在停车时才起动发电，能够完全满足冷藏货车的持续制冷需求。

配备辅助电源（APU）是更为普遍的方法，由此带动了大量的关于燃料电池应用的研究工作。燃料电池更高的效率使其正在被考虑用于高级轿车中，可以使百千米油耗降低0.5～1L，尤其是在大量使用空调器的情况下。

高温燃料电池（SOFC㊀）或许是最合适的选择，其典型工作温度范围为750～850℃。重组器将使用过的碳氢化合物转换成一氧化碳和氢气，作为SOFC的燃料，与空气结合进行燃烧。至今已有许多针对该系统的研究。除了寿命和热循环等燃料电池自身的问题外，重组器也面临着一个棘手的问题，即它所需要的燃料必须是无硫的，但是目前的汽油和柴油无法达标。因此，当汽车的主发动机和辅助电源能够使用相同燃料时，燃料电池的方案才会经济上可行。

对于特殊用途的汽车，例如集装箱式载货汽车或带有可升降后挡板的货车，所需要的功率从1.5kW到30kW不等[MAR 07]。当这些电动设备运行时，其电力是由内燃机和交流发电机提供的。由于蓄电池组的电压为24V，为了能够利用市场上成熟的发动机产品，必须再建一个400V的交流供电网络。

2.2.1.4 两轮机动车

摩托车或者踏板车只有很少的用电需求，尽管电动辅助功能有了很大发展（如辅助起动系统或发动机控制设备），但为其配置的电池容量仍然可以很小。装于两轮机动车上的电池组电压已由6V提高至12V。

2.2.2 航空运输

毫无疑问，电能在航空运输中的作用非常重要。大型飞机的飞行控制通常使用机械式和液压式驱动，电能被用于各种导航仪器，提高乘客舒适度的各种辅助设备，以及发动机的起动等。

近几年来，已经出现了“全电气化”的飞机，由于安装了电子-液压混合结构的控制装置，可以确保系统的可靠性冗余。飞机上的电源功率由A320的120kW逐步增长至A380的500kW[VAN 08]。未来规划中的飞机电源功率很可能要达到1MW以上，由涡轮发动机驱动高速发电机来提供电能。

飞机的供电电压已经由最初的115V交流400Hz变得多样化了。频率不再是固

㊀ SOFC为固体氧化物燃料电池。

定的同一制式了，母线电压可以被设置成 AC115V、AC230V、DC270V 和 DC28V 等不同的等级，各种电压等级之间通过 DC－DC 或者 DC－AC 变换器互连。其中，DC28V 可以为飞机的控制系统、开关设备和控制设备供电。机载电源必须保证飞机起动、控制和导航等必要功能的正常运行。

燃料电池等分布式电源目前正在研究之中，但主要问题在于不管采用何种储能方式，让飞机携带碳氢燃料升空是无法想象的。

2.2.3 铁路运输

铁路运输可以分成两类：一类属于纯电气供能系统，通过受电弓或滑触线系统从大功率供电网络中获得电能；另一类属于混合供能系统，所需的电能通过柴油发动机和发电机获得。严格地说，只有后者属于本节讨论的内容，其主要的能量来源为柴油发电机，而除了 72V 的供电网络为必要的仪器设备供电之外，没有专门的储能系统。

2.2.4 海上运输

巡洋舰、渡船甚至货轮通常采用电气驱动以提供平稳的驱动力。而对于装备了吊舱式（POD）推进器的船只更是如此，它通过可调支架上的电动机来直接驱动螺旋桨。船只对能量的需求很大，由柴油发电机组为船上的电力网络供电。此外，还专门配置了蓄电池组为船上的安全设备、仪器和信号系统用电。

对于像游艇这样的小船，电能的需求也很大。当其在海中行驶时，电能由柴油发电机提供，这没有什么问题。但是，当船在码头停靠时就带来了较大问题，由于不得不让发动机持续运转，产生了噪声和污染。因此，人们正在研究一个经济且环保的解决方案，比如使用固体氧化物类高温燃料电池，在为静止的游艇提供能量时，由于发电机和燃料电池协调工作，使发动机所受的热应力大为减小了。

2.3 电能：主要或唯一的能量来源

将存储的电能作为电力的唯一来源在交通运输领域并未得到实质发展，除了那些具有专用路线的车辆，比如有轨电车、无轨电车、地铁、使用带有悬链线和伸缩臂的固定电气设施的列车，以及由地面取电的列车等。电动的公路车辆或其他功能性车辆一般仅用于执勤（例如，在机场和工厂等限制区域内执行输送任务），但是由于应用范围太小而导致其经济和环境优势与消耗的成本不成比例。在电气化交通的发展过程中，只有能促进电池性能大幅提高的鼓励性政策，才能引导人们理念的改变。

2.3.1 电动汽车

在交通运输领域中采用全电气化一直是电气领域专家努力实现的目标，其好处在于：

1）使用清洁能源，不产生废弃物和污染。

2）同一系统既可实现功率输出又可实现控制。

3）制动能量回收。

实现纯电气驱动仍然是一个需要长期努力的目标，其主要的障碍就是电力储能，而后者与碳氢化合物类燃料是难以比拟的。粗略计算，1L 汽油可提供 40MJ 的能量，而油箱能够储存 10MW 等级的功率。汽油的能量密度非常高，没有别的储能系统可与之相比，如图 2-1 所示。

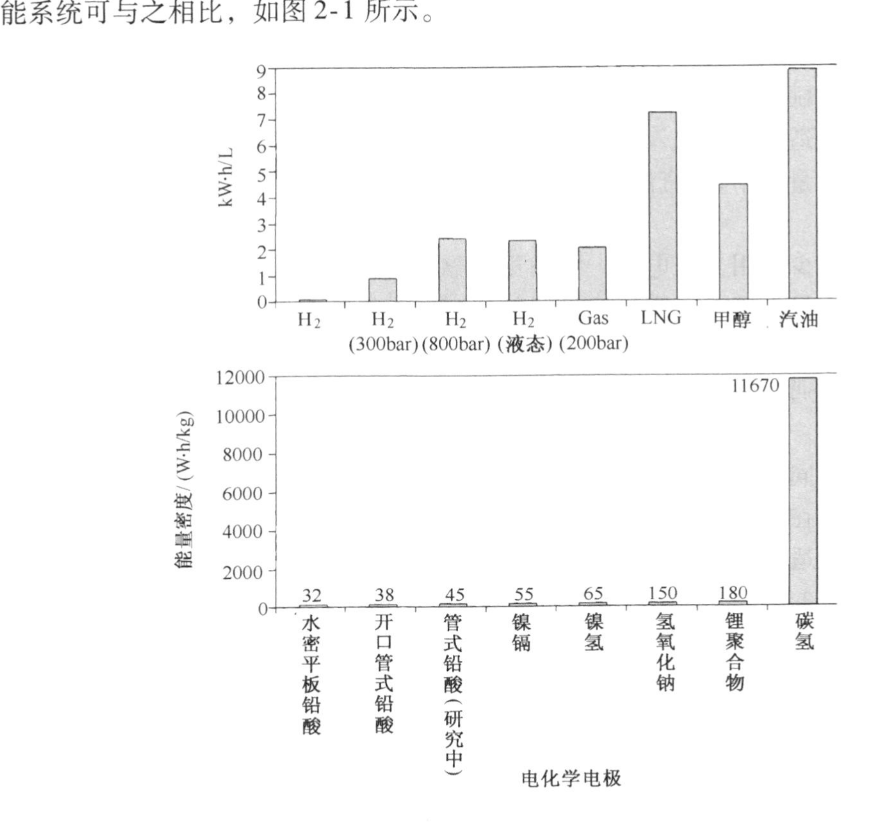

图 2-1　典型燃料的体积能量密度及与蓄电池的对比

同时，也很难想象一根载荷能力达 10MW 的电缆是什么样子的。这必须大幅提高输电电压等级以减小电缆的截面积，但这又会带来安全问题。当电压为 500V 时，电流将达到 20000A，即使储能系统可以吸收如此大的电流，铜导线的截面积也达到了 $2000mm^2$，而且电流密度为 $10A/mm^2$（这已经是一个很高的值了），其导线直径将高达 50mm。因此，每米导线所需铜约为 13kg[RUF 07]。不仅如此，导线上的损耗也远远大于汽油泵。

电动机相比于内燃机有更高的转换效率，在一定程度上弥补了能量在储存和传输方面的不足。我们将会深入评述利用电能驱动汽车的相关制约条件。

第一辆电动汽车的年代非常久远，名为“Electrobat”，是于1894年在美国费城制造的。标致公司的“Jamais Contente”电动汽车在1899年的行驶速度就超过了100km/h。由于内燃机的快速发展以及电池储能技术存在的瓶颈问题，电动汽车的发展戛然而止。其生产于1918年完全停止，经过了很长时间以后才重新开始。目前即将上市或已经上市的各种不同类型的电动汽车大都围绕内燃机做文章，一些内燃机已经开始被电机所取代。

2.3.1.1 电机

起初，带电刷的直流电机应用广泛，它是通过改变电枢电压来控制电机的转速。这种电机很适宜于电气牵引（从过去到现在，这类电机仍在电气机车、地铁和有轨电车上大量使用）。直流电机的低速转矩很高，并且允许直接驱动，省却了齿轮箱。

目前也有不少采用交流电机，它们更可靠、所需维护少，并且能够转换的功率更大。交流电机由接入一个直流母线的逆变器进行控制。最可靠的电机当属异步电机（无须电刷），它由一个三相全桥逆变器控制电机定子上的电压和频率，由此保持电机的磁通为常量。矢量控制技术非常适合控制异步电机，并高效控制电机的速度和转矩。由于电机转子的损耗，异步电机产生转矩时的总效率要低一些。就这一点看来，同步电机是更好的解决方案。此外，如果磁场可以改变，同步电机也允许变换器在更优的工作点运行。

虽然电机很适合高速场合，但是直驱系统最多只能达到400r/min。可变磁阻电机是一个很好的解决方式。第一种实现方案是由Jarret兄弟提出的，但是其他的结构或许更加合理。这些方案通常由一个多齿形转子和一个通入变频电压的多相绕组的定子组成，而且这种电机还可以装有永磁体来提高性能。尽管这类电机可以轻易做到变频调速，但是存在重量较大和振动两个主要缺点。

最简易的方法是使用自同步电机，它拥有和带电刷的自励直流电机一样的外特性。对于无刷电机而言，逆变器就是一个简单的电流换向器。同步电机具有永磁体来确保励磁；定子内装、转子外装的反式结构允许我们把电机直接安装在车轮的外边缘。

这种技术被加拿大的TM4公司用在了18.5kW的电机上。法国Alstom公司将异步电机用于公共汽车的轮驱上，并在一个配备30kW电机的移动工作台（ECCE㊀工作台）上进行了测试。该技术会产生一种新式的汽车结构，能够节省车内空间。但是它有三个缺点：①电机之间没有机械连接，因此必须为控制电机的逆

㊀ ECCE为电动链部件测试台。——作者注

变器设置相应的工作点来实现机械微分作用（电子差速器）；②逆变器的位置及其控制器必须合理规划；③与车轮连接的电机增加了簧载质量并影响车辆的行驶效果。不过，如果车辆的四个轮均使用了这种技术，安装ABS、防侧滑、制动能量回收和四轮驱动是很容易的。

经典的方案是将一台电机直接与机械差动装置连接，而诸如ABS等功能是通过传统技术实现的。但不论如何，最重要的就是让驾驶人拥有和驾驶传统汽车一样的感觉，尤其是在通过控制电力电子设备实现的电机制动上。

2.3.1.2　蓄电池

有四种蓄电池技术㊀可以用于电动汽车[THE 06]，即铅酸电池、镍氢电池、锂电池（锂离子或者锂聚合物电池）和氯化镍电池。

电动汽车的重量是在设计时要考虑的首要问题，而电池占整车重量的很大一部分。虽然一些文献中给出的参考数据并不完全一致，但电池在整车中的重量还是显而易见的。要想连续自主续航100km，电动汽车需要30kW·h的电能，如果用铅酸蓄电池则需要850kg，如果用锂离子电池则需要270kg。同时，这些电池的放置也是个问题的，采用立方体式放置并不是最优的。锂电池或镍氢电池在结构上较为灵活，可以很容易地安装在汽车中。因此，必须在一开始就按照电动汽车的需求进行设计，这一趋势在所谓的第二代电动汽车上可以得到充分的体现。

电池技术目前面临着很多困难：

1）能量密度：铅蓄电池的能量密度是40W·h/kg，而诸如锂电池或者镍氢电池等新型电池能够分别达到220W·h/kg和100W·h/kg。

2）充放电循环次数：是指蓄电池所能经受的不影响其容量的充放电循环次数。与内燃机汽车中所使用的电池不同，电动汽车中的电池不得不进行深度的放电，这会严重影响其使用寿命。在高能量型电池中，铅酸蓄电池的循环寿命很低，只有180次，锂电池和镍氢电池稍好一些，但也只有1000次。虽然高功率型蓄电池的循环次数可以分别达到1000、20000和25000次，但是它们并不适用于电动汽车。

3）自放电率：对于镍氢电池，由于氢气会扩散到镍电极，引起自放电而导致电量不断降低。

4）价格：与铅酸蓄电池相比，锂电池非常昂贵，镍氢电池则比锂电池稍微便宜一些。

5）低温特性：铅酸蓄电池在低温环境下的性能会降低，其他电池的这一特性也类似，尤其是锂电池。而这个问题非常关键，因为电动汽车应该能够在-20℃时正常起动。

㊀ 镍镉电池因为镉有毒性而被禁止使用。——作者注

6）回收：铅酸蓄电池可以由生产厂商承诺回收，而其他种类的电池若要在电动汽车中大量使用，相关生产厂商也应形成可工业化应用的回收手段。

2.3.1.3 蓄电池的效率

由于多种损耗的存在，蓄电池存储的能量无法被全部利用。以法拉第效率来衡量，镍氢电池或锂电池等新型电池的效率接近于1，而铅酸蓄电池就小一点。其效率与电池的焦耳效应及电池充电器中电力电子变换器的损耗等有关。为了使电动汽车蓄电池的容量得到充分利用，电池储能系统的总体效率（通常是70%～90%）是非常重要的参数。

2.3.1.4 电压等级

电动汽车中采用的电压等级并没有统一的标准，完全由各个厂商根据优化设计的要求来定制，主要考虑汽车的机动性能、重量和体积等制约条件。直流母线的电压等级通常设定为300V，但最初的设计只有100V左右。不论哪种设计，都需要将蓄电池串联成组使用，因此必须经常把电池组充满，从而保证各个电池单体之间的电压均衡。

2.3.1.5 电池特性

概括地讲，蓄电池的主要特性包括能量密度与功率密度、应用领域、充放电循环次数、高低温特性、自放电率、老化、寿命，以及价格等。

对于一辆电动汽车来说，蓄电池是其唯一的能量来源。在传统汽车中，汽油或柴油表可以很清楚地指示剩余的燃料，以便车载ECU计算汽车能够继续行进的里程，电动汽车也应该这样。因此，必须监控蓄电池的荷电状态（SOC）来正确计算汽车能够继续行进的里程。测量铅酸蓄电池的荷电状态不太容易，而镍氢电池和锂电池已经出现了相应的测量技术。如果确定了某一时刻蓄电池的荷电状态，可以通过对电流进行时间上的积分，从而算出蓄电池增加或减少的电荷。蓄电池能量密度的理论值并不容易得到，除非发电机在很长一段时间内的电流消耗极小。一旦其电流密度不可忽略并且系统正在发出功率时，电位差就会缩小，这是因为电池的极化效应以及电极与其活性成分的阻抗会产生一定的电压降。因此，只有在空载情况下的信息才能准确判断蓄电池的荷电状态，而且电池必须静置一段时间，以使电荷能够充分参与反应。同时，还必须清楚蓄电池的荷电状态与其温度有关[ELK 07]。

电动汽车的一个性能指标就是放电深度（DOD），它描述了不使电池容量发生永久性损失所允许的放电比率。如果用于电气牵引，最好选择放电深度较高的电池（比如80%）。

这里再介绍一个相对主观的性能指标——健康状态（SOH），它考虑电池的累进损坏、可充电容量、内阻，以及自放电时的电压与电流。因此，对于电动汽车而言，蓄电池的健康状态和荷电状态一样重要[COX 00]。

2.3.1.6 电动汽车的辅助功能

电动汽车除了牵引需要用电外，为一些辅助功能设备供电也是必要的。我们已经见证了传统汽油或柴油汽车上辅助功能的电气化过程，而在电动汽车上，除了暖气和空调器之外的所有辅助功能也可以用同样的方式实现。电动汽车上不再有大的发热源，即使逆变器或电机需要冷却，其发热的温升等级也远比不上传统发动机的散热器。

通过燃烧碳氢燃料的小型燃烧器来满足供热要求，这在电动汽车上是很难想象的，而且将如此多的电能消耗在电阻上也非常可惜。相应的解决方案包括：电热制冷（帕尔帖效应）或磁热㊀制冷，但后者仍在研究过程中。电动汽车的辅助功能是能源消耗的主体之一，改进它们的效率就能增加汽车行驶的里程数。

不仅驾驶舱需要制冷，电气驱动系统的部分部件也需要，如电路板、电机，以及蓄电池或超级电容器㊁。它们的运行温度区间比较窄，而且一般低于60℃。其他类型的电池必须维持在60～80℃之间，以保持最佳状态（比如，锂聚合物电池）。

2.3.1.7 蓄电池的充电

给蓄电池充电是一个重要的问题，充电器可以是外置的，也可以整合在汽车内，通过传统的交流电网为电池充电。通过电磁感应而非物理连接为蓄电池充电也一直被畅想，但即使在工作频率很高的条件下，系统的效率也无法达到满意的水平，这是因为依靠电磁耦合来进行能量交换的两个元器件之间很容易受到各种干扰。

这里给出一个98A·h铅酸蓄电池的充电实例，其放电极限由厂商给出[ELK 06]，仅供参考。

1）5h放电率所能释放的电量为98A·h。

2）以200A放电的时间为14min。

3）正常的充电电流为19.6A。

4）快速充电电流为39.6A。

5）瞬态峰值充电电流为100A。

6）1min内放电电流峰值为450A。

其他类型的蓄电池也应该有类似数据的报告。

可以想象得到，快速充电一般用于在车库以外的地方对汽车充电。而且，外

㊀ 材料吸收或释放的热量取决于磁导体方向的变化，需要钆这样的特殊元素才能对周围环境温度产生明显的影响。——作者注

㊁ 超级电容器和普通电容器的作用机理一样，不同在于其使用双电层结构，使得正负极之间的距离很小，而且其制造方法也增加了活性表面。目前，超级电容器的电容值可达10000F，但其端电压一般不超过2.5V。——作者注

部充电机的功率必须很大，这样就需要较多的前期投资和一个成熟的商业运作模式，以及标准化接口。一个普通车库的供电功率要小得多，因为只需要以正常充电方式为汽车电池充电。不论何种情况，安全而标准的快速连接方式是必需的。此外，充电机应能适应不同种类的电池，而且似乎只有把充电机整合在汽车内才是唯一可行的解决方法，但如此一来，汽车的重量又会增加不少。

也可以采用更换标准化电池的方法，即用满充的电池替换电能已经耗尽的电池。但这需要专门的换电设施和充足的电池储备。目前，这种方法仅适用于统一调度的车队。

2.3.1.8 增程器

为了弥补电动汽车在续航能力上的损失，可以在车上安装一个小型发电机，负责在蓄电池荷电状态过低时为其充电。这台内燃机恒速运行，以保持一个较高的效率。这种解决方案不会影响电动汽车的正常运行，但是有一个事实不容忽视，即由于蓄电池电流方向的改变会引起直流母线电压的升高。发电机为推进发动机提供一部分动力，该模式与混合动力车非常相似。这种从电网充电的电动汽车常被称为“插电式混合动力车”，如图 2-2 所示。

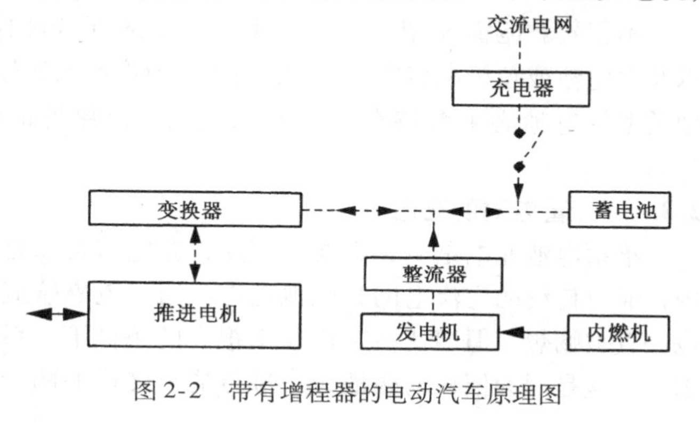

图 2-2　带有增程器的电动汽车原理图

燃料电池通常指质子交换膜燃料电池（PEFC），也可以被用做增程器。法国 Axane 公司计划推出的 AUXIPAC，以及标致公司已经展示的概念客车（H_2O 车），都应用了这种技术。

2.3.1.9 典型的第二代电动汽车

CleanNova 和 BlueCar 是法国即将投向市场的两款电动汽车，该车计划使用锂离子或者锂聚合物电池从而获得比铅酸蓄电池高得多的能量密度和更短的充电时间，同时电池也不易老化。两款车的特性总结如下：

CleanNova 是由 SVE（达索集团 Dassault-Heuliez）制造。它拥有一个由 TM4 公司提供的整合了差速器的电动机，可以工作在不同电压等级；使用 16 ~ 30kW · h 的锂离子电池；充电时间分别为 8h（16A）、4h（32A）或者 30min（150A）；使用热泵供暖。在配置增程器时，附加的小型发电机可以与推进发动机解耦，而与牵引发动机啮合，从而作为一个电机使用并输出转矩。

BlueCar 是由法国的 Batscap 公司制造，它装备了一台额定转速为 10000r/min、功率为30kW的电机；使用27kW·h的锂金属聚合物电池，充电时间为6h，期望寿命为10年或者150000km；直流母线的电压范围是243～375V；续航里程为200～250km；电池总重200kg；最高速度125km/h。

另外，据有关资料显示，雪佛兰汽车公司宣布其制造的一款电动汽车续航里程为60km，使用了180kg的锂离子电池。

我们也可以关注类似用于高尔夫球场的休闲用汽车，或者其他的或轻或重，但对行驶速度有特殊限制的四轮电动汽车。这类汽车可以使用12个48V，240A的蓄电池，其续航里程可达100km[TEN]。为降低电池的更换成本，常使用铅酸蓄电池。

2.3.1.10　能量管理和建模

电动汽车的能量管理与混合动力车一样，必须在汽车设计之初就予以考虑。设计主要基于汽车的模型（机械模型，路面轮胎接触模型）、牵引链上的元件（电机、电力电子装置、蓄电池），同时也要考虑必要的辅助功能或者舒适性功能。能量由一个车载ECU管理，它会考虑蓄电池的荷电状态与驾驶人的指令。我们甚至可以构想一个能考虑实际旅途情况（通过GPS给出的起点-终点和路程）的智能管理系统。

2.3.2　重型货车与客车

重型电动货车的应用并不是很多，这里只给出两个试验车型，包括法国波尔多使用的垃圾清运车，以及法国PVI公司（Ponticelli Vehicules Industriels）与雷诺重型载货汽车合作制造的电动或称为混合动力货车。这些货车均用于城市运输与居民垃圾收集。它们使用160A·h的铅蓄电池构成456V的直流母线电压，与变速器连接的驱动电机的额定功率为90kW，汽车的续航能力为55km。

电动客车的实例也是有的，GEPEBUS公司（法国Gruau公司和Ponticelli公司的一个分公司）推出了两款电动客车，分别是22座和25座。IRISBUS公司的Europolis系列客车配置一个140kW的电机和钠氯化镍电池（Zebra㊀）电池，续航里程为120km。

2.3.3　两轮机动车

我们已经讨论过四轮机动车，对于电动摩托车或者助力自行车之类的两轮机动车，其问题的本质是一样的。电动摩托车在欧洲远不如在亚洲普及，一家法国制造商由于市场需求的匮乏已经停止了生产，但另一方面也是由于产品的设计更适合配置内燃机的摩托车而不是电动摩托车。车上空间太小以至于允许携带的电池非常有限，因此供电电压等级仅为36V，推进电机的功率也只有2kW。

电动摩托车可以采用轮毂电机（见图2-3）技术进行重新设计，而将镍氢电池

㊀ Zebra：工作在300℃温区的钠氯化镍 $Na\text{-}NiCl_2$ 电池。——作者注

和超级电容器混合的储能方式很适合制动能量回收。车上空间的限制使得整合充电器成为一个问题，而将电池堆拔出进行充电是更可靠的方法，但这需要一个稳定而安全的电气连接系统。电动摩托车所用电池的平均容量是 20A · h。

a) 轮毂电机30kW
额定转矩700N·m
最大转矩6000N·m

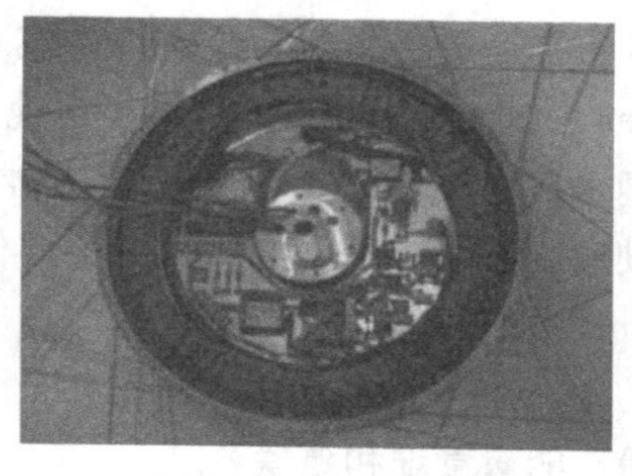

b) 安装压轮毂上并集成了功率
变换电路的踏板助力电机

图 2-3　轮毂电机实物图（图片来源：法兰西-孔德大学）

所有的助力自行车㊀均使用了电动和现有的机动化控制技术：发动机置于前轮毂或后轮毂，为踏板提供助力，对轮胎产生摩擦。即使存在人力骑行的可能性，助力自行车的续航里程也与蓄电池储存的能量直接相关，助力电动机的功率为 150 ~ 250W，一位训练有素的骑车人可以使其以 250W 的功率行驶 1h 以上。如果使用 36V，7.5A · h 的镍氢电池，就可以直接驱动电机而无须提升电压等级。助力车的电池通常是可拆卸的，以便于充电。

我们也可以用同样的方式描述休闲两轮机动车，比如电动踏板车或者更具体一些，如赛格威（SEGWAY）电动单车。

2.3.4　导引型车辆（火车、地铁、有轨电车、无轨电车）

对于火车、高速列车、有轨电车或无轨电车等导引型车辆，其驱动不会对储能带来任何影响。铁路机车的驱动是通过铁道上的受电弓和伸缩臂完成的，一些国家仍使用第三条轨道（供电轨道）上的滑触线为机车提供能量。地铁的供电情况与铁路类似，环城行驶的有轨电车的供电方案则更加多样化，它们一般需要配备导引供电网。

对于热点旅游景区而言，人们正在研究不使用受电弓的轨道机车供电方案。从地面取电的方法已经开始应用了，不过也有研究关注于车载储能的方法。目前有两种储能技术受到青睐，即惯性飞轮储能㊁和超级电容器。虽然可以在每个停车站点设立飞轮储能的充电站，但问题在于如何在短时间内传输大量能量。举例来说，

㊀ 在骑行过程中，骑车人必须提供一部分能量，因此这种助力自行车不属于摩托车的范畴。——作者注

㊁ 能量以机械能形式储存在高速旋转的飞轮中，当需要能量时，飞轮降速释放能量。——作者注

一辆有轨电车上的飞轮储能系统可以提供3kW·h的能量和300kW的功率。像储能电车这种较老一点的应用，可以同时携带3.3kW·h的飞轮储能和电容器组。

储能，不论是以机械能、电能还是化学能的形式，都可以实现制动能量的回收，从而减少车辆在行驶过程中消耗的能量，并能在机车再次起动时起加速作用。可以实现节能15%，并且由于运行特性被完全掌握，在管理上也较为便捷。

当常规的电力供应系统出现故障时（比如悬链线断裂），储存的电能对于辅助功能的发挥是很必要的。如出现突然停车的情况，列车、地铁或者有轨电车的内部信号必须有电力供应，照明和空调器也必须尽可能地得到保证。这些应急用电池组一般装在乘客车厢中，火车也以72V铅酸蓄电池储能。

最后，我们想象一下能够提供更多能量的方法，比如燃料电池发电机。如果采用聚合物电解质燃料电池（PEFC），则还需要安装储氢设备或者碳氢化合物重组器；或者采用固体氧化物燃料电池（SOFC）的辅助动力装置（APU）。对于后者，汽油或石油等碳氢化合物燃料是能量的来源。

2.3.5 海上交通——游艇

为了提高乘客的舒适度（降低噪声和污染），很有必要将行驶于运河或者湖面的小船的内燃机替换成电动机。游艇对起动没有太多要求，并且船速很低以允许船上的游客有充分的观光时间，因此，电动机不需很大功率，续航里程取决于游艇可以携带的电池数量。船舱有足够的空间放置电池，当夜间游艇靠岸时可完成充电，但是充电时必须保证船舱的通风。这样的游艇可以在法国的圣马丁运河或者瑞士Doubs河岸看到。

其他的电气应用还包括小型游船，或者驱动一个小型的辅助电机，或者为导航仪器提供电源。

2.4 电能与其他能源互为补充——混合动力

储能的问题导致纯电动汽车的续航里程较短，因此，双模式汽车应运而生。它将内燃机与电机结合，能够同时使用两种不同的能源，如化学能和电能。很明显，这两种能源可以以多种不同的比例组合，这就产生了一些需要向用户解释的商业名词，例如，起停（stop & go）、弱混合（mild hybridization）、全混合（full hybridization）、加速（boost）、小型化（downsizing）等。依照内燃机和电动机的耦合方式不同，可以分成不同的结构，包括并联结构、串联结构和路耦合。

对于所有的动力系统结构，其目的都是减少碳氢化合物燃料的消耗，从而降低污染和温室气体的排放，甚至可以在城市中实现零排放。其续航里程取决于电能储存的容量。并不是所有的结构都用同一种节约能源的方法，有一些方法的效率可能更高，但是由于能源的特性而受到较多限制。

能源混合的结构和等级与汽车的类型无关，不论是轿车、货车、建筑用车还是客车。

两轮车的混合不在本书的考虑范围之内，因为混合动力系统往往需要整车重量和体积的增加来容纳热机和电机。唯一可能的应用是经常工作于起停模式下的两轮车，当停车时可以完全停止内燃机。

2.4.1 并联结构

图2-4给出了基本原理，解释了起停的含义。如图中所示，电机可以直接安装在发动机的轴上，或者通过传动轮和传动带与机械系统连接。电机有两个作用：为电池充电和起动汽车，甚至在需要零排放时作为驱动发动机使用。电机的性能取决于其功率以及电池的容量大小。这种方式给用户带来的增益非常有限（约为5%），并且仅在城市中运行有效，而制动能量回收基本无法实现。

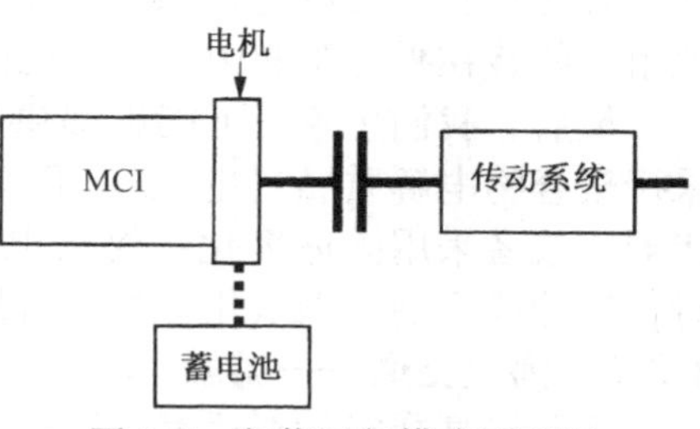

图2-4 起停运行模式原理图

电力驱动的作用减小了内燃机的尺寸，也因此减少了摩擦和损耗。为了改进汽车的功率输出性能，比如在加速运行时，电机可以作为辅助动力，提高了发动机的加速性能。

并联结构要稍复杂一些，如图2-5所示。并联结构基于机械耦合，它常见于外摆线轮系，虽然三个轴各自具有不同的转速，但其转矩仍可以叠加。必要时可以接上离合器使机械耦合系统解耦，从而让汽车运行在传统汽车的模式或者零排放的全电动模式。图2-5中的箭头表示能量流动的方向。内燃机只能向车轮或者发电

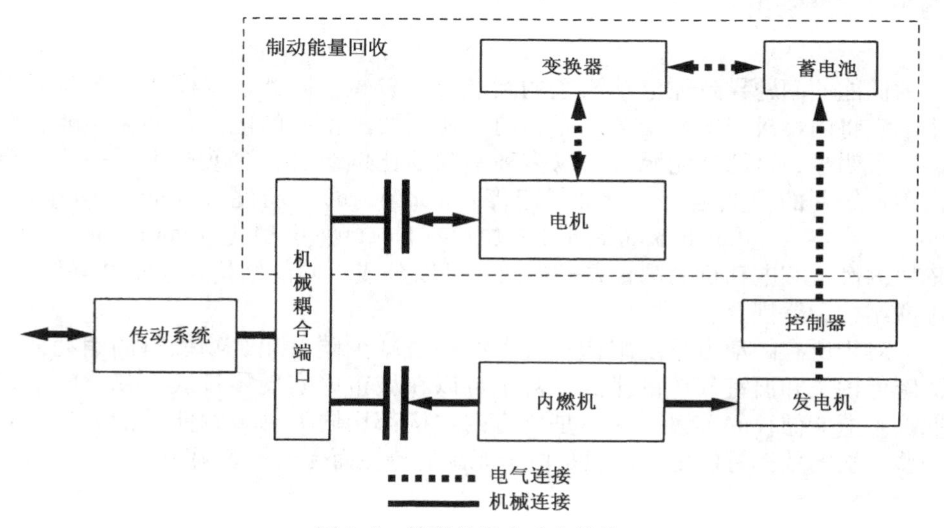

图2-5 并联的混合动力结构

机提供机械能，后者用于向电池充电或者为辅助功能设备供电，或者通过机械耦合向作为发电机的电动引擎供能，而最后这一条能量流动路线使制动能量回收得以实现。

在这个系统中，所有的能量均来自于内燃机和制动回馈的能量，由于各个不同的变换器都工作在最优点，使得整体的能量管理效果很好。若增加一个由外部电网供电的电池充电机，则会使能量的来源更加多样。

这个结构最早由丰田（Toyota）公司提出并用于其普锐斯（Prius）车型。其他制造商也沿用该技术路线推出了各自的车型，而且提高了技术的复杂程度，将一台或两台电机严密地接入机械耦合系统中，如此以产生出多种不同的能量分配方式。

应该注意到，机械耦合、电机、变换器和蓄电池都会导致汽车重量的增加。唯一的好处就是内燃机尺寸的减小。因此，混合动力技术目前仅限于顶级汽车是不足为奇的。

车内直流母线的电压等级尚无标准。采用高电压等级以减少电机中导体的直径是很有好处的，但是高电压对电池又很不利。如果需要一个540V的直流母线电压，就要对一个400V的交流供电电源进行整流，并且需要将150只锂离子电池或者镍氢电池串联组合起来。电池的串联就会带来充电时的均压问题，因为我们希望所有的电池都工作在同等的状态。因此，在同一辆车上设置三个或者四个不同的电压等级正成为发展趋势，图2-6所示的原理图就受到了丰田公司Lexus车型的启发。

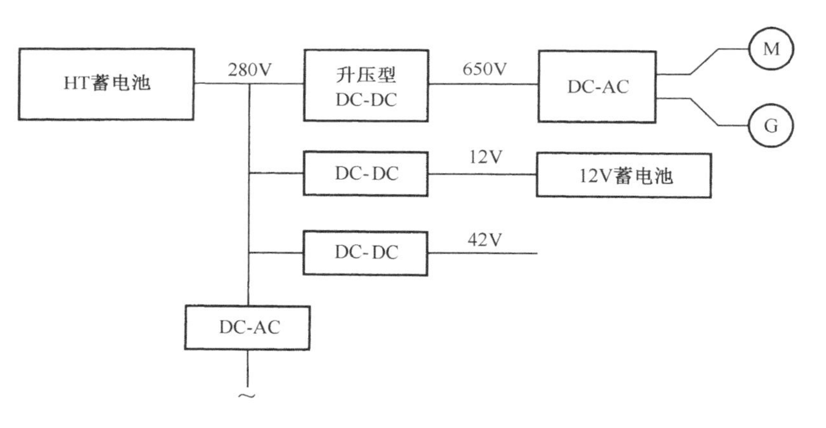

图2-6　具有四种电压等级的电动汽车结构图

DC－DC变换器可以改变电压等级。电动机和发电机都采用三相交流制式，而采用标准的交流电压使得原先为传统配电网设计的设备可以直接使用，因而，无需为空调器系统开发专门的设备。由于电气和机械元件都很复杂，就需要在能量管理系统增加一个监控单元，以使蓄电池有能力回收制动能量（举例来说，电池不可充满，否则它将无法吸收任何过剩的电量）。

由于制动能量回收，电动汽车比传统汽车在城市交通或普通公路上所消耗的能量要少。但是在高速公路上，由于电动汽车比传统汽车重，其耗能与后者相等甚至更多。

2.4.2 串联结构

内燃机电动混合列车有一个典型的串联型混合结构，但是对于汽车，这种结构就会因为增加了储能元素（如蓄电池、超级电容器或飞轮储能）而变得复杂一些。串联结构如图 2-7 所示。

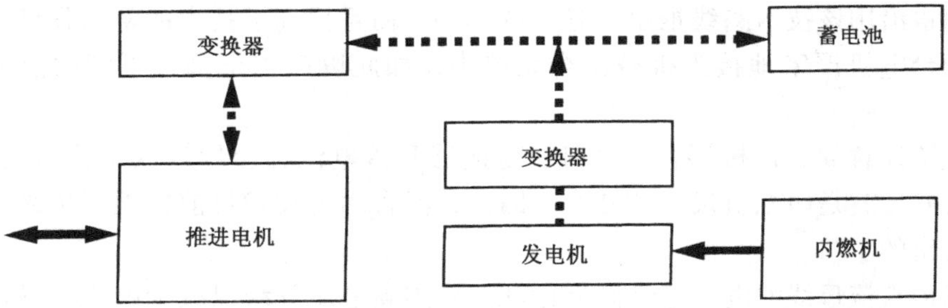

图 2-7 典型的串联型混合动力结构

在这种结构下，由内燃机拖动发电机（通常是交流发电机）发电。交流电压经过整流调节为电池的电压等级，直流母线电压由电池来支撑。然后，与电动汽车的传统推进链连接，或者是一个中央电机和差速器，或者是一个有多台电机，甚至轮毂电机的更加分散的结构。

图中的箭头表示了能量的流动方向。内燃机只能提供机械能，与发电机连接的电力变换器只允许能量单向流动，制动能量的回收是由负责推进的电机及其变换器实现的。制动能量储存在电池中，因此，电池组的荷电状态必须受到实时监控，以有效地储存这部分能量。

由于不同的能量变换器被串联（将机械能转化成电能，然后再将电能转化成机械能），系统的总效率等于不同变换器的效率之积，因此，即使内燃机工作在最优状态，这个结构仍有无法避免的不足。能量管理单元的角色就是在内燃机提供的能量与电池提供的能量之间取得平衡。

串联结构是唯一一种可以被其他类型发电机所使用的结构，比如电化学电源或燃料电池。在图 2-8 所示的原理图中，介绍了另一种快速储能技术（超级电容器）用于制动能量回收的实例。

燃料电池可以由氢气或者流经重组器的碳氢化合物燃料所驱动。作为一种电源，意味着燃料电池堆要确保诸如压缩机和空气加湿器、燃料处理器、制冷系统、流量控制器，以及氢气的再循环泵等辅助功能设备的正常运行。

燃料电池发电是不可逆的，输出直流电。其整体效率目前在 35% 左右，但是，如果电化学转换效率和辅助功能设备的效率可以达到 55% ~60%，那么燃料电池

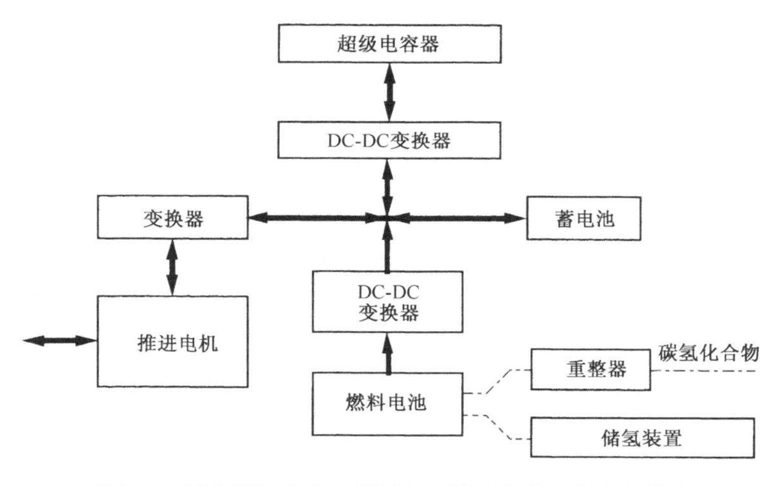

图 2-8　带有燃料电池和超级电容器的串联混合动力结构

的发电效率有望提高一倍。

本章参考文献［ELK 07］中的 ECCE Bank 试验台采用了串联结构，可以测试不同类型的发电机（比如变速或恒速发电机、SPACT80 计划中的质子交换膜燃料电池）、不同类型的电驱动器，以及蓄电池、超级电容器、飞轮储能等的性能。

2.4.3　路耦合

在以上所分析的两种结构中，内燃机和电机通过机械或电气联系进行强耦合。第三种混合结构由两个相互独立的推进系统组成：一个作用于前轮，一个作用于后轮，而能量管理单元会不断平衡这两个系统的出力。因此，这看起来似乎是一辆真正的电动汽车，通过电网为蓄电池充电，并能够回收制动能量。然而，实际的应用需求还要求它具备传统汽油或柴油汽车的特性，而混合系统的可以使车辆胜任两种模式：城内行驶模式下的零排放与城外行驶模式下的内燃机运行。这两种模式的有机组合，使得车辆在动态性能上获得更大的改进。插电式充电对于这种电动汽车不可少的。

这样的汽车还没有实现商业化，但是该领域已经有一些研究成果了。

2.4.4　混合动力的轨道机车

机车在起动时所需的能量非常高，因为只有这样才能拖动车厢并加速至平稳的速度。如果储存的能量足够多，混合动力可以是一个很好的解决方式。机车的基本结构已经实现了电气化，因为牵引电机一般是直流电机、异步电机或者带有电力电子控制器的同步电机。由于铁路系统中设备的寿命需要很长（至少 50000h 或者 15 年），电化学储能技术（蓄电池）就成为一个大问题。超级电容器的寿命还不够长，惯性飞轮储能系统可以很好地满足要求，超导储能还没有用到这种场合中。

铁路设备制造商已经开始研究采用混合动力的机车。日本、美国的加利福尼亚州，以及加拿大（Green Goat）已经宣称使用这种机车。Green Goat 的柴油发动机功率很小，只有 165kW，其功能仅是为蓄电池组充电，电压等级是 600V。据宣称能耗降低了 60%，温室气体的排放也相应地降低了。

法国 SNCF 公司（法国国营铁路公司）在 PLATTHEE 项目的框架下对混合动力机车进行了测试，测试对象是安装了不同储能系统的转线机车（LHYDIE），储能包括蓄电池、超级电容器和飞轮储能。储能系统的能量由一个小功率柴油发电机提供。法国的 SPACT80 项目也正在对配备氢储能的燃料电池进行测试，目前的电压等级是 540V（与 ECCE 测试台一样），但其最终目标是 750V，这也是有轨电车的电压等级。

2.5 结论

更适合交通运输领域的电能存储技术仍然当属电化学储能，即各种典型的蓄电池储能技术。惯性飞轮储能则是重型运输系统的备选，比如铁路运输，尤其是有轨电车，也可能用于公共交通。像燃料电池这样的备用能源仍受到成本的较大制约，而且必须通过重整器或氢气以获得能量。超级电容器适合作为一个充放电时的脉冲功率源，因此它可用于制动能量回收，或者为汽车起动提供额外的转矩，或者其他一些特殊的用途。

公路交通车辆的能量和功率需求总结见表 2-1[KOH 07]。

表 2-1　部分公路交通车辆的能量和功率需求

应用	续航里程	最小能量	最小功率
电动汽车	150km	20kW · h	40kW
插电式混合动力汽车	有限	10kW · h	40kW
混合动力客车	有限	10kW · h	80kW
完全混合动力	不限	1 ~ 3kW · h	25 ~ 50kW
轻度混合动力	不限	0.5 ~ 1kW · h	5 ~ 20kW

表 2-1 给出了两个重要因素：能量和功率，因此产生了将两种不同类型的储能联合使用的思路。图 2-9 给出了不同储能技术之间的关系。

不同类型的电池所处的发展阶段也不同。铅酸蓄电池在能量密度和寿命方面的发展潜力很有限，尤其是相对于电动汽车这样需要高放电深度的应用环境。但是铅酸蓄电池与新型蓄电池如镍氢蓄电池、锂离子电池或锂金属聚合物电池等相比的最大优势就是价格便宜，如图 2-10 所示。新型蓄电池在能量密度和寿命方面的性能还是令人满意的，高能量电池已经在温度性能（低温起动）和寿命延长等方面取得了一些突破。

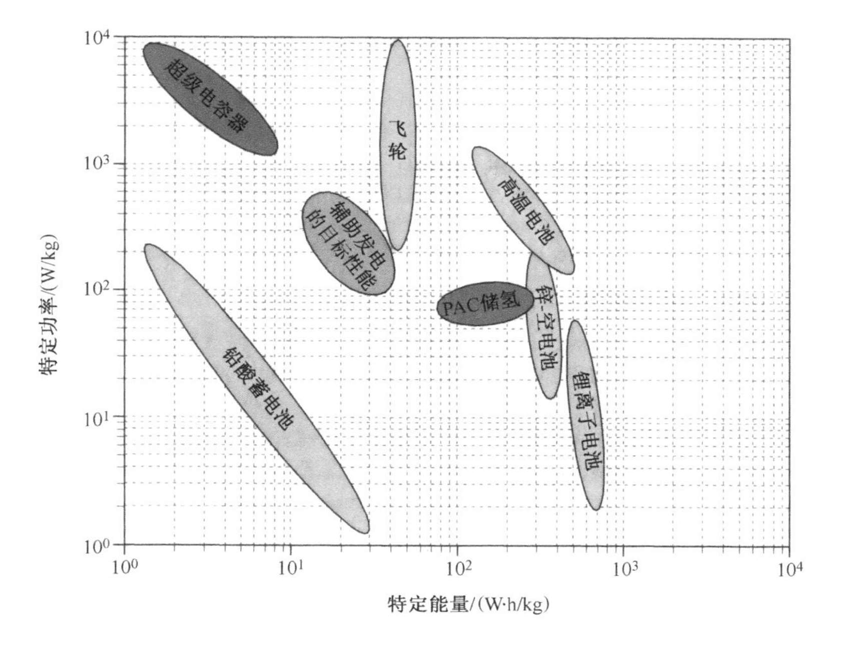

图 2-9　当前的电力储能技术 Ragone 图

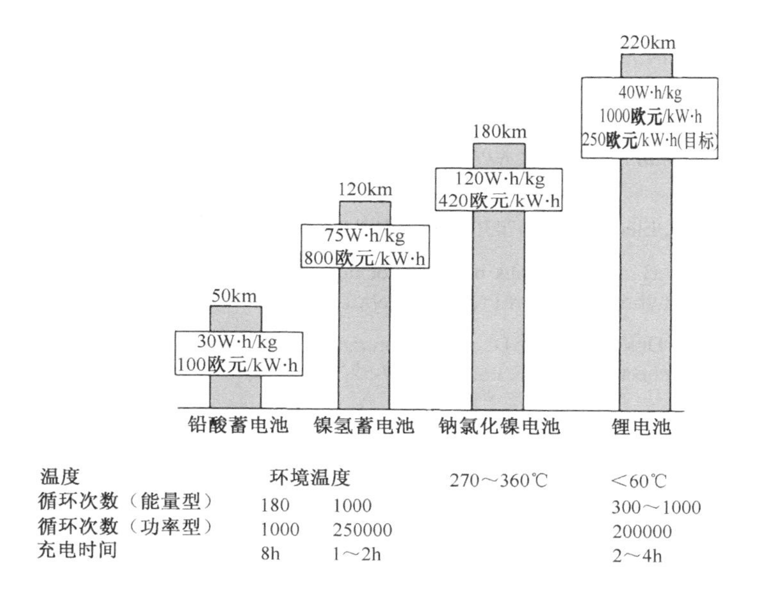

图 2-10　蓄电池性能与使用条件的比较

最后要说的是，我们在分析中没有考虑不同储能技术的开发费用（从油井到车轮 WTW），以及相应的使用费用（从油箱到车轮 TTW）。

2.6 参考文献

[BER 05] BERETTA J., BLEJ C., BADIN F., ALLEAU T., *Les Véhicules à Traction Électrique, le Génie Électrique Automobile, la Traction Électrique*, J. Beretta (ed.), Hermès, Paris, 2005.

[COX 00] COX D.C., PEREZ-KITE R., "Battery state of health monitoring combining conductance technology with other measurement parameters for real-time battery performance analysis", *IEEE 2000 19-2*, pp. 342-247, 2000.

[ELK 06] EL KADRI K., Contribution à la conception d'un générateur hybride d'énergie électrique pour véhicule: Modélisation, simulation, dimensionnement, PhD thesis, University of Franche-Comté, 2006.

[ELK 07] EL KADRI K., BERTHON A., KAUFFMANN J.M., AMIET M., Simulation and test of a modular platform hybrid vehicle, *Proceedings of Hybrid Vehicles and Energy Management*, Braunschweig, February 14-15, 2007.

[GUA 04] GUALOUS H., HAREL F., HISSEL D., KAUFFMANN J.M., "Etude et réalisation d'une alimentation auxiliaire de puissance (APU) associant pile à combustible et supercondensateurs", *REE*, no. 8, pp. 90-100, September 2004.

[KOH 07] KÖHLER U., LISKA J.L., "Battery systems for hybrid electric vehicles – status and persperstives", *Proceedings of Hybrid Vehicles and Energy Management*, Braunschweig, February 14-15, 2007.

[MAR 07] MARTIN B., "L'intérêt de l'hybridation pour les véhicules industriels", *Journées thématiques DGA-CNRS Stockage de l'énergie*, ISL Saint Louis, October 23-24, 2007.

[RUF 07] RUFER A., "Le vecteur électricité, acteur majeur des systèmes énergétiques", *Journées thématiques DGA-CNRS Stockage de l'énergie*, ISL Saint Louis, October 23-24, 2007.

[TEN] VOLTEIS, Electric Car, 07430 DAVEZIEUX, www.tender.fr.

[THE 06] THEYS B., Les batteries pour le stockage de l'électricité dans les véhicules tout électrique ou hybride, Rapport Prédit III, February 2006.

[VAN 08] VAN DEN BOSSCHE D., "Des commandes de vol plus électriques: pourquoi, comment, perspectives", *REE*, no. 4, pp. 47-52, April 2008.

第3章 光伏发电系统中的储能技术㊀

㊀ 本章由 Florence Mattera 撰写。

3.1 简介

独立或并网光伏发电系统需要储能，以改善其发电功率的间歇性。独立光伏发电系统主要采用电池储能技术，而对于应用更为广泛的并网光伏发电系统，可以采用的储能技术也更为多样。

本章主要介绍了光伏发电系统存在的问题，以及可能采用的储能技术。

3.2 独立光伏发电系统

3.2.1 基本原理

第一类光伏发电系统不接入电网运行，也就是我们所熟知的独立光伏发电系统。

这种系统由光伏组件（太阳电池板）、蓄电池组，以及对光伏组件、蓄电池组和充电器之间进行能量管理的调节器组成。当充电电流为直流时，可以直接接入系统；而当充电电流为交流时，则需要通过一个变换器（或 DC－AC 逆变器）与系统相连，如图 3-1 所示。

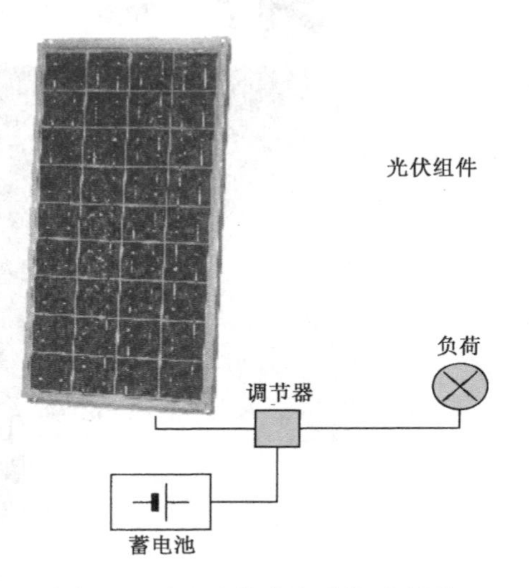

图 3-1 独立光伏发电系统示意图

在过去的 20 年里，这种独立光伏发电系统是光伏发电主要的利用形式，尤其是在发展中国家的农村地区供电中发挥了重要的作用。目前世界上仍有 20 亿的人口缺电，而且所分布的地区通常都拥有丰富的太阳能资源，因而光伏发电可能是他们唯一可行的用电解决方案。

3.2.2 不可或缺的环节：储能

独立光伏发电系统需要储能，以确保在不同的日照条件下系统都能提供相对平稳和恒定的电能。在实际应用中，这种供电系统有的可能需要确保 2～3 天的持续供电，如一些用电量不是很大的家用电器；而有的可能需要确保两周以上的持续供电，如灯塔或通信中继站等专门设备。图 3-2 所示为两种不同的独立光伏发电系统［用电量较小的户用供电系统或照明系统和混合供电系统（光伏电池与小型柴油发电机）］应用案例在一天中的运行情况。

在第一个系统里，发电主要是在白天进行的，而用电则白天和夜晚都有可能，如早晨、晚间的照明灯和电视机等，其规律性不是很强。在第二个系统里，其功率范围要大得多，柴油发电机主要用于夜间供电，由于一些电气设备的运行，系统全天都在用电。

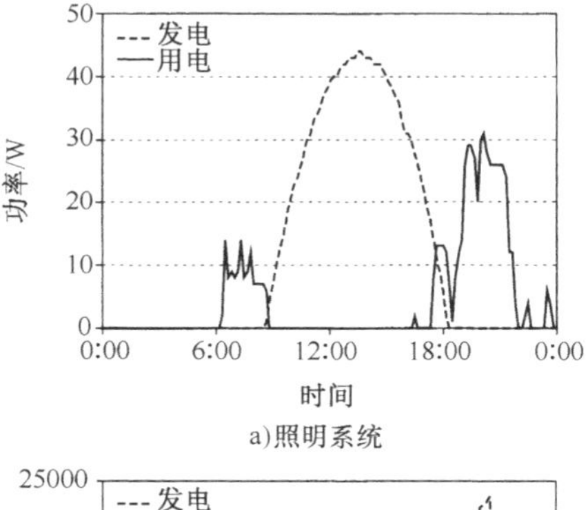

a)照明系统

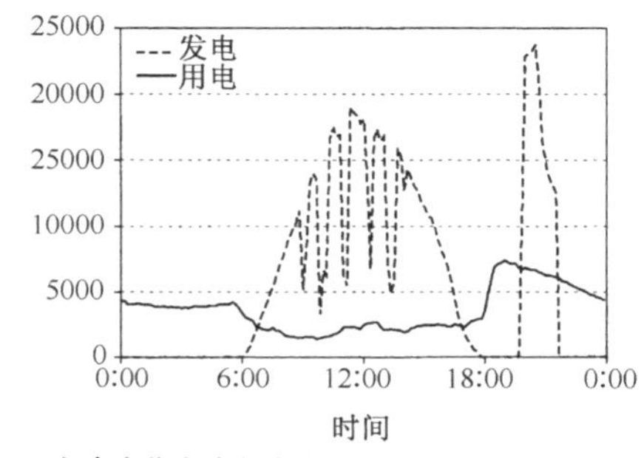

b)包含光伏电池和柴油发电机的混合供电系统

图 3-2　两种独立光伏发电系统一天内发电和用电的实例

独立光伏发电系统的运行受到相当大的限制，不仅受日照强弱的影响，储能电池也要每天进行充放电循环（白天充电晚上放电）。

3.2.3　光伏发电系统的市场

根据应用场合、容量规模和安装位置的不同，可以将光伏发电的市场分为几种典型情形。这几种情形可以采用不同的电池储能技术与设计方案，在配置容量和运行条件限制方面也存在一定的差异。

一般地，我们可以将光伏发电系统按应用分为专门设备供电系统与户用供电系统。

户用光伏发电系统主要集中在农村地区的照明和通信用电需求。由于该方面的应用在发达国家已经达到饱和（这些国家与电网隔绝地区的光伏发电已经得到了很快的发展），因而发展中国家成为这部分市场最主要的部分。2004 年的世界能源分析表明，约有 1/4 的世界人口没有用上电，这些人口主要集中在亚洲南部地区和撒哈拉以南的非洲地区。EPIA（欧洲光伏工业协会）预计，从现在开始到 2020 年将安装总容量达 30GWp 的光伏发电系统，这些系统的建设将由不同的组织发起并资助完成（比如世界银行）。

专门设备用光伏发电系统主要为通信、泵站、制冷以及各种低功耗的终端设备供电（如信号或路灯）。相对于前面的户用光伏发电市场，尽管没有专门资金的资助，这部分市场仍处于正常发展之中，尤其是在路灯等项目上还呈现了快速发展的态势。

对上述两种光伏发电系统来说，储能系统的成本占整个系统的$\frac{1}{4}$（如整个系统成本为 12 欧元/W，则储能系统约为 3 欧元/W）。然而，由于电池储能的循环寿命短，对于 20 年以上的系统全生命周期，电池的成本则占到系统成本的一半，如图 3-3 所示。

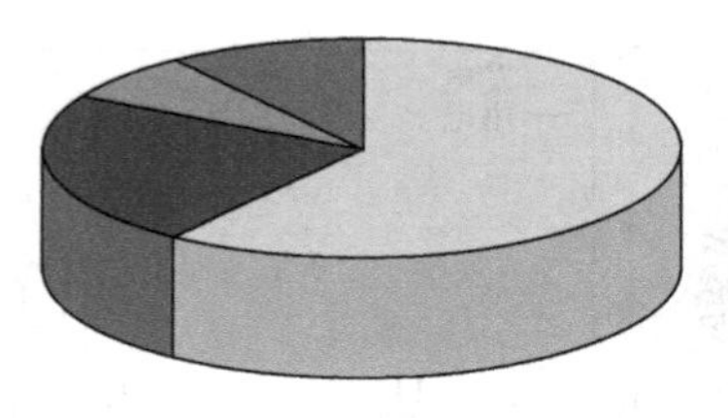

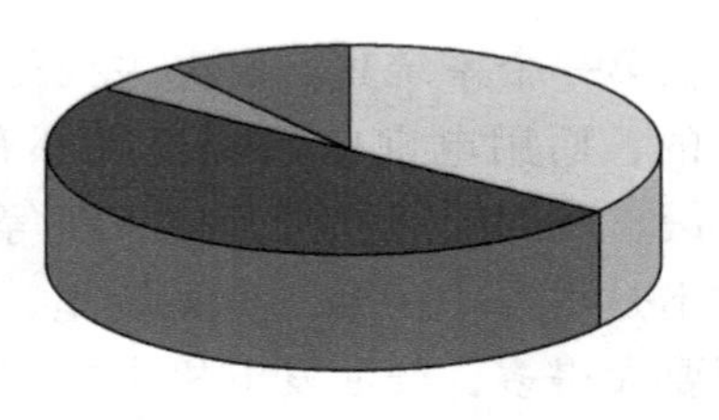

图 3-3　光伏系统成本分解图（左图为投资成本，右图为 20 年以上的均摊成本）

因此，储能技术成为影响独立光伏发电系统发展的关键因素，从而催生了两个种相关的市场，即安装市场和更换市场。

从全球范围来看，到 2030 年两种光伏发电系统的总容量肯定能达到 130GWp，其中，专门设备用光伏发电系统 70GWp，农村户用光伏发电系统 60GWp。

3.2.4　独立光伏发电系统中储能的容量配置

光伏发电系统中的储能容量配置主要是由实际的用电需求决定的。对于储能容量的设计可以分为以下几个步骤：

首先，进行初步分析以优化系统用电，比如替换某些高耗能的电子装置（如使用耗电较低的节能灯泡）。

其次，对系统用电情况进行评估。专门设备的用电评估相对户用电器来说更容易一些，因为户用电器设备的运行由于个人行为而具有较强的随机性。此外，户用系统由于新电器的增加，其用电量总体上会迅速提高，这也促使人们倾向于采用模块化的独立光伏发电系统。

第三个步骤是系统容量设计，包括电源的类型选择与容量设计。有时需要考虑采用包含太阳电池板和柴油机的混合发电系统，尤其是在有明显季节特征的地区（如旱季和雨季轮换特征明显）。通过分析当地太阳能资源和所选光伏发电系统的效率，可以计算出所需光伏组件的容量。光伏组件的发电量应与日常用电量相当。

最后，在以上步骤完成之后，需要确定储能系统的容量。储能容量可按日均用电量乘以光伏不发电的持续天数（或光伏发电很弱的天数）来计算。当然，这也会受到所用储能技术的最大允许放电深度的限制。

3.2.5　选择适宜的储能技术

在独立光伏发电系统中，储能技术的选择需要在不同的影响因素之间进行综合考虑：

1）成本：这往往是首要的因素，指的是储能系统的建设投资成本，或者是包括维护在内的储能全寿命周期成本。

2）储能效率：对于发电成本已经很高的光伏系统来说，储能的效率是个重要因素。如果储能的效率低于 75%，这意味着需要将光伏组件的容量增加 25% 以上。

3）荷电保持能力：该因素与储能系统的效率和自放电率有关，决定了一段时间后电池中还存有多少电量。

4）维护：尤其是在偏远地区，运行维护显著影响着系统的总成本。

5）适应不同运行工况的能力：电池的寿命受温度和充放电循环方式的影响（深度循环、小循环，以及放电或充电电流的大小）。

6）安全性。

7）可回收性。

为确保独立光伏发电系统的最优运行，应该根据不同的应用需求选择不同类型的电池。

在众多的储能技术中，铅酸蓄电池尽管已经使用了100多年，但其性价比目前仍然是最好的。在一些气候条件特别恶劣的地区，尤其是在极端的温度环境下，可使用镍镉电池，但是昂贵的价格（约400欧元/kW·h）制约了其广泛应用。

在峰值功率接近100W的系统中，一般使用平板电极铅酸蓄电池（见图3-4）。这种电池的价格较低（50～60欧元/kW·h），但可靠性不高（使用寿命一般为6个月到4年，也即全寿命周期费用为0.4～0.8欧元/kW·h）。在一些较为重要的系统中可以采用管式电极蓄电池，这种电池更适合于每日循环的运行模式，但价格较高（100～250欧元/kW·h，见图3-5）。由于可靠性和安全性较高，这种管式电极电池广泛适用于峰值功率在几百瓦到几千瓦的专门设备供电系统（如广播电视中继站、通信中继站、灯塔等）。

图3-4　应用于汽车的铅酸蓄电池

这种管式电极蓄电池的使用寿命比平板电极的要高很多（一般为4～12年），其全寿命周期费用为0.5欧元/kW·h左右。

在环境恶劣而又很难维护的应用系统中，如海上航标或一些密闭装置，可以使用具有气体重组功能的水密封铅酸蓄电池（见图3-6）。这种电池非常昂贵（150～300欧元/kW·h），使用寿命不是太长（约为6年），因此，其全寿命周期费用高达1欧元/kW·h。

图3-5　固定式应用的铅酸蓄电池

图3-6　卷绕式铅酸蓄电池

3.3 铅酸蓄电池寿命受限

由于对运行条件特别敏感，铅酸蓄电池在室外环境中使用时其寿命通常比某些专门应用（如固定式储能电站或汽车）要短，而且难以预测。

在光伏发电系统中，蓄电池会发生一些特殊的失效现象而导致其性能下降[MAT 03]，主要包括：

1）电池的每日循环产生的电解液分层（蓄电池内的某一小部分电解液出现高浓度酸化）。

2）由于电池过度放电和电解液分层，其正负电极会出现硫化现象（在这种情况下将导致硫酸铅积淀在电极的基底上，见图3-7）。

3）由于电池过充电和高温运行引起的阴极腐蚀（见图3-8）。

4）活性物质脱落，尤其是采用平板电极的蓄电池（见图3-9）。

图3-7　铅酸蓄电池正极发生不可逆硫酸铅结晶的微观图像

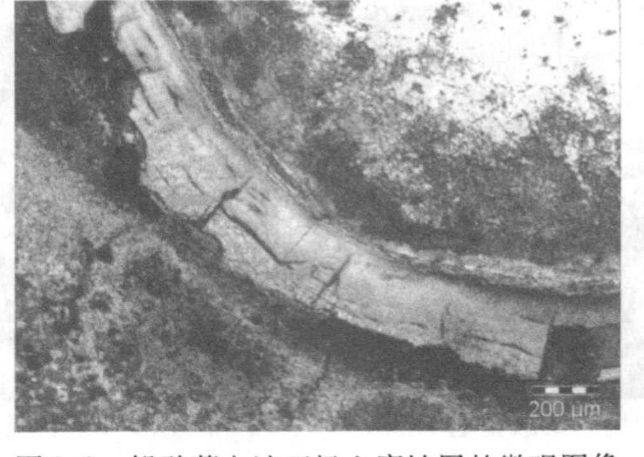

图3-8　铅酸蓄电池正极上腐蚀层的微观图像

3.3.1 蓄电池的能量管理

在独立光伏发电系统中，由于对电池的充电受制于当时的日照量，因而能量管理系统变得至关重要，既要确保对用户的正常供电，又要使系统的寿命达到预期年限。

图3-9 铅酸蓄电池正极大块活性物质脱落的图像

能量管理系统是由调节器实现的，目的是使电池的荷电状态与其技术性能相适应。目前市场上绝大部分的调节器都是针对铅酸蓄电池设计的，而很少是针对镍镉电池的。调节器运行策略的制订一般是基于测量的蓄电池电压和电流值。

最常见的运行原则是基于四种不同的电压阈值（见图3-10），即HVD（高压断开）停止充电；LVD（低压断开）停止放电；中间的两个电压阈值用于电池断开后的重新连接：HVR（高压重连阈值）、LVR（低压重连阈值）。电压阈值的确定与系统的容量相关。

能量管理策略分为日常管理和定期管理两类，后者用于运行一段时间后的电池性能恢复。

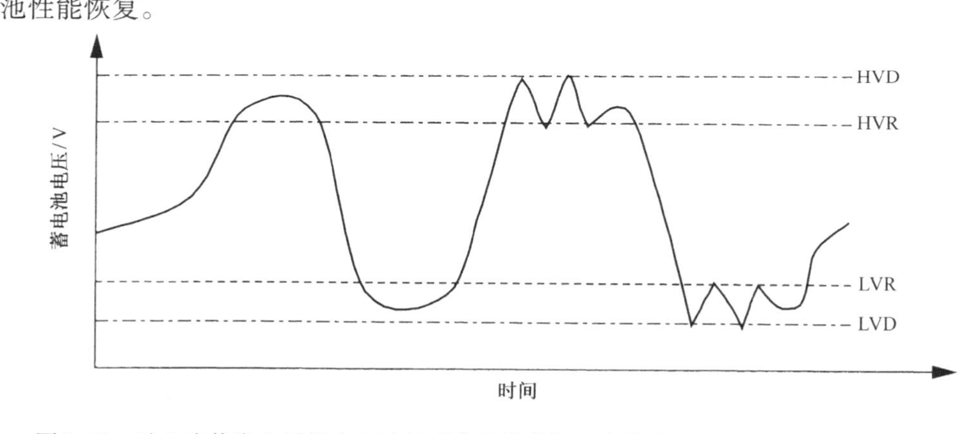

图3-10 独立光伏发电系统中电池的“非充即放”运行模式（HVD、HVR、LVR、LVD）

下面是日常管理的几种策略：

1）“非充即放”管理模式。这是最基本的管理策略，当电池电压达到特定阈值时断开连接，当电池电压恢复正常且达到重连阈值时重新连接。图3-11说明了日常管理中高压断开阈值对电池的作用以及不同的阈值选择对系统带来的影响。

2）“浮充”管理模式。当达到高压断开阈值时，系统仍保持比“非充即放”模式小很多的电流，用来给电池充电，保持电池的电压恒定，在此模式中高压重新连接阈值 HVR 不起作用。

3）“脉冲充电”管理模式。一些使用了新型电力电子技术的调节器能够控制蓄电池的充电电流，使其按照一定的周期性进行充电与静置。

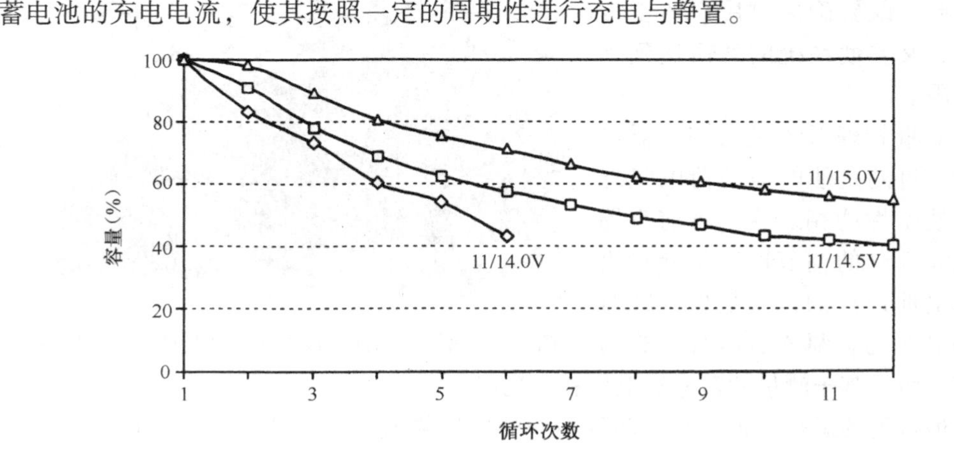

图 3-11　阈值 HVD 和 LVD 对铅酸蓄电池储能量的影响

蓄电池的这种脉冲充电的优势在几年前已经被论证过了[SRI 03, KIR 07]，包括能够限制电解水的发生，并提高充电的效率。该策略的主要问题是调制信号的优化（包括脉冲频率和占空比），以及如何减缓电池的电化学失效过程。相关试验结果将会在今后两年内促进这种优化充电器的市场化发展。

独立光伏发电系统蓄电池的定期管理是通过临时将额定电压为 12V 的蓄电池 HVD 阈值从 14.4V 提高到 14.8V，来改善电池的充电过程。这种方式被称为“增强充电”，尤其适用于铅酸蓄电池，其目的是改善电池的充电接受能力并减少电解液分层。这同时也可以避免由于频繁的过充电而造成的水损失和正极网格的腐蚀。

采用不同的电池充电调节器，其“增强充电”的实施周期是不同的：有的只用在电池的初次充电，有的定期进行（如每周或每 10 天），或用户手动设定。这种方法的缺点是光伏系统可能会出现电能无法控制的情况，也就是说，当“增强充电”刚开始进行时，不一定总是有所需要的电能。

最后，一个主要因素是电池荷电状态和健康状态的识别技术。调节器将会变得越来越智能化，能够给出电池的当时可用电量信息（“荷电状态”SOC），或可用总容量信息（“健康状态”HOC）[DEL 06]。这些信息对于用户来说是非常有用的，而且对于提高光伏系统的整体智能化，以及延长蓄电池的使用寿命也同样重要（见图 3-12）。

3.3.2　具有发展前景的锂离子电池技术

在独立光伏发电系统中，哪种储能技术在未来具有发展前景呢？

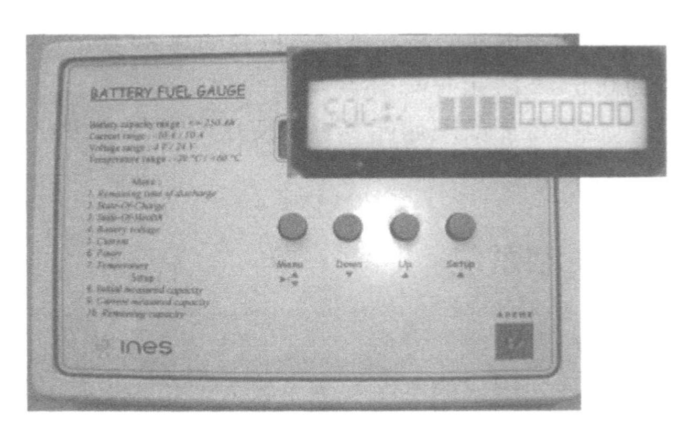

图 3-12　具有 SOC 计量功能的铅酸蓄电池控制面板[DEL 06]

如图 3-13 所示，对多种不同的储能技术进行了试验（铅酸蓄电池、镍镉电池、锂离子电池），结果表明了在考虑循环使用寿命的情况下，锂离子电池在光伏发电应用中具有较大的潜力。锂离子电池还具有其他一些性能优势，如储能效率高、使用寿命长、不用维护、可靠性高，以及性能的可预见性等。成本是锂离子电池的主要制约因素，但目前看来也在不断下降（在混合动力汽车或电动汽车的应用中，锂离子电池成本过去几年内下降为原来的$\frac{1}{4}$），所以锂电池技术在未来的几年里，将有更广泛的应用。

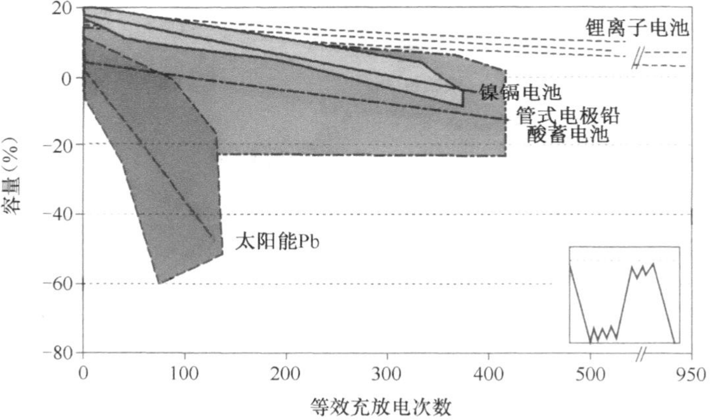

图 3-13　独立光伏发电系统中不同电池技术（铅酸蓄电池、镍镉电池、锂离子电池）的容量衰减与循环次数的关系（以% 表示）[LEM 08]

在过去的两三年里，一些研究项目致力于将锂离子电池储能应用于光伏发电系统中[PER 06, MAT 07]，其中采用了几十安时的电池模块，并优化调整了这些光伏发电系统中电池的配置容量和管理模式。

在专门设备的供电应用上（如海上航标灯、路灯），锂离子电池已经具有一定的竞争力，这得益于锂离子电池的高可靠性，以及约0.2欧元/kW·h的成本优势（铅酸电池的成本为0.5～2欧元/kW·h）。

锂离子电池技术也很可能实现储能装置的使用寿命与光伏发电系统使用寿命相当，即20～25年。

3.4 并网光伏发电系统

3.4.1 不断发展的电网

在过去的五年里，发达国家的电网发生了较大变化，主要受以下几个因素的影响：

1）受欧洲政策（白皮书）与全球政策（京都议定书）等影响，需要限制能源利用中的二氧化碳排放。

2）电力市场自由化使得对传统发电方式出现了投资回报不确定性，同时也促进了多种分布式发电的发展（见图3-14）。

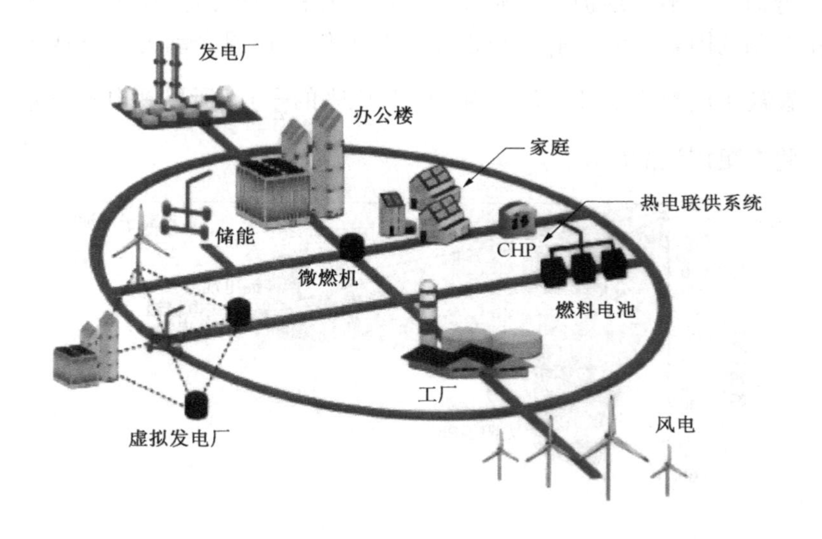

图3-14 包含分布式能源的电网结构图

在分布式发电系统中，电力储能发挥着至关重要的作用，除了可以补偿分布式发电功率的波动外，还能够在任何时刻向系统注入电能，从而响应需求的变化。可以说，储能使得电能发生了时空转移。

另外，我们还就不同应用需求或不同存储时间的储能进行了区分，而这几乎涵盖了储能在电力系统中所有可能的应用（见表3-1）。

表3-1 储能并网应用及其放电持续时间

应用场合	放电持续时间	
	最小	最大
削峰	4h	10h
输电系统支撑	2s	5s
需求侧管理	4h	12h
电能质量	10s	1min
安全性	15min	5h

3.4.2 多样化的储能系统

由于电网对储能系统的功率、响应时间和放电持续时间要求不同，因而需要采用不同的储能技术。

图3-15 应用于户用并网光伏发电系统的锂离子电池

对于功率较小的储能系统，如峰值功率在10kW等级的，蓄电池，尤其是锂离子电池非常适宜于安全稳定控制或负荷调峰应用（见图3-15）。同样，超级电容器则适宜于周波范围内的波形控制和电流质量改善。

对于更大功率的储能系统，如峰值功率达到100kW等级（如用于工厂、别墅用电，或负荷调峰等），运行于高温区的钠硫电池或液流电池储能系统（见图3-16和图3-17）由于具有良好的循环性，所以其成为不错的选择[VRB,AIE]。

最后，对于功率非常高的储能应用，如峰值功率达到1MW等级（电站），储能系统的初始基础设施建设投资巨大（如抽水蓄能电站、储热站、带燃气轮机的压缩空气储能电站，见图3-18），但由于其附加费用较低，也具有一定的经济性。

图3-16 钠硫电池储能电站

图 3-17　液流电池储能电站

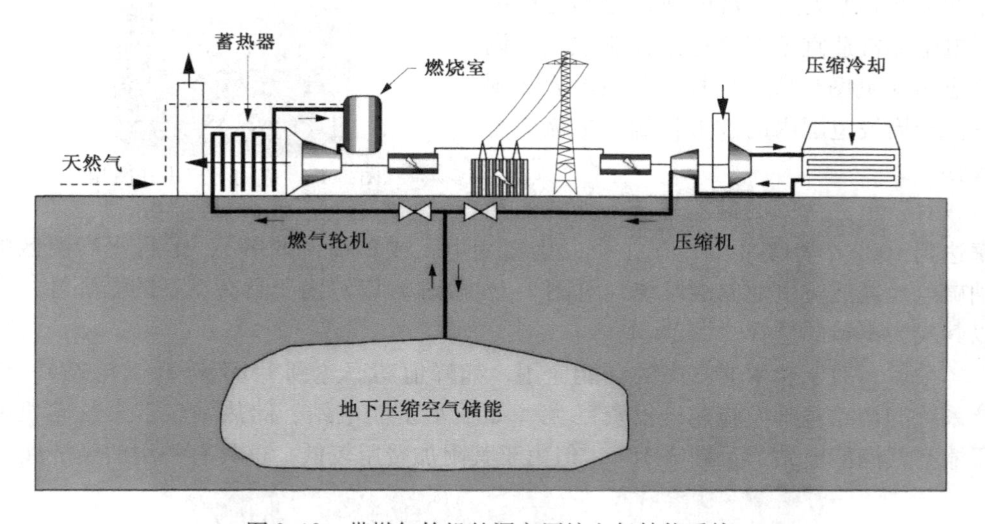

图 3-18　带燃气轮机的洞穴压缩空气储能系统

3.4.3　储能接入并网：电力部门要解决的重要问题

并网光伏发电系统的快速增加和规模化发展，需要多种不同的储能技术，如传统的电池储能技术、新型的先进电池技术、不同功率等级的飞轮储能技术等。储能在技术与应用上的契合是要研究的一个重点内容。此外，并网储能系统中双向电力电子并网接入装置（能够允许电池向电网回馈能量，或通过电网给电池充电）的研究和应用同样重要，这种装置可用于不同的电压水平，并且有计量功能（用于计算电费）。

最后，根据储能系统在电网中的不同安装位置（发电、输电、配电），需要有效的方法确定储能并网给相应环节运营商（发电商、输电系统运营商、配电系统运营商）带来的利益，而这也将最终决定储能系统应用方案的选择。

3.5 参考文献

[AIE] www.aie.org.au/syd/downloads/vassallo.pdf.

[DEL 06] DELAILLE A., PERRIN M., HUET F., HERNOUT L., *Journal of Power Sources*, vol. 158, no. 2, pp. 1019-1028, 2006.

[KIR 07] KIRCHEV A., DELAILLE A., PERRIN M., LEMAIRE E., MATTERA F., *Journal of Power Sources*, vol. 170, pp. 492-512, 2007.

[LEM 08] LEMAIRE-POTTEAU E., MATTERA F., DELAILLE A., MALBRANCHE P., "Assessment of storage ageing in different types of PV systems: technical and economical aspects", *23rd European PV Solar Energy Conference*, Valence, September 2008.

[MAT 03] MATTERA F., BENCHETRITE D., DESMETTRE D., MARTIN J.L., POTTEAU E., *Journal of Power Sources*, vol. 116, pp. 248-256, 2003.

[MAT 07] MATTERA F., MERTEN J., MOURZAGH D., SARRE G., MARCEL J.C., "Lithium batteries in stand alone PV applications", *22nd European PV Solar Energy Conference*, Milan, Italy, September 3-7, 2007.

[MUL 07] MULTON B., RUER J., *Stockage de l'énergie électrique: état de l'art,* Diaporama ECRIN, February 15, 2007.

[PER 06] PERRIN M., MALBRANCHE P., LEMAIRE-POTTEAU E., WILLER B., SORIA M.L., JOSSEN A., DAHLEN M., RUDDELL A., CYPHELLY I., SEMRAU G. *et al.*, "Comparison for nine storage technologies: results from the INVESTIRE•Network", *Journal of Power Sources*, vol. 154, no. 2, pp. 545-549, 2006.

[SRI 03] SRINIVASAN V., WANG G.Q., WANG C.Y., *Journal of Electrochemical Society*, vol. 150, pp. A316-A325, 2003.

[VRB] PRUDENT ENERGY, Prudent Energy Inc., online at: www.vrbpower.com, 2007-2009.

第 4 章 移动式应用与微能源㊀

㊀ 本章由 Jérôme Delamare 和 Orphée Cugat 撰写。

本章旨在介绍极其丰富多彩的移动式能源世界。鉴于这个新兴领域中的研究发展极为迅速，所以我们只对这些技术的不同发展现状进行概括性介绍，不会深入探讨但会广泛覆盖。因此，在这一部分的介绍中没有对每一种技术的细节进行详细分析，但我们给读者提供了大量的参考资料，通过这些资料读者可以进一步加深对各个领域的了解。

4.1 各种移动式应用场合的能源需求

相比于传统设备，移动式或板载式应用对能源供应有特殊的限制。由于移动性，这些系统在运行过程中通常无法与常规的供电电源通过线路连接。因此，有必要将电源放在处理器的板上，但这会给系统带来体积和重量上的增加。也正是这个最主要的原因推动了对微能源的需求。

能量等级、功率等级、一次能源（发电）与二次能源（变换）、储能与利用环境能量进行充电、远程供电等几种标准可以用于对微能源进行分类。

我们可以根据系统对电源的功率需求将微能源分为两类。

4.1.1 “微”功率（su-Watt）

极小供电系统的功耗可以低至微瓦级，常常应用于分散的或板载式的传感器等场合，以捕获并传输信息，即检测系统状态并实时地传输给远端监控中心。由于微电子技术（现在已经发展到了纳米技术）的发展，传感器在功耗上大有改善，现在一些商业化传感器的功耗只为10～100mW。

目前正在开发的微型传感器不仅体积大为减小（整个芯片的尺寸从$1mm^2$降到$0.1mm^2$），而且功耗也大幅度下降。现在的形变检测技术可以使设计出的传感器（如加速度计、陀螺测试仪、霍尔传感器等）平均功耗降到微瓦级。信息的处理和传输等电子技术也取得了相应的进步，但当前的主要问题是，应该将采集的信息在本地处理之后再间断发送，还是直接将传感器检测的信息持续不断地发送给远端的监控中心？

不同的应用需求决定了不同的能量需求，有时简单的应用条件改变也会给供电带来问题。我们以自动开关为例说明这个问题。这种开关仅仅需要传输“启/停”信息给被控设备，它可以从环境中获得能量，通过将人按下操作开关时产生的能量转换为电能。起初，用户可能仅仅是向设备发送“启/停”信息；继而，用户则会对该开关进行编码以区分于其他开关的动作；最后，甚至会设法让开关收到来自系统的信息回馈，以确认系统是否已收到“启/停”信息，而且在必要时能够重发信息。最后这种情况比第一种需要更大的电能供应，因为它不仅能耗更大，而且需要储能设备以便在必要时以不同方式的运行。

显然，实际应用系统的供电方式五花八门，而并不仅限于传感器系统。各种生物医学仪器，例如植入人体的胰岛素微泵或心脏起搏器，就是典型的应用。图4-1 给出了不同的系统在工作时所需的功率范围。

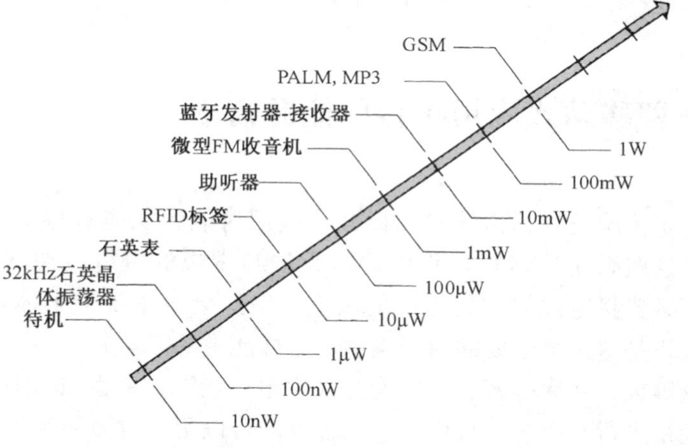

图 4-1　不同电子设备所需的功率范围

一些板载系统可能需要较大的功率（几瓦），但是以脉冲或断续的方式运行。如一部手机在通话时需消耗功率 1～3W，但在待机时仅仅需要几个毫瓦。对于这种以断续方式工作的设备，功率往往不是最主要的制约因素，而是持续工作所需要的能量（见 4.1.3 节）。

4.1.2　“大”功率（几瓦的功率）

更为庞大的应用系统往往需要数十瓦级的功率，如微型机器人、微型无人驾驶飞机（见图 4-2），以及各种高科技产品（如笔记本电脑等）。在微电子技术领域，元器件的性能按摩尔定律、发展，随着笔记本电脑功能的日新月异，其销售量也在不断地增加。但不幸的是，摩尔定律在电池领域并不适用（见图 4-3）。尽管已经出现了电池的一些替代品（比如微燃料电池），但其性能也仅比目前电池的水平提高了一个数量级而已。因此，移动式设备按照摩尔定律（或者“超摩尔定律”）发展是有问题的，除非电子元器件可以在性能提高的同时不需要额外的能量消耗。

4.1.3　能量需求

在之前的两小节中，能源的需求是以功率的形式表述的。然而，对于移动式系统来说，能量往往是一个比功率更为重要的参数，因为它决定了系统能够持续工作的时间。移动式系统的能量需求等级跨越了几个数量级，从纳焦（nJ）级一直到兆焦（MJ）级。此外，对于不同的应用系统，所使用的能量单位也有所不同。

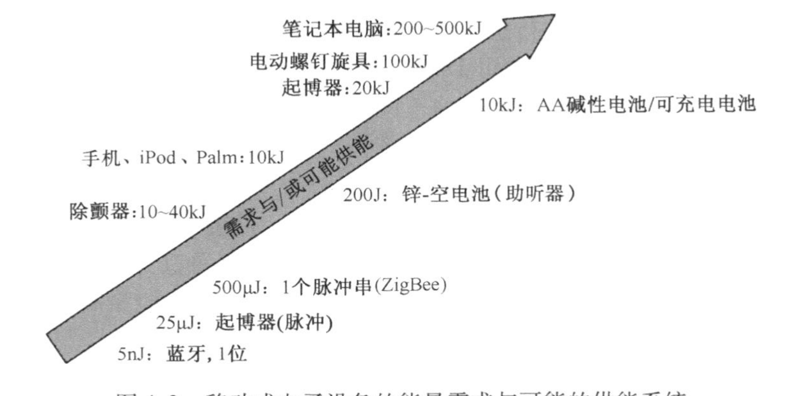

图 4-2　移动式电子设备的能量需求与可能的供能系统

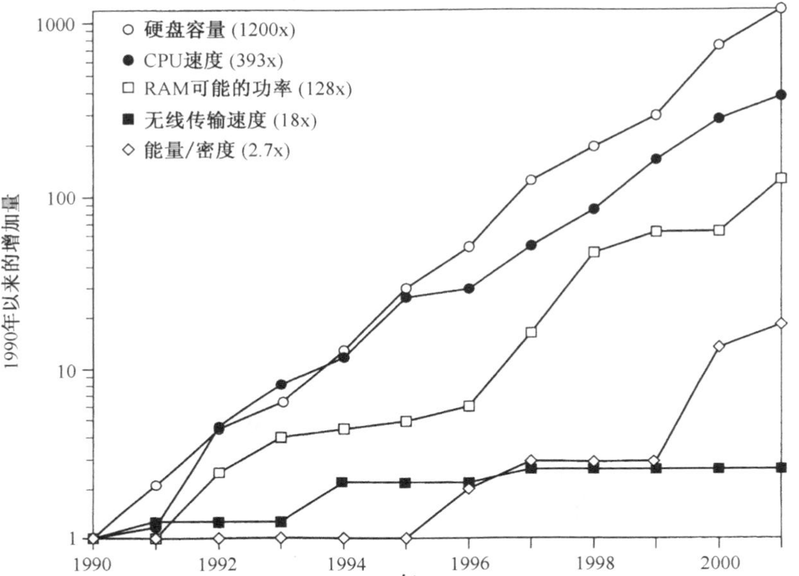

图 4-3　IT 业的技术性能进化过程（最下面的曲线为电池）

如在无线通信中常使用纳焦，而在笔记本电脑的电池中，则采用安时或毫安时及电压来表达。

因而，在低功耗等级的系统应用中，我们能够计算出传输信息所需的能量。如在无线通信系统中，现在的功耗大约是每传输 1bit 信息需要 5 ~ 20nJ。而在一些工业设备中，往往需要传输数个 8 位字节的带冗余的编码信息，传输距离数十米，所需的能量大约为 500μJ。这个等级的能量需求常出现于 ZigBee 等工业无线通信系统中。

有一些电子设备尽管消耗的功率非常微弱，但往往需要较多的存储能量。例如，一个心脏起搏器每个脉冲消耗 25μJ 的能量。但在其十几年的寿命周期内，所需要的电池能量大约为 20kJ（2. 8V，2A · h）。

对于无人飞行器（UAV）或笔记本电脑，根据它们的工作需求，需要在电池的功率和储能两个特性之间进行折中。一台笔记本电脑通常需要连续工作 2~6h，对应的能量为几百千焦（戴尔 Dell D600 笔记本电脑的电池为 4.7A·h，11.1V，180kJ）。一架无人机根据任务及地形的不同，需要飞行 10min~2h，而且对电池有重量的限制，这一点比笔记本电脑更加苛刻。在这种应用条件下，电池的一个非常重要的性能指标是比能量。

以锂聚合物电池为例，在极限的使用条件下，目前可获取的比能量大约为 140W·h/kg。当这个级别的比能量明显不足，而又无法通过充电来获得能量的增加时，可以采用其他比能量更大的电池，如锌-空电池，其比能量高达370W·h/kg（锌-空电池现在已经用在一些助听设备上了）。

4.1.4 满足特定供电需求的持续时间

正如我们所看到的，应从多种可能的电能供给技术中选择合适的一种，相应的选择依据具体应用的不同而有多种。其中，基于预期持续工作时间的选择原则非常值得关注。

以微型无人驾驶飞机的电动系统（见图4-4）为例，该系统在运行时需要15W的持续功率。根据工作时间是否必须持续 10min、30min 或 1h，电源的选择是不同的。对于特定的电池储能技术来说，功率和储能量直接与电池的质量或体积成正比。而对于使用燃料的能源来说，系统所需要的功率决定了功率变换器的质量和体积，但是持续工作时间决定了所需要搭载的燃料量。根据燃料和变换器的转化效率，以及所搭载的燃料类型，装满燃料的设备或多或少地会显得有些笨重。

图 4-4 无人飞行器 UAV（40W，60cm）[NOV]

图 4-5 说明了这样一个能源供应选择思路，即如果只是简单地保持飞行，只需要考虑能够提供 15W 功率的发电机和变换器的总质量就够了。接着，根据系统的效率，必须考虑满足持续运行时间所需的燃料量。在这个例子中我们注意到，对于在短时间（几分钟）的飞行任务，锂离子电池更为适合；对于 8~20min 的飞行任务，使用微

型燃气轮机与发电机的能源供应方式比较合理，而对于20min以上的飞行任务，采用微型热电发电机则更为有效。我们在这里进行了一个基于持续运行时间的简化理论计算。这个例子并不是为了对所列出的不同能源供给技术进行分类，而是提出了在选择与系统需求相匹配的能源供给技术时必须考虑的一些参数。

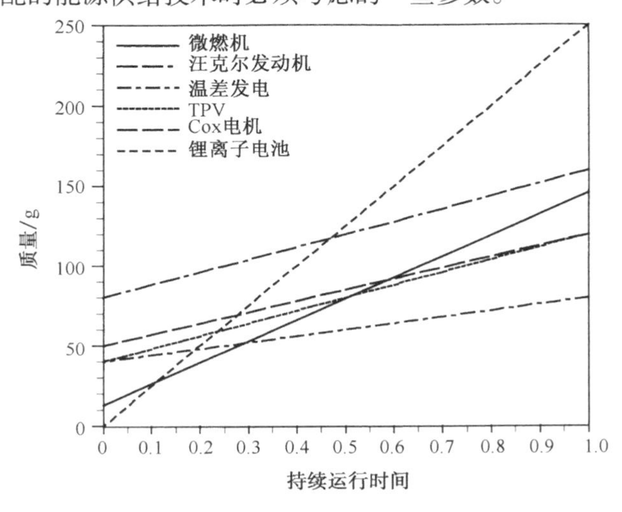

图4-5　以一个15W系统为例，采用不同电源所需搭载的质量（g）与持续运行时间的关系

图中给出的数字仅仅是示意性的，其中用来计算的数据（如功率、效率、体积）引用了一本2003年出版的图书中的简要分析结果。因此，这些数据在今天看来已经发生了很大的变化，而按照当前的发展状况，上述的选择方案也可能会有很大不同。

4.2　供能微型化所带来的新特点

这部分是关于能量存储的，一次能源最符合这个概念。因此，我们将会重新审视那些在常规的宏观环境中提出的能量存储技术。能量可以以能够直接利用的形式储存［如以电荷（超级电容器）或者电化学（干电池或蓄电池）的形式］，也可以以其他的必须经过特定环节转化成电能的形式存储，这里我们特指化学能（碳氢化合物、氢、微烟火等），以及放射性能源。在这种情况下，我们多指微型转换器而不是微型能源。

由于板载系统的空间有限，一些能源供给方案是不可行的（例如，微型水力发电坝还没有被研究出来）。但是，一些新的解决方案也确实已经让我们看到了希望。

对于一些不太复杂的应用系统，我们甚至可以考虑捕捉环境中的废弃能量并将其转换成电的方案。我们可以设计出具有应用前景的，能够获取这些“免费”能量的微型变换器，包括光能（太阳光、照明）、振动能、机械变形能（机器、电机、结构、人类）、热源（太阳、人体、电机）、气动（大气压力变化、风速、压缩气体泄漏、飞机机翼的前沿）等。

值得注意的是，我们可以进行热的梯度利用，以及等温系统暂态温度变化过程中的能量利用。

当然，上述这些供电方案的微型化也存在着以下几个主要问题：

1）由于采用的能量转化机理不同，进行微型化的方法也会有所不同。因此，在如此小的尺寸上，反应热力学与热传导给结构设计和低热阻材料的选择带来了困难。

2）在微型化技术中需要特殊材料的集成。

3）在高速且小尺寸物质中会发生微流体及微摩擦。

4）所有这些供能系统的效率非常依赖于制造工艺。

5）即使找到了一种可行的制造方法，还有价格等问题。

将如此大量的信息放在一章中叙述是不可能的。因此，我们建议读者阅读一些参考文献，尤其是一些写得非常好的综述性论文，如本章参考文献［COO 08］、［JAC 02］、［ROU 04］、［YEA 07］、［KAR 08］、［MAT 08］等。

4.3 电容储能

超级电容器的瞬时功率比蓄电池好（充电速度与放电速度同样快），而在比能量上也比常规的电容器高。因此，在移动式的储能应用中，超级电容器是一种折中的选择。

许多关于超级电容器的研发工作正在开展，而其中的重心是电解质和电极等特殊材料的研发[LIU 08,KIM 02,KAM 07]。

4.4 电化学储能

电化学储能可以分为三类：一次电池、蓄电池（二次电池）、燃料电池。关于介绍它们微型化方法的文献很多，而且我们也能把它们集成在硅片上，目前许多实验室都在开展这类研发工作。图4-6对各种储能技术进行了比较分析。

4.4.1 一次电池

当不要求再充电时，一次电池为储能提供了一个很好的解决方案。民众广泛使用的碱性干电池，其能量密度与最好的镍氢蓄电池相当。而对锌-空电池来说，其可利用的能量密度则几乎比锂聚合物电池高 3 倍。表 4-1 给出了一次电池的比能量排序，而这些一次电池可以通过不同的微型化技术得到。

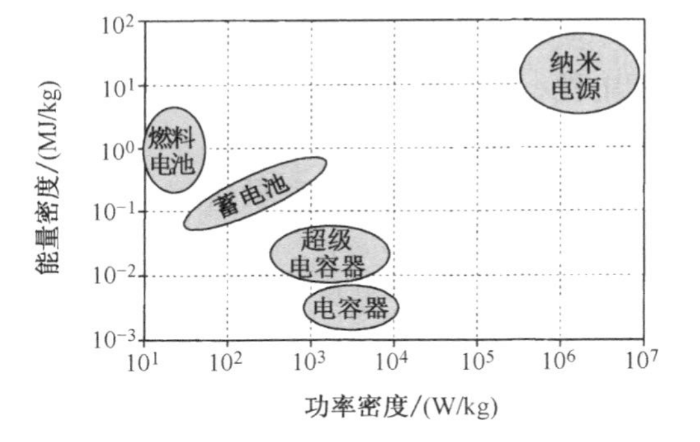

图 4-6 不同储能系统（储电）和纳米能源材料（储热材料、微烟火技术）的性能比较 Ragone 图

表 4-1 微型电池的比能量比较

参考型号	电池类型	尺寸/mm	电压/V	电量/mA·h	能量/J	重量/g	比能量/(W·h/kg)
LR60	碱性干电池	ϕ6.8×2.15	1.5	15	81	0.27	83
SR416	氧化银电池	ϕ4.8×1.65	1.55	8	45	0.13	95
HA10	锌-空电池	ϕ5.8×3.5	1.4	90	450	0.31	400
（军用）	锂聚合物电池	ϕ14.2×50	3.6	2400	31000	（25?）	340

4.4.2 蓄电池

蓄电池的技术和性能在本书的其他章节中会重点阐述。然而，对于其移动式应用，则更容易通过经济性来评判高性能电池使用的合理性。

一部 130g 的 iPhone 手机在 2009 年初的售价为 800 欧元（不包括用户入网费），达到 6000 欧元/kg。一辆 850kg 的雷诺汽车在同时期的售价是 7000 欧元，即 8 欧元/kg。对于前者，锂聚合物电池是最佳选择，而对于后者，起动用电池则最好选择便宜的铅酸蓄电池。

表 4-2 总结了这些电池在性能上的排序。

表 4-2 蓄电池的比能量、比功率与循环寿命比较

电池类型	比能量	比功率	循环次数
铅酸蓄电池	20～40W·h/kg	最高 1kW/kg	500～1200
镍镉蓄电池	50W·h/kg	—	2000
镍氢蓄电池	75W·h/kg	—	500～1000
锂电池	100～150W·h/kg	高达 4kW/kg（30℃）	高达 1200（往往更高）

在微小型系统应用中，电池的制造技术与那些常规技术有所不同。

电池的微型化，以及如何将其集成在硅片上，是一个研究热点[DAN 02, SAL 08, NAG 04, EFT 04]。其主要目标是在同一块衬底上，直接将电池与其相关电路进行相连，如图 4-7 所示。

为了实现这个目标，目前有两种技术路线正在被探索：第一种是在柔性衬底上装配电池，然后将其放在电子器件上；第二种则是采用沉积法，在硅片上直接制成电池。

与硅片集成的锂电池容量可以达到 100～400μA·h/cm^2，电压为 3.8V。这些电池可以提供最大 1～5mA/cm^2 的电流密度，并且能够循环使用 10000 多次（数据来自法国原子能署 CEA）。集成在硅片上的微电池放电曲线如图 4-8 所示。

图 4-7　集成在硅片上的电池
（图片来源：法国原子能署 CEA）

除了平面分层加工技术外，这些微型电池目前发生反应的交换表面和衬底上的覆盖面积相当。为了提高电池性能，研究人员在随后的电池制造中充分利用了第三维度，以“微型手风琴”的方式放置反应层，希望能将交换面增加 10 倍，而电池性能也可以相应地提高 10 倍[BAG 08]。

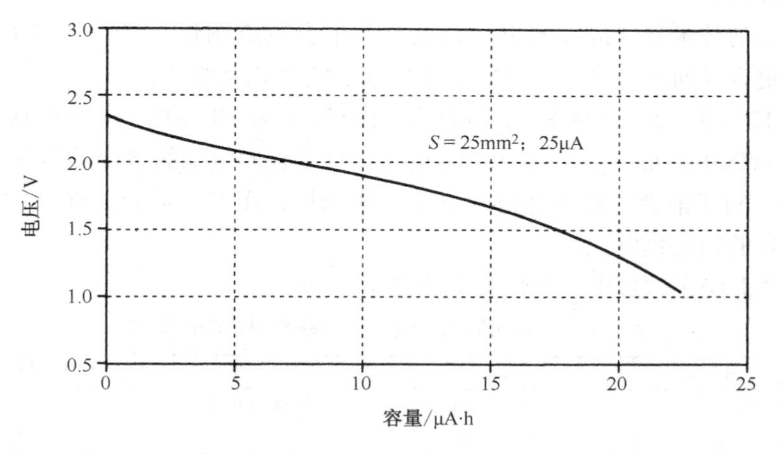

图 4-8　集成在硅片上的微电池放电曲线

麻省理工学院（MIT）的研究人员在研究压缩纳米粉末和复合电极的同时，发现通过改进离子交换技术，可以将电池的放电时间提高到 10～20s（温度控制在 200～400℃）[KAN 09]。这样的性能指标能够使锂聚合物电池的放电率与超级电容器相当。

4.4.3 燃料电池

燃料电池为一些特殊的板载能源供给提供了很有吸引力的解决方案，这在最近发表的一些综述性论文中进行了介绍与比较[KUN 07, MOR 07]。

德国弗劳恩霍夫可靠性和微集成研究所和柏林工业大学合作开发了一种能够提供12W功率、重30g的燃料电池。但这样的高功率密度（400W/kg）燃料电池还未曾在几百克以上的系统中得以实现[BUL]。

该领域的其他研究机构还有法国原子能署（CEA，法国格勒诺布尔）[MAR 05, PIC 07, GON 06]，法国电子、微电子与纳米技术研究所（IEMN，法国里尔）[KAM 08]，谢布鲁克大学[EUR 01]。此外，加拿大温哥华大学和加州大学伯克利分校也在合作进行相关技术的研发。

移动式应用是燃料电池的一个潜在市场，但当前大功率燃料电池（交通或家用）的普及受到材料（金属铂与质子交换膜）充裕性及价格的制约。低功率或小功率的燃料电池与高功率的相比，所需的材料要少，但其成本也已与当前非常昂贵的蓄电池相当。

法国的Paxitech[PAX]公司能够生产满足多种不同移动式应用需求的燃料电池，如图4-9所示。一个燃料电池单元质量为500g，能够输出20W的功率。这种燃料电池发电单元需要与储氢装置相连，采用金属氢化物储氢装置可以使燃料电池发电系统的比能量达到160～180W·h/kg。然而，实验研究表明，如果将氢气储存在化学氢化物中，则能够获得600～800W·h/kg的比能量，这比当前最好的电池高四倍以上。

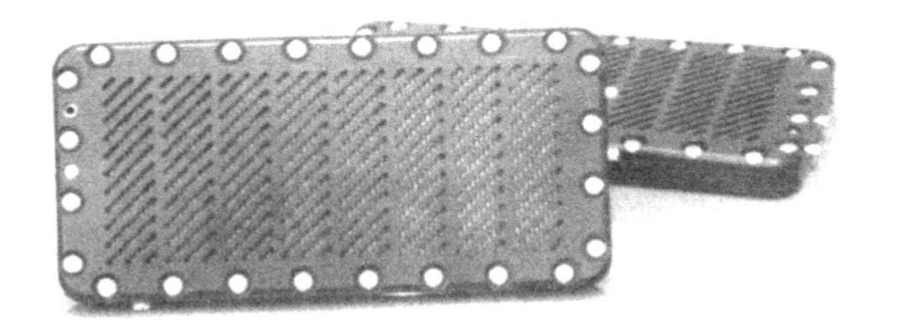

图4-9 Paxitech公司的燃料电池模型（反应堆，不包括储氢装置）

4.5 碳氢化合物

图4-10比较了碳氢化合物（燃烧之前及之后）与电化学电池及机械/流体电池发电的比能量。很明显，即使考虑热力转换过程的低效率（5%～20%），碳氢化合物及氢能所能产生的能量仍然是非常可观的。

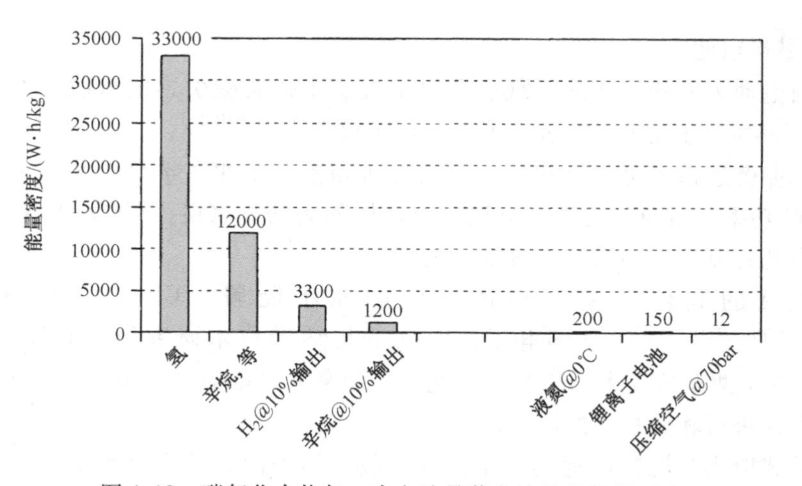

图 4-10　碳氢化合物与一次电池及蓄电池的比能量对比

4.5.1　功率 MEMS

功率 MEMS 是能够发电或进行电能转换的微机电系统。其中包括碳氢化合物在涡轮或活塞中燃烧，从而将热能转换为机械能的系统，其工作原理与现有的大型动力机组是完全一样的。目前的一些主要研究或应用包括转速为 3000000r/min 的微型涡轮发电机（麻省理工学院）、汪克尔（Wankel）三角转子发动机（加州大学伯克利分校）、直线自由活塞式发动机（伯明翰大学等）、废气发电甚至蒸汽机（桑迪亚大学），这些系统或多或少地与传统的发电机组连接以实现电能的输出。

4.5.1.1　微型涡轮机

麻省理工学院 MIT 大约用了 10 年的时间致力于一个雄心勃勃的研究项目（硬币上的涡轮机，见图 4-11），一个集成在硅片上的平面涡轮机，是由大约 10 个硅衬底叠加而成的。涡轮机的转子直径为 8mm，每分钟旋转三百多万转，能够产生几十瓦的机械功率，而释放的尾气温度超过 1500℃。

美国的哥伦比亚大学和加拿大的谢布鲁克大学也开展了类似的研究工作[SHE 02]。日本的东北大学也在进行微型涡轮机的研究，其技术不一定是最尖端的，却更为实用。比利时天主教鲁汶大学[PEI 04]的 Zwissyg[ZWY 06]和 Piers 已经开发出了集成度稍差一些的涡轮机，它是基于微机械技术而不是硅片集成技术，这种涡轮机可以产生几十瓦的功率。

其他的研究包括汪克尔（Wankel）三角转子发动机（见图 4-12）[UNIa,SEN 08]和线性自由活塞式发动机[UNIc,UNId]。

4.5.1.2　机械-磁转换

与麻省理工学院研究的微型涡轮机相连的发电机，最开始采用的是静电感应式发电机，但其在电压达到 100V 时会发生击穿故障，这使得研究者考虑采用“传统的”电磁转换方式，如佐治亚理工学院[GEO,HER 08a,HER 08b]研发的感应式发电机。

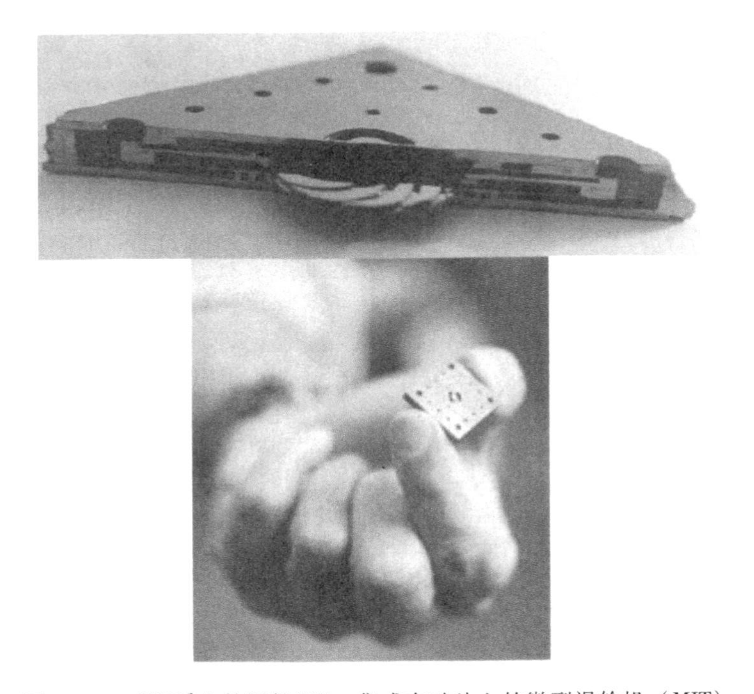

图 4-11 “硬币上的涡轮机”：集成在硅片上的微型涡轮机（MIT）

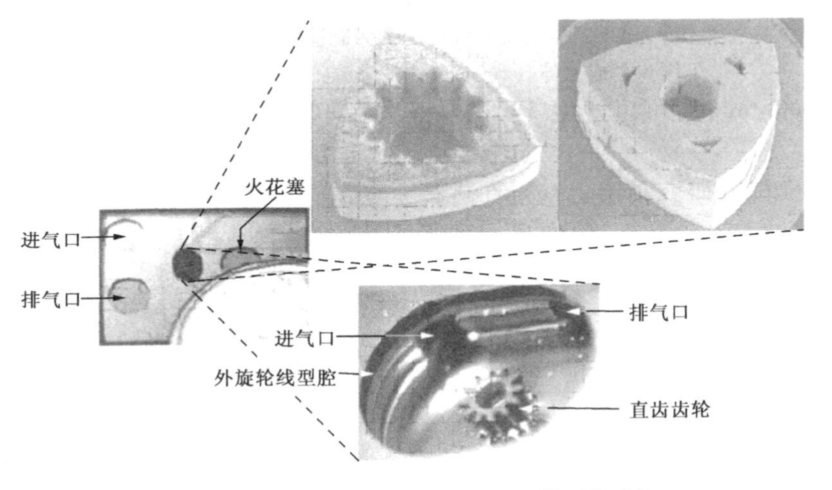

图 4-12 硅片/碳化硅上的 Wankel 微型发动机

这导致的结果就是形成了一系列基于磁体的发电机，这些发电机不仅仅适用于麻省理工学院的热力涡轮机，在其他系统中也可以应用，如图 4-13 所示。

法国格勒诺布尔电气工程实验室（G2Elab）已经开发了一种平面磁性微型涡轮发电机，装配磁-空气混合轴承，能够在 30000r/min 时产生 50mW 的功率（配置了相关的电能变换设备）[RAI 06]，如图 4-14 所示。如果与一个牙钻相连，这个发电

图 4-13　微型磁发电机［上图为感应式定子（6mm），下图为集成磁体（2mm），图片来源：佐治亚理工学院］

机在 400000r/min 时可以产生 5W 的功率，在 1000000r/min 时则能产生 20W 的功率。

一个中国的研究小组也一直在进行这个领域的研究[PAN 07]。伦敦皇家理工学院利用同样的原理已经开发出一个气体流量传感器，它是通过运行于微功率发电机来实现其传感功能的[HOL 05]。

图 4-14　微型平面式磁发电机
（格勒诺布尔电气工程实验室 G2Elab）
（图片由 Ch. Morel 提供）

4.5.1.3　温差发电

温差发电是利用塞贝克效应（与珀尔帖效应相反）工作的，热电偶就是塞贝克效应来测量温度的。热电偶由两种连接在一起的不同金属组成，当两种金属的温度不同时则会产生一定的电压，这个电压大约在每开尔文几十微伏的等级（J 型热电偶是 50μV/K）。通过组合上千个热电偶，就有可能形成一个能产生 1V 电压的热电转换器。假设冷热源之间的温差达到几百摄氏度，则商业化应用的温差转换器的效率可达 6%。然而，由于温差发电的效率与温度梯度密切相关，当温差减小时其转换效率也会急剧下降。

利用传统技术制造热电偶已经出现了很长时间，而新的制作技术也正在研究探索之中。其中，通过弯曲金属线制作而成的热电结构，尽管其转换效率仍不够高，但其简单的工艺能够降低制造成本。因此，有可能利用从市场上购买的“汽油”（LUFO）灯，遮住部分火焰以将热能转化为电能。在一些研发的样机中，这种 LUFO 灯产生的电能可以达到 3W，足以胜任给一个半导体收音机供电，如图4-15所示。

图4-15　含温差发电的 LUFO 灯可以带动半导体收音机

基于相同的原理，一些研究利用汽车橡胶轮胎行驶过程中产生的能量，以给嵌在橡胶里的传感器提供能量。橡胶轮胎在行驶过程中会产生热（见图4-16）并形成“热点”，利用温差转换器，部分分散的能量能够被收集起来提供给传感器和相关的电子设备。

其他形式的温差技术也在研发之中，如将热电偶沉积在硅片上形成热电偶网[STR04,SCH 08,WAN 05]。该技术除了材料方面外，主要的难点在于如何在如此小的尺度空间里获得一个显著的温度梯度。利用集成热偶制成的微型温差发电机如图4-17所示。

由于硅是很好的导热材料，所以若想在硅片上间隔几百微米的两个结点之间产生几百摄氏度，即使几摄氏度的温差，也是相当困难的。

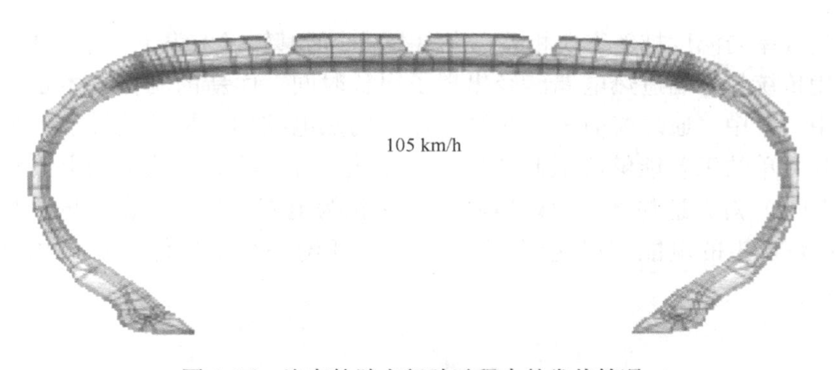

图 4-16　汽车轮胎在行驶过程中的发热情况

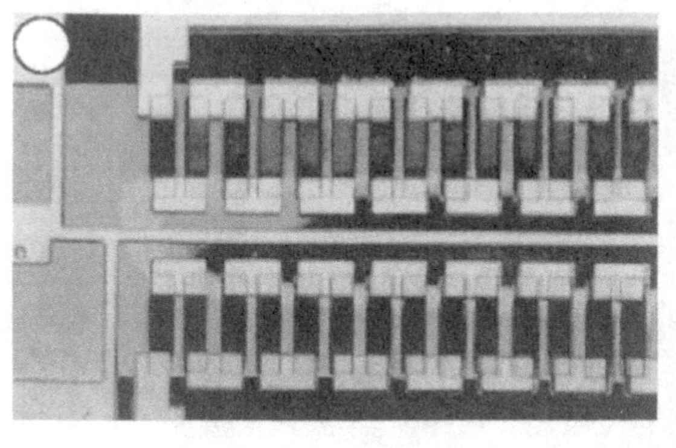

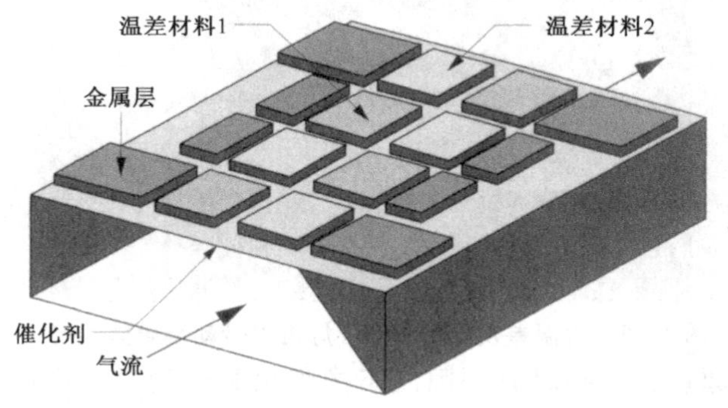

图 4-17　利用集成热电偶制成的微型温差发电机

若想获得更高的功率输出，可以采用燃烧推进剂或碳氢化合物的方式。不过，也有一些系统利用体温来给手表或“信息化”服装供能量[LEO 09]。此外，还有一些正在考虑能够植入皮下组织的供能系统。

4.5.1.4　利用固体推进剂和纳米能源材料的微推进器

当前这个领域的主要研究机构有法国图卢兹的系统分析与结构实验室（LAAS）[ROS 05]和美国的加州伯克利大学。这些研究小组正在开发烟火微胶囊（见图 4-18）以实现热利用（继而研发热发电机）或者实现机械能利用（推进系统）[UNIb]。目前，利用微型制造技术已经可以制造出微推进器，其主要应用定位于微型卫星或小型无人机的稳定控制。

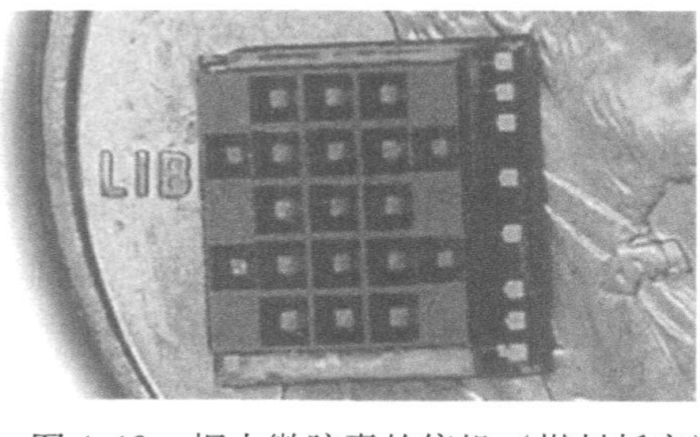

图4-18　烟火微胶囊的停机（燃料耗完），系统在基底上集成了打火机

目前，利用纳米能源材料已经可以完成上述工作。这些材料的能量密度比电池高很多，并且能够在很短的时间内释放这些能量。因此，它们还可以提供比电池高很多的功率密度（见图4-6）。

可以看出，这些纳米能源材料与碳氢化合物在性能上相当，而且同样也以热的形式释放能量。当然，如果能量最终以电的形式被利用，电能变换器及其转换效率对系统的影响也需要考虑进去。

本章参考文献［ROS 07］给出了微烟火技术的综述。

4.6　热电

除了物理原理和材料上的区别外，热电在运行方式上也与温差发电有所区别，因为其电力产生的基础是温度的暂态变化，而非局部区域的温度梯度。热电与压电有些类似，即电荷出现于温度的变化之后。热电的主要应用是传感器，不过，目前有几个研究团队正在研究如何利用热电反应直接从热能转换为电能。研究证实，热电在产生电能过程中的一个主要障碍是温度的缓慢变化，因而要想从每日的温度变化中获取电能是不切实际的。因为在那种状态下，材料的漏电流会抵消由热电效应所产生的电荷。在某些集成应用系统中，开发了一种驻极体，以使热电在低频下也能产生一定的功率输出[SAK 08]。

4.7　摩擦发电

一个加拿大研究小组（埃德蒙顿大学）发表了他们研制的一种极其简易的纳米发电机的工作情况。该发电机能够从在微通道网络中强迫循环的水中恢复静电荷[YAN 03]。

4.8 放射源

在人造卫星上，放射性材料所产生的热可以通过诸如斯特林小型发电机等给设备供电。一些集成的微型发电机也是利用放射源来工作的，用于加热热电元件[ROM 08]，或者给频繁放电的驻极体充电[LAL 05]。较早的时候，这些放射源甚至被用在心脏起搏器中，不过现在已经不再使用这种技术了。但由于这些放射源的寿命非常之长，以至于一些年长的病人们仍在使用它们。

4.9 捕获环境能

致力于利用环境能源（捕获或清除）的微机电系统（MEMS），构成了动力 MEMS 家族的一个非常活跃的分支，这是工业界很感兴趣的领域（Yole Development 公司在 2009 年 3 月开始销售他们关于该领域市场现状的报告，其中提出了环境能捕获技术的经济影响力看法，该报告的售价为 5000 美元[YOL 09]）。

4.9.1 太阳能

自 20 世纪 70 年代起，光伏发电系统就已经被应用在手表和袖珍计算器中。这期间，光伏材料的转化效率持续提高，尽管非常缓慢。但是，关于给微机电系统供能的太阳能微电池板的集成工作却鲜见报道，主要原因是这些微型光伏电池大多采用传统的基于硅片的制作技术。不过，一些关于光伏材料改善或系统集成技术改善等方面的文章倒是很多。

4.9.2 热能

正如我们之前所分析的，从热能中产生电能有多种不同的方法。在大型机组上或基于冷热源之间温度梯度实现的传统发电方法也可以被应用于微型发电（如微型斯特林发动机等）。利用热电或温差发电技术也可以直接将热能转化为电能。当然，有些情况下，这些方法可能无法满足系统的所有需求，因而可以通过几种发电技术的混合来解决这个问题。

例如，图 4-19 所示的发电机在温度达到特定的门限值时会产生一个脉冲能量。它就是利用了磁和压电耦合的原理：通过一块被铁镍合金吸引的磁铁，钳住一块压电双晶片。而当这块铁镍合金在一定的温度门限值（由材料性质决定）时，将会失去其磁性，从而导致磁铁不再被吸引，它会突然解除对压电双晶片的钳制。

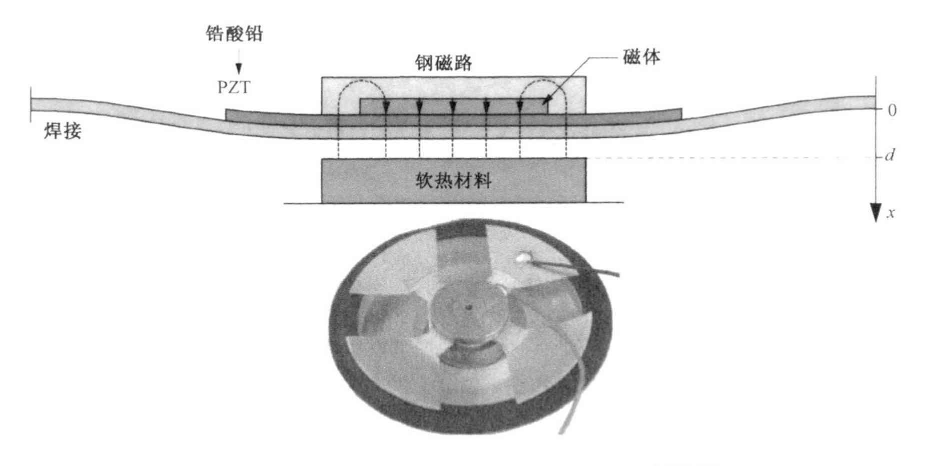

图4-19 环境能的捕获：磁-压电混合装置[CAR 08]

这将产生一定的电能，并给一个向接收中心传输信息的无线电发射机供能。通过降温上述过程是可逆的[CAR 08]。

4.9.3 化学能：生活能源

我们小的时候通过在土豆中插入电极来学习电化学反应的知识。研究人员是一群好玩的大孩子，利用这个原理开发出了分散式的传感器，并通过在树根与树根周围的碱性土壤里植入电极给这些传感器供能[LOV 08]。

有一些实验室在研究利用人尿激活的化学电池，可以让其在郊区“充电”[BAN 05]，还有一些实验室正在研究燃料电池里葡萄糖的转化过程。

4.9.4 机械能

基于磁的微型发电机很容易会被用来从振动中捕捉机械能。在FP6 VIBES项目[PROa]框架中，廷德尔研究所（爱尔兰，科克）以及他们在南安普敦（英国）的合作者开发了一个带有振动托盘的发电机（见图4-20），在托盘上安装一个集成的或绕线的微型线圈[KUL 08,BEE 07]，但其效率很低，发电功率很弱。有的研究团队在研究将电磁能转化成振动能[SAR 08,WAN 07a]或旋转能[MAR 08]。但总的来说，这种利用电磁的解决方案在捕捉振动时会遇到由于设备超小型化，振动的幅度很小所带来的问题，这大大制约了微型线圈磁感应强度的变化范围。

在VIBES技术的研究中，位于法国格勒诺布尔的TIMA实验室采用了一种振动式的压电方法[AMM 08]制造出了一种发电机，如图4-21所示。由于产生的功率和电压都很弱，需要额外的电子设备来放大电压。还有一些研究团队正在开发微米甚至纳米级的压电系统[WAN 08]（大型的压电系统已经商业化[VOL]）。

一些综述性文章对比分析了不同的电磁式解决系统方案[ARN 07]，压电式系统方案[LEF 06,ANT 07,SHU 06]，两者相结合的系统方案[WU 08]，以及其他的一些技术方案[MIT 07,CHA 08,PAR 05,YAN 08,MAT 05,WAN 07b]。

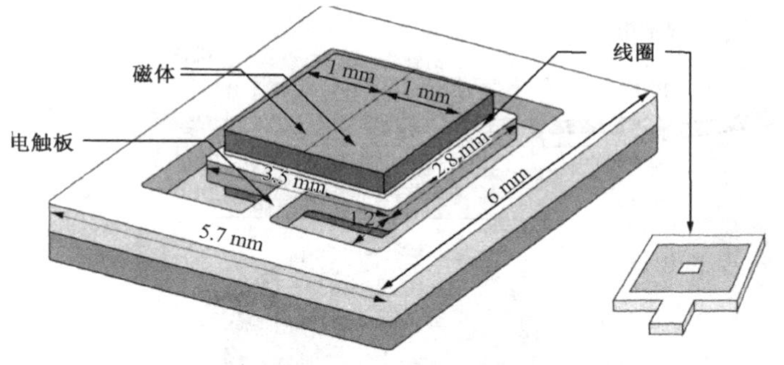

图 4-20　集成在硅片上的微型振动发电机：电磁感应式（集成线圈和电磁铁。资料来源:廷德尔研究所）

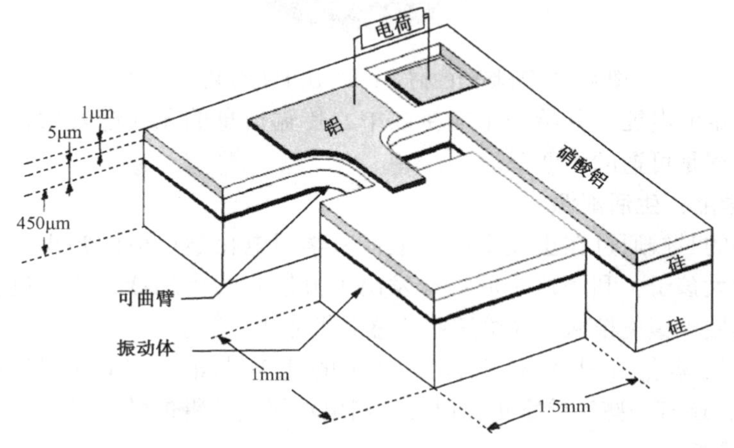

图 4-21　集成在硅片上的微型振动发电机：压电式（资料来源：格勒诺布尔 TIMA 实验室）

还有一些利用静电感应原理实现振动能量捕捉的类似设备[DES 05]。它们通常由电荷的移动引起，通过两个可移动电极的相互靠近或离远，可以对可变电容进行充电或放电。

为了更好地实现对环境能量的开发利用，一些系统以串联或并联的形式将几种技术连接在一起（热能 + 射频[WAN 08,LHE 07]，热能 + 振动[SAT 07]）。最后，还要提及德国 EnOcean[ENO]公司于 2005 年开始商业化应用的户内低压开关。它是一种壁挂在墙上的断续器，通过一个压电双金属片，将按在其上的手指机械能转为电能，通过无线电传输开关信息给接收器，从而实现开关控制。

4.9.5　应答机

射频识别芯片[KAY 07]（Radio Frequency Identification，RFID）能够被植入在产品里、建筑物内，甚至病人体内[LU 07]。这些芯片在工作时并不需要储能，因为它们使用应答机来实现供能。RFID 可以在某一频段范围内被激活，并且通过一个固定的（简单识别），或者由实际情况（远程接入传感器）决定的信号来应答发射器[SEK 07]。RFID 芯片现在已经实现了商业化[ATM,BLU]。

4.10 其他相关的电子设备：板载供电

微型能源的一个问题是其自身产生的电能很难直接使用，一些输出电压仅为几十毫伏，而且会经常随着外部条件的变化而波动。因此，需要增加适宜的电能变换器。

电能变换器最好与系统集成在一起[XU 05,LEF 07]，如图4-22所示。由于这些电子设备必须实现电能供应的自给自足，因此电能的转换过程必须做到损耗极小。电能变换器的体积要尽可能小，而且更重要的是，要能够做到自治运行和低功耗[PET 08,CRE 07,RAI 07,CHA 08]。

当电压低于一定的门限值时，大部分电能变换器甚至不能启动运行。德国弗劳恩霍夫集成电路研究所（IIS）开发了一个专门用于集成电路的变压器，其尺寸为1.5mm×1.5mm，能够以最低20mV的电压工作[PROb]。这个电路能够输出几伏的电压，根据电压和充放电电流的不同，其效率为30%~80%不等。

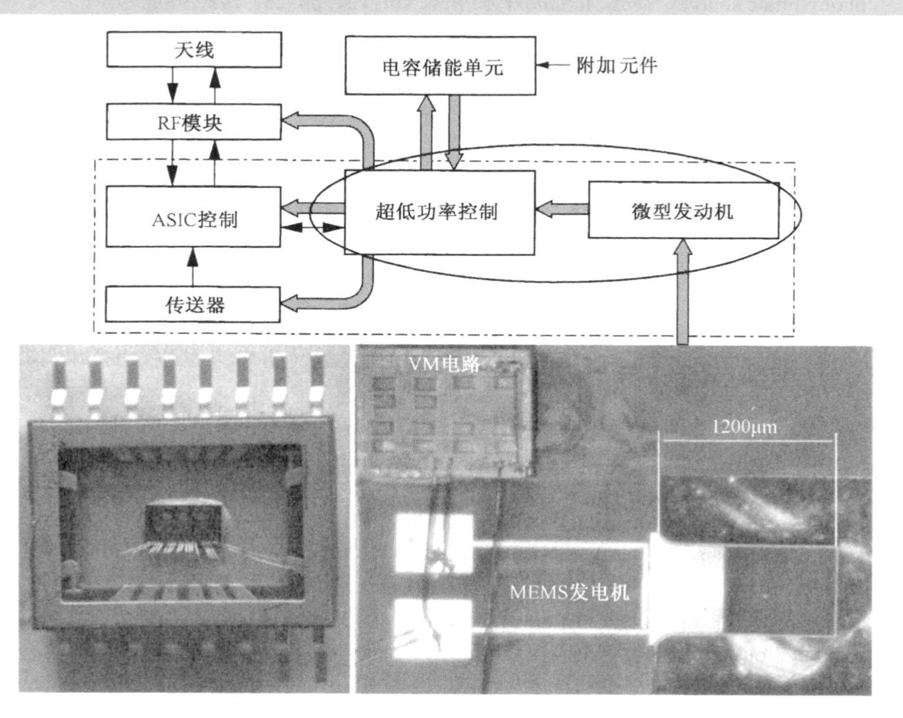

图4-22 低功耗微型集成电能变换器（格勒诺布尔电气工程实验室[RAI 07]，格勒诺布尔TIMA实验室[AMM 08]）

4.11 参考文献

[AMM 08] AMMAR Y., MARZENCKI M., BASROUR S., "Integrated power harvesting system including a MEMS generator and a power management circuit", *Sens. Actuators A Phys.*, vol. 145-146, pp. 363-370, 2008.

[ANT 07] ANTON S.R. *et al.*, "A review of power harvesting using piezoelectric materials (2003–2006)", *Smart Mater. Struct.*, vol. 16, pp. R1-R21, 2007.

[ARN 07] ARNOLD D.P., "Review of microscale magnetic power generation", *IEEE Trans. Magn.*, vol. 43, no. 11, pp. 3940-3951, 2007.

[ATM] ATMEL, RF identification, June 2010, http://www.atmel.com/products/rfid/default.asp.

[BAG 08] BAGGETTO L. *et al.*, "High energy density all-solid-state batteries: a challenging concept towards 3d integration", *Adv. Funct. Mater.*, vol. 18, pp. 1057-1066, 2008.

[BAN 05] BANG LEE K., "Urine-activated paper batteries for Biosystems", *J. Micromech. Microeng.*, vol. 15, pp. S210-S214, 2005.

[BEE 07] BEEBY S.P. *et al.*, "A micro electromagnetic generator for vibration energy harvesting", *J. Micromech. Microeng.*, vol. 17, pp. 1257-1265, 2007.

[BER 05] BERMEJO S., CASTANER L., "Dynamics of MEMS electrostatic driving using a photovoltaic source", *Sens. Actuators A Phys.*, vol. 121, pp. 237-242, 2005.

[BLU] BLUECHIIP, About the Bluechiip™ system, June 2010, http://www.mems-id.com/memsid-system.html.

[BUL] BULLETINS ELECTRONIQUES, Energie, June 2010, http://www.bulletins-electroniques.com/actualites/57937.htm.

[CAR 08] CALIOZ L., DELAMARE J., BASROUR S., POULIN G., Hybridization of Magnetism and Piezoelectricity for an Energy Scavenger based on Temporal Variation of Temperature, Proceedings from DTIP'08, April 2008.

[CHA 08] CHALASANI S., CONRAD J.M., "A survey of energy harvesting sources for embedded systems", *Southeastcon*, IEEE, pp. 442-447, 3-6 April 2008.

[CHA 08] CHANDRAKASAN A.P. *et al.*, "Next generation micro-power systems, Symposium on VLSI Circuits", *Dig. Techn. Papers*, p.2-5, 2008.

[CHI 06] Chiao M. *et al.*, "Micromachined microbial and photosynthetic fuel cells", *J. Micromech. Microeng.*, vol. 16, pp. 2547-2553, 2006.

[COO 08] COOK-CHENNAULT K.A., THAMBI N., SASTRY A.M., "Powering MEMS portable devices – a review of non-regenerative and regenerative power supply systems with special emphasis on piezoelectric energy harvesting systems", *Smart Mater. Struct.*, vol. 17, no. 4, 043001, (33p.), 2008

[CRE 07] CREBIER J.C. *et al.*, "High efficiency 3-phase CMOS rectifier with step-up and regulated output voltage – design and system issues for micro-generation applications", *Proc. DTIP*, Stresa, Italy, pp. 338-343 (http://hdl.handle.net/2042/14622), 2007.

[DAN 02] DANROC J. *et al.*, "Mini et micro-batteries", *J. Phys. IV*, France 12, Pr2-121, 2002.

[DAR] DARPA, Micro-propulsion projects, June 2010, http://design.caltech.edu/micropropulsion/.

[DES 05] DESPESSE G. *et al.*, "Fabrication and characterisation of high damping electrostatic micro devices for vibration energy scavenging", *Proc. DTIP 2005 Conference (Design, Test Integration and Packaging of MEMS and MOEMS)*, pp. 386-390, 2005.

[EFT 04] EFTEKHARI A., "Fabrication of 5 V lithium rechargeable micro-battery", J. Power Sources, vol. 132, 1-2, pp. 240-243, 2004.

[ENO] ENOCEAN, Energy Harvesting, June 2010, http://www.enocean.com/en/energy-harvesting, http://radiospares-fr.rs online.com/web/0189065.html, http://www.domo-energie.com/fr/page.asp?Id=221.

[EUR 01] EUREKA, Micro fuelcells, June 2010, http://www.eureka.gme.usherb.ca/memslab/MEMSLab_f/fuelcells_f.htm.

[GEO] GEORGIA TECH – MEMS, June 2010, http://mems.mirc.gatech.edu/msma/index.htm.

[GON 06] GONDRAND C., Analyse des transferts d'eau dans les micropiles à combustible, PhD thesis, INP-Toulouse, 2006.

[HER 08a] HERRAULT F., JI C.H., ALLEN M.G., "Ultraminiaturized high-speed permanent-magnet generators for milliwatt-level power generation", *J. MEMS*, vol. 16, no. 6, pp. 1376-1387, 2008.

[HER 08b] HERRAULT F. *et al.*, "High temperature operation of multi-watt, axial-flux, permanent-magnet microgenerators", *Sens. Actuators A Phys.*, vol. 148, pp. 299-305, 2008.

[HOL 05] HOLMES A.S., HONG G., PULLEN K.R., "Axial-flux permanent magnet machines for micropower generation", *J. Microelectromech. Syst.*, vol. 14, pp. 54-62, 2005.

[JAC 02] JACQUES R., "Sources d'énergie embarquées", in CUGAT O., *Micro-actionneurs électroactifs*, pp. 243-261, Hermès, Paris, 2002.

[KAM 07] KAMEL F.E., GONON P., "Dielectric response of Cu/amorphous $BaTiO_3$/Cu capacitors", *J. Appl. Phys.*, vol. 101, 073901, 2007.

[KAM 08] KAMITANI A., MORISHITA S., KOTAKI H., ARSCOTT S., "Miniaturized micro-DMFC using silicon microsystems techniques: performances at low fuel flow rates", *J. Micromech. Microeng.*, vol. 18, 125019, 2008.

[KAN 09] KANG B., CEDER G., "Battery materials for ultrafast charging and discharging", *Nature*, vol. 458, pp. 190-193, 2009.

[KAR 08] KARPELSON M., GU-YEON W., WOOD R.J., "A review of actuation and power electronics options for flapping-wing robotic insects", *IEEE Int. Conf. Robotics and Automation ICRA*, pp. 779-786, INSPEC 10014809, May 19-23, 2008.

[KAY 07] KAYA T., KOSER H., "A new batteryless active RFID system: smart RFID",, *Proceedings from: 1st Annual RFID Eurasia Conference*, pp. 1-4, Istanbul, Turkey, September 2007.

[KIM 02] KIM J.Y., CHUNG I.J., "An all-solid-state electrochemical supercapacitor based on poly3-(4-fluorophenylthiophene) composite electrodes", *J. Electrochem. Soc.*, vol. 149, no. 10, pp. A1376-A1380, 2002.

[KOK 08] KOK S.L., WHITE N.M., HARRIS N.R., "Free-standing thick-film piezoelectric energy harvester", *Proc. IEEE Sensors 2008*, Lecce, Italy, 2008.

[KUL 08] KULKARN *et al.*, "Design, fabrication and test of integrated micro-scale vibration-based electromagnetic generator", *Sens. Actuators A Phys.*, vol. 145-146, pp. 336-342, 2008.

[KUN 07] KUNDU A. *et al.*, "Micro-fuel cells – current development and applications", *J. Power Sources*, vol. 170, no. 1, pp. 67-78, 2007.

[LAL 05] LAL A., DUGGIRALA R., LI H., "Pervasive power: a radioisotope-powered piezoelectric generator", *PERVASIVE computing*, pp. 53-60, IEEE CS and IEEE ComSoc 1536-1268/05/© 2005.

[LEE 95] LEE J.B. *et al.*, "A miniaturized high-voltage solar cell array as an electrostatic MEMS power supply", *J. MEMS*, vol. 4, no. 3, pp. 102-106, 1995.

[LEF 06] LEFEUVRE E. *et al.*, "A comparison between several vibration-powered, piezoelectric generators for standalone systems", *Sens. Actuators A Phys.*, vol. 126, pp. 405-416, 2006.

[LEF 07] LEFEUVRE E. *et al.*, "Buck-boost converter for sensorless power optimization of piezoelectric energy harvester", *IEEE Trans.*, vol. 22, no. 5, pp. 2018-2025, 2007.

[LEO 09] LEONOV V., VULLERS R.J.M., "Wearable thermoelectric generators for body-powered devices", *J. Electron. Mater.*, Special Issue Paper, available online, 2009.

[LEW 09] LEWIS J., ZHANG J., JIANG X., "Fabrication of organic solar array for applications in microelectromechanical systems", *J. Renew. Sustain. Energy*, vol. 1, no. 1, 013101, 2009.

[LHE 07] LHERMET H. *et al.*, "On chip post-processed microbattery powered with RF and thermal energy through a power management circuit", *Proc. ICICDT07, IEEE International Conference on IC Design and Technology*, Grenoble, France, June 2007.

[LIU 08] LIU R., IL CHO S., BOK LEE S., "Poly(3,4-ethylenedioxythiophene) nanotubes as electrode materials for a high-powered supercapacitor", *Nanotechnology*, vol. 19, 215710, 2008.

[LOV 08] LOVE C.J., ZHANG S., MERSHIN A., "Source of sustained voltage difference between the xylem of a potted Ficus benjamina tree and its soil", *PLoS One*; vol. 3, e2963, Aug 13 2008.

[LU 07] LU H.M. *et al.*, "MEMS-based inductively coupled RFID transponder for implantable wireless", *Sensor Applications IEEE Trans. Magn.*, vol. 43, no. 6, pp. 2412-2414, 2007.

[MAR 05] MARSACQ D., "Les micro-piles à combustible", *Clefs CEA*, no. 50/51, Winter 2004-2005.

[MAR 08] MARTINEZ-QUIJADA J., CHOWDHURY S., "A two-stator MEMS power generator for cardiac pacemakers", *IEEE Int. Symposium on Circuits and Systems*, ISCAS, Seattle, USA, pp. 161-164, 2008.

[MAT 05] MATEU L., MOLL F., "Review of energy harvesting techniques and applications for microelectronics", *Proc. SPIE Microtechnologies for the New Millenium*, Seville, Spain, pp. 359-373, 2005.

[MAT 08] MATHÚNA C.Ó., O'DONNELL T., MARTINEZ-CATALA R.V., ROHAN J.' O'FLYNN B., "Energy scavenging for long-term deployable wireless sensor networks", *Mater. Today*

Talanta, vol. 75, no. 3, pp. 613-623, 2008.

[MIT 07] MITCHESON P.D. *et al.*, "Performance limits of the three MEMS inertial energy generator transduction types", *J. Micromech. Microeng.*, vol. 17, pp. S211-S216, 2007.

[MOR 07] MORSE J.D., "Micro-fuel cell power sources", *Int. J. Energy Res.*, vol. 31, no. 6-7, pp. 576-602, 2007.

[NAG 04] NAGASUBRAMANIAN G., DOUGHTY D.H., "Electrical characterization of all-solid-state thin film batteries", *J. Power Sources*, vol. 136, no. 2, pp. 395-400 (http://dx.doi.org/10.1016/j.jpowsour.2004.03.019), 2004.

[NOV] NOVADEM, Micro-drones, June 2010, www.novadem.com.

[PAN 07] PAN C.T., WU T.T., "Development of a rotary electromagnetic microgenerator", *J. Micromech. Microeng.*, vol. 17, pp. 120–128, 2007.

[PAR 05] PARADISO J.A., STARNER T., "Energy scavenging for mobile and wireless electronics", *IEEE Pervasive Computing 4*, vol. 1, pp. 18-27, INSPEC: 8399352, 2005.

[PAX] PAXITECH, Portable fuel cells, June 2010, http://www.paxitech.com/.

[PEI 04] PEIRS J., REYNAERTS D., VERPLAETSEN F., "A microturbine for electric power generation", *Sens. Actuators A Phys.*, vol. 113, pp. 86–93, 2004.

[PET 08] PETERS C. *et al.*, "A CMOS integrated voltage and power efficient AC/DC converter for energy harvesting applications", *J. Micromech. Microeng*, vol. 18, 104005, 2008.

[PIC 07] PICHONAT T., GAUTHIER-MANUEL B., "Recent developments in MEMS-based miniature fuel cells", *Microsyst Technol.*, vol. 13, pp. 1671–1678, 2007.

[PRI 07] PRIYA S., "Advances in energy harvesting using low profile piezoelectric transducers", *J. Electroceramics*, vol. 19, no. 1, pp. 167-184, 2007.

[PROa] PROJET EUROPÉEN VIBES, Homepage, June 2010, http://www.vibes.ecs.soton.ac.uk/.

[PROb] PROJET FRAUNHOFER, "Nanocomposites thermoélectriques", June 2010, http://www.bulletins-electroniques.com/actualites/57936.htm.

[RAI 06] RAISIGEL H., CUGAT O., DELAMARE J., "Permanent magnet planar micro-generators", *Sens. Actuators A Phys.*, vol. 130–131, pp. 438–444, August 2006.

[RAI 07] RAISIGEL H. *et al.*, "Autonomous, low voltage, high efficiency CMOS rectifier for 3-phase micro generators", *Transducers 07/Eurosensors* XXI, pp. 883-886, Lyon, France, June 10-14, 2007.

[REN 08] RENAUD M. *et al.*, "Fabrication, modelling and characterization of MEMS piezoelectric vibration harvesters", *Sens. Actuators A Phys.*, vol. 145-146, pp. 380-386 (doi:10.1016/j.sna.2007.11.005), 2008.

[ROM 08] ROMER M. *et al.*, "Ragone plot comparison of radioisotope cells and the direct sodium borohydride/hydrogen peroxide fuel cell with chemical batteries", *IEEE Trans. Energy Conversion*, vol. 23, no. 1, pp. 171-178, 2008.

[ROS 05] ROSSI C., ESTÈVE D., "Micropyrotechnics, a new technology for making energetic microsystems: review and prospective", *Sens. Actuators A Phys.*, vol. 120, pp. 297-310 (doi:10.1016/j.sna.2005.01.025), 2005.

[ROS 07] ROSSI C. *et al.*, "Nanoenergetic materials for MEMS: a review", *J. MEMS*, vol. 16, no. 4, pp. 919-931, INSPEC 9606478, 2007.

[ROU 04] ROUNDY S. *et al.*, "Power sources for wireless sensor networks", in *Wireless Sensor Network*, pp. 1-17, Lecture Notes in Computer Science, Springer, vol. 2920, 2004.

[SAK 08] SAKANE Y., SUZUKI Y., KASAGI N., "The development of a high-performance perfluorinated polymer electret and its application to micro power generation", *J. Micromech. Microeng.*, vol. 18, 104011, 6 p., 2008.

[SAL 08] SALOT R. *et al.*, "Microbattery technology overview and associated multilayer encapsulation process", *MRS Fall Meeting*, Boston, USA, (http://www.science24.com/paper/15827), 2008.

[SAR 08] SARI I., BALKAN T., KULAH H., "An electromagnetic micro power generator for wideband environmental vibrations", *Sens. Actuators A Phys.*, vol. 145-146, pp. 405-413, 2008.

[SAT 07] SATO N. *et al.*, "Monolithic integration fabrication process of thermoelectric and vibrational devices for microelectromechanical system power generator", *Japan. J. Appl. Phys.*, vol. 46, no. 9A, pp. 6062–6067, 2007.

[SCH 03] SCHNEIDER M., Radio frequency identification (RFID) technology and its applications in the commercial construction industry, PhD thesis, Bauhaus-Universität Weimar 2003.

[SCH 08] SCHWYTER E. *et al.*, Flexible micro thermoelectric generator based on electroplated Bi2+xTe3-x, Proc. DTIP of MEMS/NEMS, DTIP'08, Nice, France (http://hal.archives-ouvertes.fr/docs/00/27/76/76/PDF/dtip08046.pdf), 2008.

[SEK 07] SEKI T. *et al.*, "SNA-MEMS batteryless-wireless sensing module utilizing RFID system", *4th Int. Conf. on RFID*, Instanbul, Turkey, pp. 243-243, 2007.

[SEN 08] SENESKY M.K., SANDERS S.R., "A millimeter-scale electric generator", *IEEE Trans. Industr. Appl.*, vol. 44, no. 4, pp. 1143-1149, 2008.

[SHE 02] SHERBROOKE UNIVERSITY, Development of a MEMS-based Rankine cycle steam turbine for power generation: project status, June 2010, http://www.eureka.gme.usherbrooke.ca/memslab/docs/PowerMEMS-Rankine-Review-paper-final.pdf.

[SHU 06] SHU Y.C. *et al.*, "Analysis of power output for piezoelectric energy harvesting systems", *Smart Mater. Struct.*, vol. 15, pp. 1499-1512, 2006.

[STR 04] STRASSER M. *et al.*, " Micromachined CMOS thermoelectric generators as on-chip power supply ", *Sens. Actuators A Phys.*, vol. 114, pp. 362–370, 2004.

[UNIa] UNIVERSITY OF BERKELEY, MEMS rotary internal combustion engine, June 2010, http://www.me.berkeley.edu/mrcl.

[UNIb] UNIVERSITY OF BERKELEY, MEMS Rockets, June 2010, http://www.me.berkeley .edu/mrcl/rockets.html.

[UNIc] UNIVERSITY OF MINNESOTA, Micro-homogenous charge compression ignition (HCCI) combustion: Investigations employing detailed chemical kinetic modeling and experiments, June 2010, http://www.menet.umn.edu/~haich/paper2.pdf.

[UNId] UNIVERSITY OF BIRMINGHAM, Mirco-engineering and Nano-technology Research

Group, June 2010, http://www.micro-nano.bham.ac.uk/micro.htm.

[VOL] VOLTURE, MIDE, Vibration energy harvesting products, June 2010, http://www.mide.com/products/volture/volture_catalog.php.

[WAN 05] WANG W. *et al.*, "A new type of low power thermoelectric micro-generator fabricated by nanowire array thermoelectric material", *Microelectron. Eng.*, vol. 77, pp. 223–229, 2005.

[WAN 07a] WANG P.H. *et al.*, "Design, fabrication and performance of a new vibration-based electromagnetic micro power generator", *Microelectron. J.*, vol. 38, pp. 1175–1180, 2007.

[WAN 07b] WANG L., YUAN F.G., "Energy harvesting by magnetostrictive material (MsM) for powering wireless sensors in SHM", in *SPIE Smart Structures and Materials & NDE and Health Monitoring, 14th International Symposium* (SSN07), March 18-22, 2007.

[WAN 08] WANG Z.L., "Energy harvesting for self-powered nanosystems", *Nano. Res.*, vol. 1, p. 1-8, 2008 (see also http://www.technovelgy.com/ct/Science-Fiction-News.asp?NewsNum=1000).

[WU 08] WU X., KHALIGH A., XU Y., "Modeling, design and optimization of hybrid electromagnetic and piezoelectric MEMS energy scavengers", *Proc. IEEE 2008 Custom Intergrated Circuits Conference (CICC)*, San José, California, USA, pp. 177-180, 2008.

[XIA 06] XIA Y.X., Self-powered wireless sensor system using MEMS piezoelectric micro power generator (PMPG), PhD thesis, MIT, 2006.

[XU 05] XU S.W. *et al.*, "Converter and controller for micro-power energy harvesting", *Proc. IEEE Applied Power Electronics* APEC 2005, Austin, Texas, USA, vol. 1, pp. 226-230, 2005.

[YAN 03] YANG J. *et al.*, "Electrokinetic microchannel battery by means of electrokinetic and microfluidic phenomena", *J. Micromech. Microeng.*, vol. 13, pp. 963-970, 2003.

[YAN 07] YANG Y., WEY X.J., LIU J., "Suitability of a thermoelectric power generator for implantable medical electronic devices", *J. Phys. D: Appl. Phys.*, vol. 40, pp. 5790–5800, 2007.

[YAN 08] YANQIU L. *et al.*, "Hybrid micropower source for wireless sensor network", *IEEE Sensors J.*, vol. 8, no. 6, pp. 678-681, 2008.

[YEA 07] YEATMAN E.M., "Applications of MEMS in power sources and circuits", *J. Micromech. Microeng.*, vol. 17, pp. S184-S188, 2007.

[YOL 09] YOLE DEVELOPMENT, "MEMS energy harvesting devices", *Technologies and Markets*, http://www.yole.fr/pagesAn/products/MEMS_Energy_Harvesting.asp, March 2009, accessed June 2010.

[ZWY 06] ZWYSSIG C., KOLAR J.W., "Design considerations and experimental results of a 100 W, 500,000 rpm electrical generator", *J. Micromech. Microeng.*, vol. 16, pp. S297–S302, 2006.

第5章 储　氢[㊀]

㊀ 本章由 Daniel Fruchart 撰写。

5.1　简介

氢是地球上最丰富的元素，它与碳、氧一起构建了稳定的基本化学反应，以提供能量。由于自然能源几近枯竭，或是难于开采，氢被认为是替代碳、烃的未来车辆能源。

而且，以氢为燃料的清洁能源汽车被认为是合理的，并能够解决温室气体的影响。这是因为氢燃烧的产物只有水，有助于防止二氧化碳排放等引起的温室气体效应，而由于人类活动增加，二氧化碳排放量呈明显的增长趋势。因此，氢被普遍认为将在未来几个世纪内成为能源领域的重要角色——替代化石能源，尽管后者目前由于储量丰富、易于储存和使用，以及初始成本等优势，仍占据主导地位。化石能源的优势也正是氢在过渡、研究和优化这段时期内所需要的、具有竞争性的标准。不管怎样，氢的发展过程将与其竞争者并行，毕竟能源需求和应用形式是多种多样的。

在氢的产业化发展与经济性应用时代到来之前，仍然需要解决一些关键的技术问题，这贯穿于能源生命周期的四个环节：生产、储存、配送和使用（PSDU）。各环节之间存在明显的依赖性，只能从 PSDU 系统的全局利益出发，确定最终的解决方案。如以不同方式制备的氢不会以相同的方式储存，而各种化学的或物理的储存方式也决定了不同的氢配送方式。同样地，氢燃烧的快或慢也需要不同的技术来处理。

关于储氢的研究，在过去几年里取得了重要进展，根据不同的物理态或化学态，以气态、液态或者固态形式储存（取决于是以原子键还是分子键结合）。其中起作用的参数很多，这里简单地列出几个重要的指标，包括密度、比密度、应用规模、反应速度、可逆性、安全性和系统经济性，并没有一个统一的标准，可能性与系统需求千差万别。

在对储氢的技术现状进行总体介绍之前，我们先回顾一下不同形态下氢的基本物理、热动力学和化学特性，这些特性将影响氢的各个环节。在下面三个小节中，我们将介绍关于储氢的最新研究进展，包括气态形式、液态形式、固态形式（键合）。

我们将按照氢的 PSDU 环节，来讨论这些储氢方法各自的优势和不足。

5.2　储氢概述

5.2.1　相关能量参数

表 5-1 和图 5-1 比较了氢和传统燃料的能量性能。氢的明显优势在于氧化过程（燃烧）产生的能量是碳氧化过程的四倍，而且与化石燃料不同，燃烧过程不产生

二氧化碳。考虑应用形式也很重要，比如氢的燃烧产物——水，是以蒸汽还是液态形式出现。

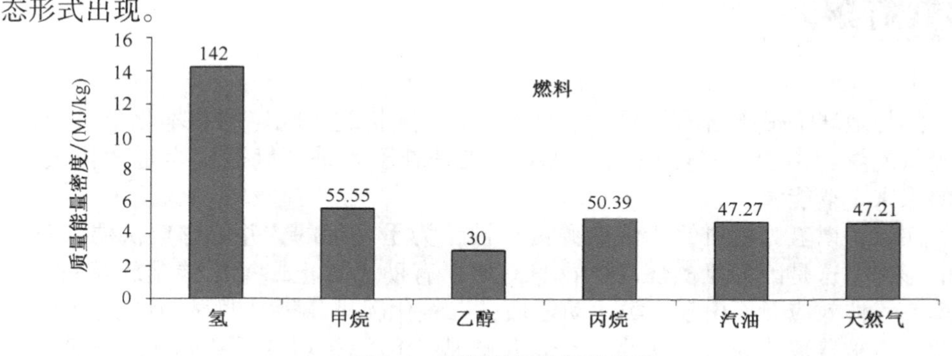

图 5-1　不同燃料的能量密度

表 5-1　H_2 的相关能量参数

燃料类型	质量能量密度/（MJ/kg）	体积能量密度/（MJ/L）
氢	142	8（70MPa）
天然气	54	10（20MPa）
石油	42	28

上面的数据是在最有利的条件（液态水）取得的，如果在其他条件下，氢的能量密度会减少到 125 MJ/kg 以下（$1kg\ H_2 = 33.33\ kW \cdot h$）。

不过，与传统燃料相比，表中给出的数据并没有显示出其体积能量密度特别低的主要缺陷。常态下，1 kg 氢气占据的空间超过 11 m^3。其结果是在储氢过程中，氢的压缩成为重要的环节。

5.2.2　密度与比密度

图 5-2 给出了三种主要压缩储氢形式的体积和质量：物理和分子态（即高压气态氢或低温液态氢），以金属氢化物形式储存的固态或“原子态”（化学态），或者吸附于其他材料（分子态）。

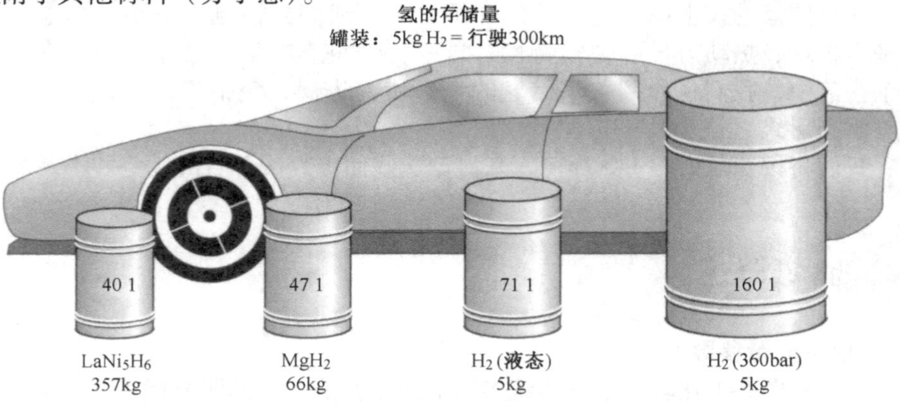

图 5-2　氢的存储密度（来源：A. Zuettel and L. Schlapbach，CNRS Grenoble）

图 5-2 和图 5-3 的物理储氢形式（在压力或低温下）并未考虑储氢容器的质量。但在实际应用中，这些参数十分重要，将在每种储存模式的对应章节中加以讨论。

储氢形式		体积（密度）	质量（分数）①	压力	温度	系　统
	分子态 H_2	最大 33 kg $H_2 \cdot m^{-3}$	13%	800bar㊀	298K	合成钢瓶（已成熟）
		71 kg $H_2 \cdot m^{-3}$	100%	1bar	21K	液氢
		20 kg $H_2 \cdot m^{-3}$	4%	70bar	65K	物理吸附
	原子态 H	最大 150 kg $H_2 \cdot m^{-3}$	2%	1bar	298K	金属氢化物
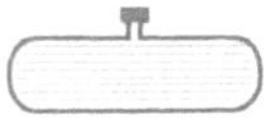		150 kg $H_2 \cdot m^{-3}$	18%	1bar	298K	合成氢化物
		>100 kg $H_2 \cdot m^{-3}$	14%	1bar	298K	Alkali + H_2O

① 物理储氢未考虑容器质量。

图 5-3　不同储氢形式的性能对比

图 5-3 给出了不同储氢形式的优点与不足。对大多数金属氢化物来说，低压下吸氢过程和放氢过程的效率较高。放氢的化学反应是一个吸热过程，但这被认为是一种安全的特性（比如在发生氢泄漏的时候）。

图 5-4 的数据来源于美国能源局，但只给出了材料自身的储氢能力，并未考虑容器质量，也未考虑诸如硼化物这些复合物产氢时所必需的水的质量。注意图中 2010—2015 年中期目标阶段，只包括了一个“传统”的金属氢化物；而在 2015 之后，只有硼化物、铝氧化物和其他复合氢化物才会得到美国能源部专家们的肯定。化学的或者物理的风险并未包括其中，也没有给出（开采和生产）成本的参考，更没有列出相关元素的自然资源保有量情况说明。因此，很难直接使用图中的数据作为实际应用和制定近期目标的依据。所以，该图的作用仅限于用来比较不同材料的储氢能力。

㊀ 1bar = 10^5Pa，后同。

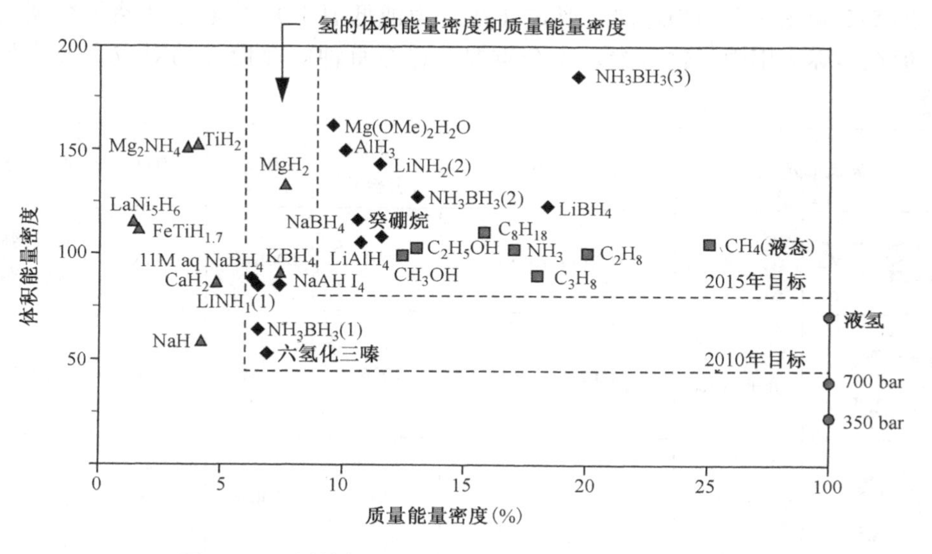

图 5-4　不同储氢材料的体积能量密度和质量能量密度

（来源：美国能源部）

5.3　压力储氢

5.3.1　储氢容器

压力储氢是一项已被工业界验证过了多年的技术，采用 200bar 压力下的钢管（约为 10N · m^3）来配送氢气。不过可以预见，以传统的钢管，采用地面运输方式，配送巨量氢气不是一种经济的方式。因此，许多国家的研究机构和世界领先的气体生产和配送公司已经开始着手开发用于交通应用的特殊容器，分 350bar 和 700bar 两种工况。

这些储氢容器的技术方案一致，包括：

1）外壳对腐蚀环境（比如酸）具有高机械抗力，同时又很轻；采用高质量碳纤维强化合成制成。

2）内壳，或称“内胆”，由聚合物或者轻金属（比如铝）制成；就水密性或气密性而言，这是最好的材料。为了制定规范，对材料性能，尤其的机械性能和爆破性能，已经进行过多次抗力和安全测试。

从能量角度看，采用压力储氢有很好的经济性，因为将氢气分别压缩到 350bar 和 700bar，理论上仅消耗储存能量的 9% 和 13% 。不过，给容器加压意味着气体在快速压缩过程中内部温度的升高，这点必须要考虑到。因此，在设计容器时，必须考虑到 200℃以上的温度时，所用材料的机械性能。在快速储氢过程中增加液氮冷却气态氢气环节，不失为解决温升的一种方案。

为了达到目前交通工具500 km左右的续驶里程，使用燃料电池（FC）的车辆的储氢容器至少要有125L的容量；而使用内燃机（ICE）的车辆，则至少要有250L的容量，这还没有考虑到容器壳体和辅助系统的体积。从经济性考虑，在下个十年内，用于交通工具的压力储氢容器在大批量生产的前提下，其单位预估成本应在60欧元以下，而制作壳体的复合材料的回收成本还需要进一步确定。

在固定应用中，目前已经开发了用于储存高压（50 ~ 180 bar）氢气的大容量装置，主要是为了满足氢气生产和配送公司的需求。通常采用圆柱形结构（比如，4500 m^3，长20 m左右，压力为50 bar），或者采用球形结构。为了降低风险，欧盟标准致力于压力50bar以下的储氢装置，最大体积为350 m^3，可以储存400 kg的氢气。

5.3.2 网络配送

工业用氢采用低压管线配送，世界上最有影响的氢气配送网络是法国、德国、比利时和荷兰之间的管道网。这种管道网络构成了一个容量适度的“储存容器”，是间歇式能源（如风电，光伏等）制氢和短期（24 ~ 72h）氢气消耗之间的一个缓冲。

至于地下储氢，法国、德国、英国和美国已在进行大规模的实用测试（最大体积超过$3\times10^8 m^3$）。寻找不渗漏的地下洞穴是一项很重要的任务，因为在某些情况下，回收的气体量还达不到注入气体的50%。

5.4 低温储氢

液化储氢在氢从生产到配送的过程中具有一定的优势，比如可以采用罐车运输。正如图5-3和图5-4所示，即使气化氢压缩至700bar，其密度也不如液化氢的大。但效率却是液化储氢最不利的制约因素，因为氢在液化时需要消耗能量，根据液化技术的不同，这部分能量差不多占可用储存能量的30% ~40%。其次，储存过程中氢的蒸发损失也要考虑进来，预计每天可能会损失0.1% ~4%，这取决于储氢容器的大小和具体应用形式。就安全性而言，储存容器的性能（特种钢在低温或者发生渗氢时不会变脆）和低温流体的操作会存在一定风险。

5.4.1 交通运输的液氢储存

用于交通运输的液氢容器，欧洲的相关大公司建议采用金属容器或者双壁结构的低温箱，通过真空隔热或使用隔热材料隔热（超隔热，珍珠岩，等等）。低温容器已经通过车载测试，根据车型的不同，携带5（供燃料电池）~8kg（供内燃机）的液氢，以确保300 km左右的续驶里程。

最初的低温储氢容器完全由金属壁（内壁和外壁）组成，重量可达到150kg；而采用复合材料能够大幅减少低温容器的质量，同时也是改善车辆动力性能的更好的方案（体积更小）。低温容器的价格很难预测——如果采用最便宜的隔热材料，而且不考虑液氢蒸发的还原捕获处理装置，其价格应该会便宜些。

实验性的液氢配送站已经建成。这种储氢方式需要辅助装置和昂贵的安保措施，例如管接件、防高压泄放口，以及蒸发氢气的捕获装置。

5.4.2 固定式液氢储存

固定式储存是液氢配送商通常采用的储存方式。美国 NASA 安装在佛罗里达州肯尼迪太空中心的球形液氢储存装置是大容量固定式液化储氢的典型代表，这也是目前唯一用于交通运输的超大规模液氢储存容器。该球型容器直径达20m，体积为3800m^3，可装载250t液氢。测得的每日损耗量为其容量的0.1%～1%。研发可装载1000t液氢的这种压力容器在技术上没有难度。不过，从安全角度，尤其是在欧洲，不计划建设这种规模的装置，即使规模小一些的装置也不会考虑，因为液氢爆炸的后果将是灾难性的，后果相当严重。

5.5 固态储氢

5.5.1 物理（化学）吸附方式的物理储氢

多孔材料（如活性炭）因其巨大的表面积，可以依据范德华力原理（VdeW）吸附分子态或原子态的气体。下面我们首先介绍碳基材料，然后再介绍其他类型的适宜此类应用的多孔材料。

5.5.1.1 碳基多孔材料

除了活性炭之外，还有其他的很多多孔炭和纳米结构炭被研究，且被认为是很有潜力的高性能储氢材料，有的性能甚至是特别的高（如富勒烯，纳米管-单壁纳米管或多壁纳米管：SWNT、MWNT，“鱼骨结构碳”，锥形体等。据说还有储氢浓度达到75%的材料）。区分分子间的范德华力和化学键是很必要的，化学键通常是含金属的材料发生残余应力聚集的驱动力，以催生碳纳米结构生长。自从2000年之后，相关研究得到的性能指标数据较为适度（尤其是由金属氢化物专家发布的数据），特别是一些在常温环境下的数据。

目前可以确定，优化后的单壁碳纳米管类型的碳纳米结构在常温常压下的性能最优，其储氢密度为1%～2%。而且，物理键不会导致热解吸，这种解吸过程在很大一个温度区间内都会发生，甚至在比环境温度还高的温度下也能发生。提纯碳纳米结构的超高成本仍然是这种储氢技术实用化的主要障碍。

其他加入或者不加入催化粒子的、超高孔隙率（大于2000m^2/g）的纳米石墨结构也在研发之中。这些结构的孔隙率甚至可以通过机械工艺来提高，比如球磨工艺（BM）或者机械合成方法。有报道称，在环境温度下就可以将储氢能力提高2%～3%，而在低温（比如77K）时，其物理吸附能力也非常乐观：在50bar压力下，大于7%；在100bar压力下，可达到10%左右。这个结果之所以令人感兴趣，是因为它与压缩氢气的参数吻合。不过不要忘记，这些纳米石墨结构需要保存在液氮温度（为了避免丧失吸附氢气分子的能力），而且必须运行在一定的压力（100bar）之下。因此，理论的储存能量会因此最多减少10%；减少部分的$\frac{2}{3}$用于冷却至77K的能量上，而$\frac{1}{3}$消耗在氢气压缩上。同时，还需要根据需求加热低温容器，而且必须增加温度和压力控制系统，以使储氢、放氢过程正常运行。

对于大规模应用来说，碳纳米结构低温储氢的效率低于液化容器储氢，但是在储存时消耗的能量方面占有优势（比液氢储存的损耗低3倍左右）。而且安全性也是一个关键因素，液化容器壳体承受压力和低温，建造难度大，需要协调多种参数的设计以满足要求。当然，活性炭的工业化应用成本也需要考虑进来，目前约为70欧元/kg。

5.5.1.2　分子材料和其他物理吸附剂

与前面的材料相比，硼氮化合物纳米管和其他纳米结构在储氢性能上的效果并不突出，但经济性要更好一些。

凝胶，比如硅凝胶，因其价格低廉而受到青睐。不过，由于有限的比表面积（1000m^2/g）制约了性能的提高，相关的研究仍在继续进行之中。还有某种沸石类材料，价格低、热鲁棒性好，也受到关注，不过其性能中等，储氢密度至多能达到2%～2.5%。玻璃态微米球是第三类具有先天价格优势的材料，微米球在高压氢气下达到饱和吸附状态，然后在环境温度下释放，氢气热致还原。现在的主要问题是如何控制这种微容器的活化过程。

我们也可以列举出其他形形色色的材料，比如多孔金属非晶材料，还有氢化物浆（碱金属精细颗粒和复合油的混合物）。这些储氢技术的效率一般，但是当对储氢的耐久性和经济性已有明确要求的小规模固定式应用来说，这些储氢方案还是可行的。

最近崭露头角的一类材料是分子有机框架（MOF）。它是由与不同类型的金属离子结合的配位体和有机复合自由基形成的大结构实体。这类材料通过超大网格形成的、大构架笼形结构获得晶格化。这些穴孔提供了巨大的比表面积（大于8000m^2/g），使得物理吸附氢分子成为可能；而MOF也可以形成化学键。一些构成分子很便宜，比如金属氧化物。报道的性能较高（储氢密度大于8%），不过鉴于其储氢过程实质上仍然是物理吸附，与那些纳米碳结构所采用的吸氢方法相似，即都是在低温下捕获氢。目前，大量的研究正在致力于此类材料的研究，但其长效性能还有待验证，特别是吸氢和释氢过程是否存在风险、这种分子的生物兼容性如何等。

5.5.2 化学储氢

化学储氢是指氢气分子通过解离形成氢原子，与现有分子结构中的特定元素（大多指金属原子）形成金属键或离子共价键，进而生成化合物或金属氢化物。复合氢化物包括铝氢化物（由碱离子和铝产生）、基于过渡金属和碱土金属的多元素系统，以及名为醯亚胺的新材料或氨化物——氮和氢键合物。我们可以通过合成后的质量重或轻，合成过程的高温或低温环境需求，来辨别金属氢化物或复合氢化物。

对于金属材料，其吸氢和释氢过程本质上是一步化学反应（见图 5-5），金属晶格一般不发生变化；而对于复合材料来说，氢原子的插入和移出分几步进行，每步化学反应都有自己的能级。所有不同类型的氢化物都有一个共同点，即多数情况下我们称之为“催化剂”的额外粒子的扩散过程，其实为发生反应而必须要获得的适宜的动力。在这个目标下，可以使用诸如球磨等工艺将晶格化材料磨成粉末，以增加材料的比表面积。

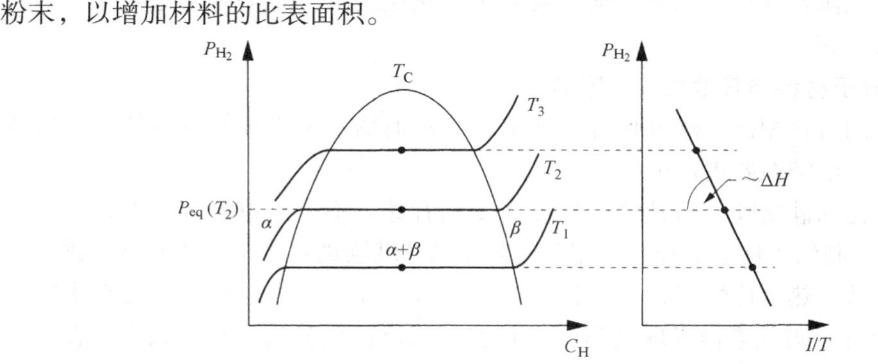

图 5-5　左图为不同温度下，浓度 C_H 随 H_2 压力变化的金属/氢相图，右图为 1/T 下固溶相（α）－氢化物相（β）的平衡平台分析确定了形成氢化物的焓（范托夫定律）

金属氢化物是一种化合物，其反应方程式如下所示：

$$M + xH_2 = MHx/2 \tag{5-1}$$

M 和 H 两个元素之间通过化学键连接。在氢化物中，H 原子占据由一定数量的毗邻 M 原子组成的间隙位置。化学反应取决于温度和压力，可以通过定义一组等温线来量化。据此，可以获得与反应生热相一致的反应热动力学值，比如焓 ΔH（沿着 $1/T$ 方向的等温线梯度）和熵 ΔS。在释氢阶段，氢原子则离开上述间隙位置而重组成氢气分子。

5.5.2.1 金属氢化物

如前所述，金属氢化物也可以称为“传统氢化物”；按照结构和热动力学性质的不同，可以将它们分成几种类别。我们着重关注以下几类：

1）$LaNi_5$（六角形结构），它通常是可充电电池电极的重要组成部分，如NiMH电池（镍氢电池）。

2）FeTi及其衍生物（结构类型如CsCl）。

3）具有Laves相结构的化合物，其分子式为AB_2，其中A为Zr、Ti，B为过渡态金属，具有立方或六角形结构，在某些情况下，也用作电池电极。

4）BCC结构，即基于体心立方结构的合金，如β-Ti、V、Cr等，与MgH_2构成粉末纳米结构，其中掺杂了具有氢化作用的催化剂和富含于镁中的金属间化合物。

这四类金属间化合物在接近环境温度、中等压力（一般在1～10bar）的条件下，生成低温氢化物的反应是可逆的。

因此，$LaNi_5$（理论储氢密度为1.4%）及由镧置换形成的衍生物在适用性上较好，也已在多种不同的应用系统中进行了测试。这其中包括用于质子交换膜燃料电池系统PEMFC的几百千克级储氢系统，美国混合动力汽车的推进系统（接近300km的续驶里程需要400kg储氢系统），作为交换膜燃料电池PEMFC集成系统的小型储氢容器。但实际上，可逆的储氢系统其密度只有1%左右，而且这种性能卓越的氢化物的另一个缺点是金属的成本太高，较大的重量也不适宜于交通应用。

FeTi类化合物在实际应用中并未表现出最佳的性能（储氢密度小于1%）。不过，钢铁行业生产的铁钛基合金的低廉价格为其大规模的固定式应用打开了大门，甚至可以应用于交通运输领域，德国的部分潜艇就是典型代表。该类型潜艇携带了160t这种储氢合金，为两台120kW的PEMFC系统提供氢气。

Laves相结构合金（分子式ZrM_2，其中M为Mn、Fe、Co、Ni等，比例不等）因为较好的环境温度适应性和适宜的压力需求而受到关注。其理论比容不超过2%（在实际应用中则小于1.5%），而且经过长期循环之后有吸氢失效的可能。此外，不同材料的成本问题也限制了它的固定式应用。

活性镁和稍弱些的Mg_2Ni类化合物的最大储氢密度，分别为7.6%和3.9%。目前大量的研究集中于通过球磨工艺使材料获得纳米结构，以期在吸氢、释氢过程表现平庸的反应动力性能得到改善。通过添加具有“催化”作用的添加剂，使实际比容降低至6%，最高可达6.5%。这些数据已得到工业现场的试验确认。其先天的反应热动力性不足之处在于这些氢化物的离解温度较高，当反应平衡压为1bar时，离解温度分别为250℃和320℃左右。这意味着，对于MgH_2储氢来说，大约$\frac{1}{4}$的储能能量被用来为氢化物生成反应提供热和热动力。由于Mg_2NiH_4在吸氢/释氢循环中状态不稳定，只有MgH_2看上去是一种鲁棒性较好的氢化物，其价格低、可回收、具有生物兼容性，而且适于工业化批量生产。冶金法在材料活化方面的进展，意味着这种材料的比容在不久的将来能突破 7%，甚至接近它的理论可逆比容（7.6%）。在实际应用中，必须根据具体的应用方式（SOFC 或 ICE），对储氢系统进行高效运行，进行再生热利用等，以实现系统能量的全局优化。值得注意的是，由于 MgH_2-石墨复合材料的作用，这种氢化物的热传导参数得到了大幅改善。

5.5.2.2 复杂氢化物

基于镁、钙、其他碱土元素或者稀土元素的复杂氢化物，目前正在研发中。这些氢化物合成过程复杂，除了在日常条件下集成应用系统的微储氢容器之外，还没有发现它们能够推广应用的重要特质。

铝氢化物这类材料由铝和带有正电的碱族元素结合而成，分子式为 $AAlH_4$，其中 A 为 Li、Na、K。它为高储氢密度等级（分别为 10.5%，7.5%，5.7%）的储氢带来了希望。大量的基础和应用研究（几 kg 级的储氢容器研究）正在该领域开展，也包括该类材料的其他相关应用研究。$KAlH_4$ 的吸氢和释氢温度均为 300℃，$NaAlH_4$ 则更好一些，其吸氢和释氢温度分别为 160℃和 130℃。事实上，由于存在两个反应过程［见式（5-2）］，储存的氢能够完全释放出来；只有 $NaAlH_4$ 在实际应用中具有可循环性和可逆性，至少在有限的周期内如此。

$$NaAlH_4 \leftrightarrow 1/3Na_3AlH_6 + 2/3Al + H_2\uparrow \leftrightarrow NaH + Al + H_2\uparrow \tag{5-2}$$

5.5% 的储氢密度能够释放 3%～4% 的氢。

铝氢化物添加经过球磨和纳米结构的催化剂（如钛盐）可以获得良好的活性，但由于铝氢化物很不稳定，易自燃，从目前的情况看需谨慎投入使用。因为在吸氢的过程中需要给氢气加上几十巴、甚至是上百巴的压力。

氨化物或醯亚胺之类的三元化合物的吸氢和释氢过程都是多步反应，从化学上看近乎完全释氢（吸氢）。事实上，像 $LiNH_2$、$Mg(NH_2)_2$、Li-Mg-N-H，$Mg(NH_3)_6Cl_2$ 和 $(CH_3)_4NBH_4$（理论质量储氢密度达到 18%）这样的材料存在特征相。但最不利的因素是，如果在释氢反应的哪个阶段形成一丝氨气（NH_3），材料就丧失了储氢循环的可逆性。

其他的物理储氢系统也在研发之中，不过我们不能在此全部列举。这类储氢技术的主要限定是充氢气时所需要的压力，还有就是离解过程的温度，释放全部氢气会达到很高的温度（400～600℃）。此外，这类混合物还要具有化学无害性。

5.6 其他储氢模式

本节介绍其他间接的储氢方案或储氢系统，比如非可逆储氢系统、化学混合物储氢系统，以及化学物理混合储氢等。

5.6.1 硼酸盐

硼酸盐或硼氢化物（$LiBH_4$、$NaBH_4$，…，$Ca(BH_4)_2$）与铝氢化物的分子结构很像，由于上述材料具有两种释放氢气的形式，因此我们将其分别归类。其一是热释放，不过这种材料发生释氢过程的温度（最低温度要大于400℃）又被证实过高，以至于无法实用化。另一种是水解释氢反应。早在21世纪初，汽车制造商已经在为燃料电池提供氢气的实验中认可了这种方案的可行性。此外，也有人提出了采用类似于“一次性”墨盒的集成化容器为移动系统供氢的设想。

按照第二种释氢模式，钠化合物 $NaBH_4$（理论储氢密度为15.6%）是这类反应过程的唯一反应动力：

$$NaBH_4 + 2H_2O \leftrightarrow 4H_2 \uparrow + NaBO_4 \text{（液态）} \quad (5\text{-}3)$$

因为是放热反应，原则上不需要任何额外的能量就可以（部分地）发生水解释氢反应。但就反应动力而言，反应需在140～180℃之间才能开始。采用饱和硼砂溶液可以很容易控制水解释氢反应的反应速度，这个过程也是稳定的；而根据上面的反应方程式，添加催化剂从理论上说，是可以促进硼酸盐分解的。实际上，硼酸盐水解释氢反应是不完全的，最终的反应产物并不是氧化物形式，而是更加稳定的氢氧化物，因此，实际释氢量降至一半左右。只有当硼氢化钠溶液浓度在5%之上时，才会发生上述的水解释氢反应。对于硼酸盐的大批量生产，一定要注意不要在化学再生过程中产生硼，因为它有剧毒。

5.6.2 硼酸盐和氢化物的混合物

为了降低硼酸盐释氢反应的整体温度，将硼酸盐和 MgH_2、CeH_2 等低温氢化物混合使用也是一种解决方法，这是最近研究使用硼酸盐类材料实现高密度储氢的希望所在。从已有分析来看，该反应温度在400℃左右，不过反应需要分多步进行，过程复杂，很难控制，且不能完全反应。因此，就目前的情况看，其结果还不是很乐观。

5.6.3 混合储氢

上述各种氢化物中储氢密度最大的是BCC合金，采用中等压力（200～300bar）的压力容器，其饱和后的极限储氢密度接近3.7%。采用高压储氢方式时，晶粒间必须保留“非活性”部分，储氢容器中的金属间化合物不能够被过度压缩，因为在产氢过程中，体积的增大所引发的应力会损坏容器壳。这种混合储氢方式可以实现6%的储氢密度，对于一些汽车制造商来说或许是可行的。而多次储氢循环过程所产生的机械和热应力，对储氢合金的性能、储氢容器及其内置氢化物的机械性能的影响等，仍需进一步验证。

5.7 讨论：技术、能量、经济层面

通过上述对各种储氢方法的回顾，可以得出几个关于技术成熟度和实用性方面的结论。

在技术层面上，没有哪种储氢方式能够像液态烃或气态烃那样，既有经济性又有极强的适应性，以满足多种不同的能量需求。在这一点上，各种应用形式都一样，包括移动应用、固定应用和集成系统。

由新型、间歇性环保型能源（如风能、太阳能等）所带来的能量储存需求仍是目前需要解决的主要问题之一。而从当前和未来的总体需求来看，储氢都是不能被忽视的，不管是实用性上还是经济性上。表5-2对比分析了储氢与已经或即将用于汽车的电化学储能。

可以看出，只有液氢储能技术满足DOE颁布的2011~2015年期间交通应用的标准（整个系统每千克储氢密度为6%~9%，以及整个储存容器每立方米储氢45~80kg）。这也是大规模储氢系统（固定存储，槽车运输）的工业化开发路线。然而，就液化过程而言，储存能量的效率较差，而且期间的事故更是不容忽视。

表5-2　蓄电池和氢的能量密度对比

储存方式	W·h/kg	W·h/L	储存方式	W·h/kg	W·h/L
蓄电池			液氢	1885	1400
铅酸	30	70	氢化物		
镍氢	70	175	低温	535	2000
金属锂离子	100	200	高温	1880	1600
压缩氢气			活性炭	2000	1000
350bar	2000	700	烃	11660	8750
700bar	1666	1165			

一些“高温”氢化物展现出了DOE所需要的特质。不过在大批量生产付诸实施之前，还需要做些技术上的努力。其能量平衡表中生成焓要比液化储氢技术好一点，安全问题看上去也是可以接受的。

假定储氢发生在77K环境下，多孔材料通过物理吸附的储氢方式，其性能看起来是很不错的。在实现实用和低廉之前，还存在一些技术瓶颈需要解决。采用溢出法制作的纳米碳，通过钯基聚集物能够在环境温度和低于80bar压力条件下，达到高于8%的储氢密度，但其突破性进展还要拭目以待［来源：NessHy（Novel efficient solid storage for Hydrogen FP7 EC Integrated Project）——18/04/2008］。

压缩氢气储存系统和多孔储氢系统的性能水平相差不多，其储氢密度大约是低温储氢的$\frac{1}{4}$（质量密度）和$\frac{1}{2}$（体积密度）。不过，除了技术性以外，压缩氢气也是一次能源存储的最为经济的方案。无论高压储氢用于何处，是家用还是工业应用，都需要进一步的固有风险评估。

很难建立一个真实可靠的或者恰如其分的经济性评估标准，因为储氢的生产和开发成本，尤其是整个系统的成本，在很大程度上取决于相关工程量的大小。不过，一些“低温”类的氢化物或许是大规模储氢系统在成本上的首选方式。

我们注意到，氢化物储氢方式表现出了合理性、技术和经济上的可行性。这更凸显了不同的储氢方式，在性能上所一贯具有的多变性。

特别地，能量的再生问题（或一次能源的节省问题）是诸多问题中急需解决的一个，它不仅存在于储存阶段（它只是“氢能源汽车”链条中的一环），而且在对发电-储能系统、储能-应用系统的研发过程中就需要考虑。其他更多的集成系统中都存在这一问题。143 年前世界上第一辆以氢气为燃料的马车如图 5-6 所示。

图 5-6　143 年前 Etienne Lenoir 的马车是世界上第一辆以氢气为燃料、内燃机驱动的车辆，1860 年在巴黎附近测试

5.8　参考文献

有大量的文献都分析了本章内容所涉及的某些或全部问题，但在本书中很难将这些文献全部罗列出来。因为，对新技术来说，有时有些观点是相抵触的。建议大家可以通过互联网搜索一些重要的报告，它们包含了丰富的信息。

[BUR] BURKE A., GARDINER M., *Hydrogen Storage Options: Technologies and Comparisons for Light-Duty Vehicle Applications*, http://repositories.cdlib.org/itsdavis/ UCD-ITS-RR05-01, University of California, Davis.

[RII] RIIS T., SANDROCK G., HIA HCG Storage paper (see International Energy Agency: http://www.iea.org/books).

[STU] STUBOS T., "Research on H_2 storage", in *The 6th Framework Programme*, NCSRD, Athens, Greece – see http://www.nesshy.net, http://www.storhy.net, with references to other European networks.

[TZI] TZIMA E., FILIOU C., PETEVES S.D., VEYRET J-B., *Hydrogen Storage: State of the Art and Future Perspective*, EC Joint Research Centre, EUR 20995 EN, http://ie.irc.cec.eu.int/ or http://www.irc.cec.eu.int/.

第6章 燃料电池：原理和功能[1]

[1] 本章由 Eric Vieil 撰写。

6.1 什么是单体或电池?

燃料电池是一种能将燃料的化学能转换为电能和热能的系统。单体电池（一次电池）、电池和充电电池（二次电池）都是有各自准确定义的电化学单元，但是它们或多或少地被等同视之，而且对它们之间的界定也十分模糊。单体电池是由 Alessandro Volta 于 1800 年发明的一种电化学发电装置。它采用一组电极和分隔室组成电堆（单体电池是由一对电极组成的），分隔室装有化学反应剂，现在的分隔室大多采用圆柱状或者盘状结构。这些容器内预置一定数量的化学反应剂，因此只能供应有限的电能。当反应剂的化学能耗尽时，就不再有电能输出。只有当单体电池所谓的放电这一过程可逆时，通过给电池单体充电（将电池单体和外接电源连接起来注入电能），整个系统才会重新获得和放电前一样容量的电量。我们将可充电的电化学单体电池称为可充电电池。而对于电池（battery，蓄电池或电池组）一词，是从火炮借用来的术语，可充电和不可充电的电池均可用它来描述。理论上，电池是指被连在一起的一组单体电池，但有时也指一个单体电池，这也是为什么不同的术语看上去具有相同意思。电化学家借助次序的概念区分电池系统（好在还算描述明白）：“一次电池”是指不可充电电池，而“二次电池”是指可充电电池。注意在法语中，“pile”特指一次电池，而“battery”则特指二次电池，但在英语中没有这种区别。一次电池和二次电池的一个共同特点是，都具有不可再生的化学反应物；不同之处在于，前者在电量耗尽之后不能再用，而后者在电量耗尽之后需要充电才能继续使用，因此，二次电池在充电阶段需要停止电能输出。

可连续不断更换的化学反应剂称为“燃料”或者“燃烧剂”，具体取决于它们在反应系统中的角色，这些我们会在后面了解到。因此，从这个意义上看，燃料电池是反应剂可在使用过程中再生的一次电池。尽管二次电池很少采用可再生的反应剂，但是区分一次电池还是二次电池对使用可再生反应剂的系统来说仍然重要。燃料电池只发生单方向反应，将化学能转换成电能，而“燃料蓄电池”（fuel accumulator）可双向反应。从技术上讲，后者由可独立运行的两套装置构成，即燃料电池和电解槽（统指将电能转换为化学能的装置）。表 6-1 列出了按照可充电性和可再生性原则形成的四类装置。

任何一个非纯电的储能过程都存在能量的双向转换过程：一个方向为了获得可储存的能量，另外一个方向为了以电的形式输送回去。“燃料蓄电池”将燃料电池和电解槽连接在一起，就是一个化学形式的电能储存系统。

表 6-1　四类用于能量转换的电化学系统

过程	非可再生燃料	可再生燃料
不可充电	一次电池	燃料电池
可充电	蓄电池（二次电池）	燃料电池 + 电解槽

6.2　化学能

化学能理论的基础是化合键：原子通过化合键形成分子，或者分子通过化合键形成另一个分子。为了形成化合键，两个原子需要共享一定的能量，这取决于两个原子的自然特性，我们称为键能。当一个原子更换了它的配对，形成一个不同的分子时，它的键能就会发生变化。要形成一个比原来分子键能大的新分子，就需要给系统提供能量；反之，系统将会释放部分能量。这是任何化学反应的基础，不管反应发生在实验室、工业反应器，还是在生物细胞中。

能够发生化学反应的物质很少由单分子组成。化学能强弱的表达可分成两部分来表示，称为系统的静态变量：第一个是每个分子的能量，第二个是分子的数量。前者就是通常所说的化学势（μ），而后者即为分子数（n 或者写为 N）。按照惯例，1mol 是与阿伏伽德罗常数相等的分子数，大约是 6.022×10^{23} 个分子。所以，两个变量的乘积就给出了一个物质的全部化学能（U 是内能的符号，也称为系统的势能）。为了表达严密、更符合能量的热力学性质，并不将这些变量直接相乘，而是将其增量相乘，具体如下：

$$dU = \mu dn \tag{6-1}$$

因此，化学势（μ）就是每摩尔的能量值，它的单位是焦耳每摩尔（$J \cdot mol^{-1}$）。这个物理量与物质的性质相关，也取决于参与反应的分子数目和热扰动，也就是温度。至少，对物质在与环境不发生相互作用、内部分子间不发生反应的这种理想情况下应是如此。显而易见，这种情况只适用于理想气体，或者内部分子被充分稀释的溶液，以确保各分子独立运动不受干扰。否则，实际物质的化学势还与诸如压力、电荷、表面能等变量有关。Gilbert Newton Lewis（1907）关系式说明了这些相关性：

$$\mu = \mu^{\Theta} + RT\ln a \tag{6-2}$$

带有 Θ 上角标的化学势代表给定物质的标准化学势，它的数值只与物质的化学性质有关，R 和 T 分别代表气体常数（约为8.32$Jmol^{-1} \cdot K^{-1}$）和温度。自然对数中的自变量 a 代表活性，是量化分子数和它们相互作用的影响的物理量。对于理想条件下的物质来说，活性仅仅与摩尔数成正比关系。因为比例常数取决于标准化学势基点的选择，所以要赋予一个常数 mol^{-1}。

让我们看一个简单的化学反应例子，使物质由 A 转变成 B：

$$A \rightarrow B \tag{6-3}$$

伴随反应的化学能变化如下：

$$dU = \mu_A dn_A + \mu_B dn_B \tag{6-4}$$

无论能量是什么形式，这里都定义为相加。

由质量守恒原则，给出如下等式：

$$dU = (\mu_B - \mu_A)\ dn_B \tag{6-5}$$

因此，对于给定摩尔数的化学反应，它的化学能的量的变化值等于参与反应的两物质的化学能的差。为了预测能量，使之能与其他反应过程对比，化学家给这个变化值起了一个复杂的名字，即反应摩尔自由焓，用来阐述化学势间的差异（自由焓也称为吉布斯自由能）。它是全部的内能，混合了热能和流体动力能，并不像化学能那么容易释放。

$$\Delta_r G_{AB} = \mu_B - \mu_A \tag{6-6}$$

根据 Lewis 关系，假设两种物质都是理想状态，可以将此值表示为

$$\Delta_r G_{AB} = \Delta_r G_{AB}^{\Theta} + RT\ln \frac{n_B}{n_A} \tag{6-7}$$

因此，每个化学反应都可以用反应标准摩尔自由焓 $\Delta_r G_{AB}^{\Theta}$ 来表示；至少，在反应物质的量相同时，使评价反应释放或消耗能量的多少成为可能。

让我们看一个与特别相关的例子，也就是连续供氢和氧，生成水这个反应。在标准状态下，反应的摩尔自由焓如下：

$$H_2 + \frac{1}{2}O_2 \rightarrow H_2O \quad \Delta_r G_{H_2O}^{\Theta} = -237kJ/mol \tag{6-8}$$

反应生成物水的摩尔自由焓为负数，意味着水分子的键能低于反应前各组分键能之和。它的含义我们已经知道：水是氢、氧按照 2∶1 比例组成的混合物稳定。同时也告诉我们，可以通过生成水来回收能量。

6.3 化学反应详解

通常，即使通过热力学分析说明一个反应过程是释放能量的，如果只将反应所需物质简单地放入容器内，还是不足以促使它们发生本该发生的化学反应。归其原因，破坏反应物的化合键，将氢分子裂解后的氢原子分离，将氧分子裂解后的氧原子分离，这些过程并不会自动发生。要想让它发生必须为其提供能量。我们称这个能量为反应活化能，表示为 $\Delta_r G^{\neq}$，而且这个能量绝对和反应能量一样重要，甚至更重要。图6-1给出了化学反应过程中每摩尔能量的演变过程㊀。

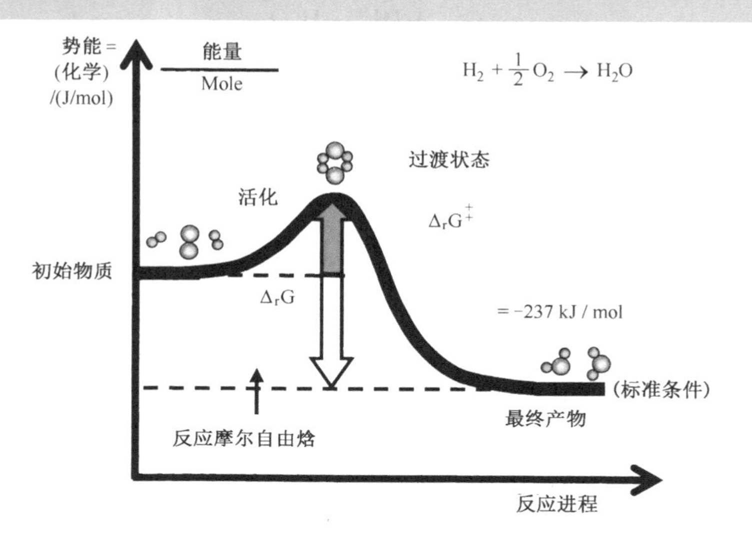

图6-1 在水生成反应过程中的摩尔能量与化学势演变过程

我们注意到，能量分布图的轮廓衍生出了“活化壁垒”这个术语，如要生成最后产物，反应系统必须越过这个“壁垒”。活化能可以由非化学能的形式很好地提供，比如热能、电能、机械能等。我们所熟知的电火花激发氢、氧结合反应就是一个例子。

同时我们还知道，一旦给这个反应过程提供活化能，氢、氧极快速地结合，发生爆炸，产生热，以及流体动能（压力和体积增加），这也是氢燃料热机的运行原理。

上述反应过程的主要问题是效率无法实现最优，这归因于反应过程太快，无法控制，而且反应是不可逆的㊁。为了能够控制反应，并使之在最佳的可逆的条件

㊀ 一个经常令人困惑的问题是，受粒子物理影响，每摩尔能量（化学势，摩尔自由焓）与能量之间没有明显差异，这好比将电压或者压力与能量混淆起来。——作者注

㊁ 氢燃机的效率大约为30%。——作者注

下进行，我们必须分析其中的反应细节。我们知道两个原子间的化合键是通过两原子间的电子交换形成的。一个氢原子拥有一个轨道电子，可将其借给氧原子，而一个氧原子需要两个外来电子才能形成稳定的外层电子层（补足8个电子）。最初的一个氢分子发生裂解，氢原子与其电子分离，形成两个氢离子（称为质子）和两个电子，即

$$H_2 \rightarrow 2H^+ + 2e^- \tag{6-9}$$

而接受了两个电子的氧形成氧的二价阴离子，即

$$1/2O_2 + 2e^- \rightarrow O^{2-} \tag{6-10}$$

因此，式（6-8）所示的水生成反应，可根据上述反应（或采用电化学术语说得更确切点-两个“半反应”）写成另外一种形式。可以写成两个离子的关联，即两个电子向氧移动，最终形成生成物的化合键：

$$O^{2-} + 2H^+ \rightarrow H_2O \tag{6-11}$$

任何涉及多个原子键的反应均可分解成几个基本的反应。当然，还有其他方法可以记录这些反应过程，但本节对其讨论到此为止，因为我们似乎已经找到了通过电化学控制化学反应的原理。譬如，将上面两个反应过程合成一个就可足以说明。

$$1/2O_2 + 2H^+ + 2e^- \rightarrow H_2O \tag{6-12}$$

将此反应与反应方程式（6-9）相比，我们认识到，水生成反应的整个进程可以通过两个原始反应物之间的质子和电子交换来控制。在技术上，需要将反应物分别装在两个隔离室中，两个隔离室之间允许发生质子和电子交换，这样可以控制反应过程，防止反应过快。图6-2展示了控制氢燃烧的原理。

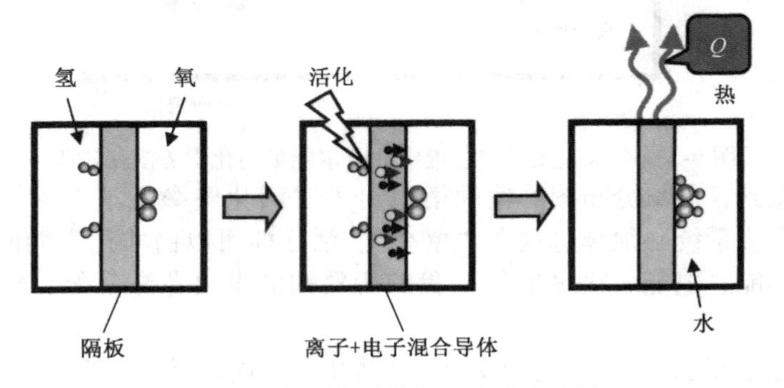

图6-2　控制氢燃烧的三个基本步骤

［左图中氢和氧分别放在两个气室中。中间的图是通过提供活化能触发反应，质子和电子穿过隔板与氧结合。右图中气室中逐渐积满了生成的水，产生热散到外面。没有产生其他能量（流体动能、机械能、电能等）］

很明显，这个反应过程取决于隔板功能，它必须具有选择性，只允许质子和电子穿过，而气体和水却不能穿过。至于反应过程的动力性，我们需要考虑离子

传输的动力，这也往往是限制反应速度的因素。

关于燃烧过程的控制，我们已经取得了进展，也可以通过更具有可逆性的反应形式改善反应效率，但除了热能之外，还不能回收到其他任何的能量。不过，使用外电路转移电子以提取电能是必然选择。为了提高电能提取效率，隔板务必同时具有极佳的电绝缘性和极佳的离子传输性，如此则效率可达60%。如果再为隔离室增加供气通路、排水通道，将图6-2所示系统就转变成了基于质子交换的燃料电池，如图6-3所示。

每个隔离室需要一个导电体，也就是电极。收集电子的电极称为阳极，而将电子重新注入单体中的电极称为阴极㊀。

电能的变化有着和化学能相同的表示方式［即式（6-5）］，不过带有相应的电动力类静态变量，即

$$dU = VdQ \tag{6-13}$$

电压 V 类似于化学势的变化，而电荷 Q 类似于生成物 n_B 的量。由法拉第关系式可以看出在后面这两个变量之间存在一个比例常数，或者是它们的变化量之间存在一个比例常数。我们这里所提及的表达式考虑了每个氧原子交换两个电子这一过程：

$$dQ = -2eN_A dn_B = -2F dn_B \tag{6-14}$$

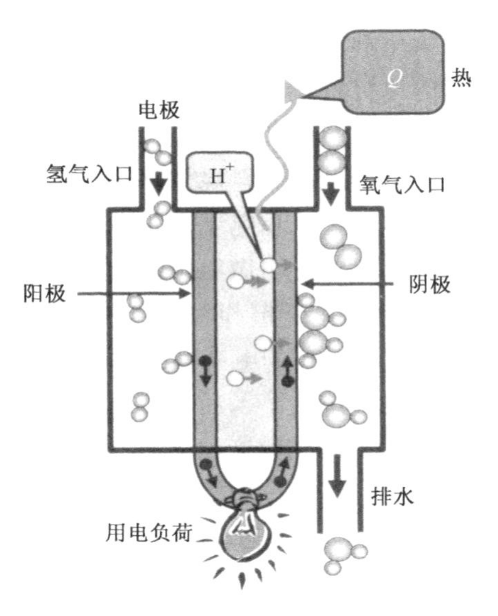

图6-3　基于质子交换的燃料电池原理图（电子用黑色小球表示，质子用白色小球表示）

所谓法拉第常数，是基本电荷 e 和阿伏伽德罗常数 N_A 的乘积，约等于96487C/mol㊁。这使我们可以利用前面的公式推导出电压表达式，即

$$V = \frac{dU}{dQ} = -\frac{1}{2F}\frac{dU}{dn_B} = -\frac{\Delta_r G_{H_2O}}{2F} \tag{6-15}$$

所以，常压（一个大气压）常温（25℃）下，等量反应物的理论开路电压可由下式给出：

$$V^0 = -\frac{\Delta_r G_{H_2O}}{2F} \approx 1.23V(\text{标准条件}) \tag{6-16}$$

㊀ 根据法拉第术语定义，阳极和阴极来自希腊语（阳极的方向“向上”，是正电荷进入单体的入口；而阴极的方向“向下”，是正电荷的出口）。——作者注

㊁ 法拉第常数的单位为C/mol，原著中的C/mol⁻¹应该为笔误。——译者注

而在实际应用中，由于单体电池内阻的存在，会使开路电压下降零点几伏。

至此，我们已经分析完了燃料电池的基本原理，介绍了如何用氢和氧这两种物质产生电能。氢气的作用是形成质子而献出电子，这个过程称为氧化。这也是通常所说的氧化度增加反应（也就是正电荷数），不过这个词现在使用度不是很高。从逻辑上讲，它的逆向反应称为还原，氧原子负责接受电子。能够提供电子的物质称为“还原剂”；而能够接受电子的物质称为“氧化剂”。这些电化学术语有时分别以“燃料”和“燃烧剂”来替代。由此可见，任何能使还原剂“燃料”燃烧的氧化剂都能成为“燃烧剂”。应该注意到，“燃料”一词意味着它是能量转换过程的原材料，而“还原剂”反而使用更为普遍。

注意到我们曾经描述过的氢燃料电池的反应是可逆的，这一点很重要。也就是说，我们可以让燃料电池沿着相反的方向反应，利用电能制造化学能。这种情况下，反应消耗水和电子，生成氢气和氧气，这种现象称为电解。在燃料电池中使用的同样装置将用做电解槽。很明显，外加电压要高于燃料电池的单体电压至少1.6V。连接电解槽和燃料电池，接上储氢容器，当然还有储氧和储水装置，就形成一个自主运行的电能储存系统。“二次燃料电池”的运行原理由图6-4以“等效电路”的形式给出，而电能和化学能之间的转换由“通用变压器”表示。“通用电容器”代表储气容器；“通用开关”（阀门）负责通断储能和用电端口之间的联系（当然也应该允许用电和储能两种过程同时进行）。

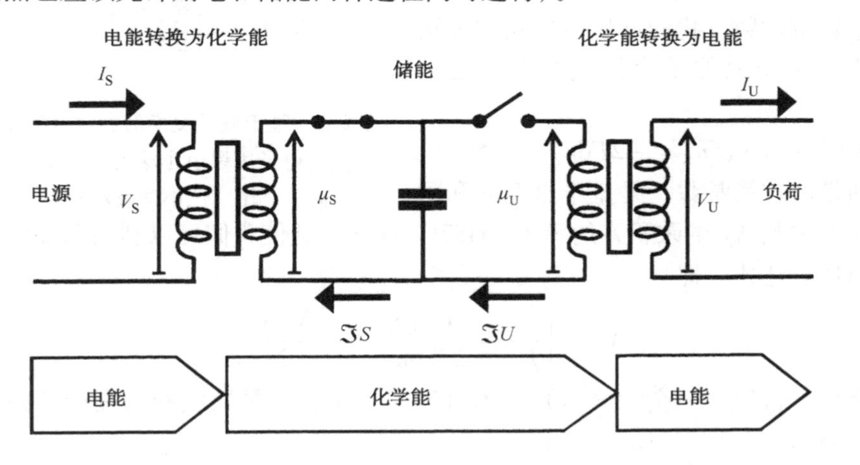

图6-4　用电解槽（左）和燃料电池（右）将电能以化学能形式储存的转换装置等效电路图（开关的位置对应着不同的储存功能）

就目前的技术水平看，上述能量链的效率明显不佳，电解的效率比燃料电池的还低，为40%～50%。对于储能而言，可以采用热耦合的方式将燃料电池单体所释的热，用以解决电解槽用热之需，而且这部分存储的热量与储氢过程中的热量一道，最终以热电转换方式再利用，可以提高系统的总体效率。

6.4　质子交换膜燃料电池

由前面的分析我们已经知道，燃料电池发生反应的核心要素是燃料和燃烧剂的分隔，而且隔板必须是反应物和电子的不良导体，但又必须允许质子自由通过。现在的问题是不存在这样的材料，至少其性能不足以使燃料电池正常工作。

这种对某些离子具有极强的选择性，而又不让参加反应的其他物质透过的需求，意味着只有极少类型的特别材料值得研究。如果我们暂时不考虑经济性和寿命等因素，这种材料至少应该具备良好的力学性能以对抗不可规避的压力差、与电池单体所吻合的良好温度特性，以及足够的抗反应物化学腐蚀的能力，这些都是进行材料选择的主要标准。

具有高质子传导性的最佳隔板是聚合物膜。现在最好的（也是最贵的，400 欧元/m^2）这类产品是由杜邦公司 Dupont de Nemours 独家制造的 Nafion 膜。现在也有几家公司能够生产质子交换膜燃料电池（PEMFC），不过价格很高，而且寿命仍然十分有限（产业界对这种燃料电池的理想性能量级预期为：价格在 50 欧元/kW・h 以下，到 2010 ~ 2015 年，可提供 5000h 以上的运行时间）。为了获得足够的质子传导率，膜的使用温度需控制在 50 ~ 80℃。温度升高可以获得更好的质子传导率，但在更高的温度下，很快就会出现膜的机械或化学性能不足的问题。采用这种类型的燃料电池作为电源，可以实现从 1W 至最高 100kW 左右的功率供给。车辆的车载系统和各种移动设备的供电电源是这种燃料电池的主要应用目标。

由于生产这种能有效传导质子的隔板难度很大，也从另一方面促进了其他种类离子导体的研究，以确保燃烧过程的可控。

6.5　固体氧化物燃料电池

当我们详解分析水生成的电化学反应时，曾提及两个部分反应：氢气的氧化反应和氧气的还原反应。由此可知，水的生成反应为

$$H_2 \rightarrow 2H^+ + 2e^- \quad (6\text{-}17)$$

$$1/2O_2 + 2e^- \rightarrow O^{2-} \quad (6\text{-}18)$$

$$O^{2-}+2H^{+}\rightarrow H_2O \quad (6\text{-}19)$$

可以有多种不同的组合方式，因此，用于质子交换膜燃料电池的反应方程式（6-12）并不是控制燃烧过程的唯一手段。

例如，如果将反应方程式（6-17）和式（6-19）组合起来，会得到：

$$H_2+O^{2-}\rightarrow H_2O+2e^{-} \quad (6\text{-}20)$$

这次是氧离子 O^{2-} 需要穿过隔板，从阴极侧气室到阳极侧气室。因此，水在阳极侧（氢气）生成，这与质子交换膜燃料电池明显不同。这种依赖于氧离子交换的单体电池，根据其隔板的化学性质命名为固体氧化物燃料电池（SOFC）。图6-5给出了SOFC的原理示意图。

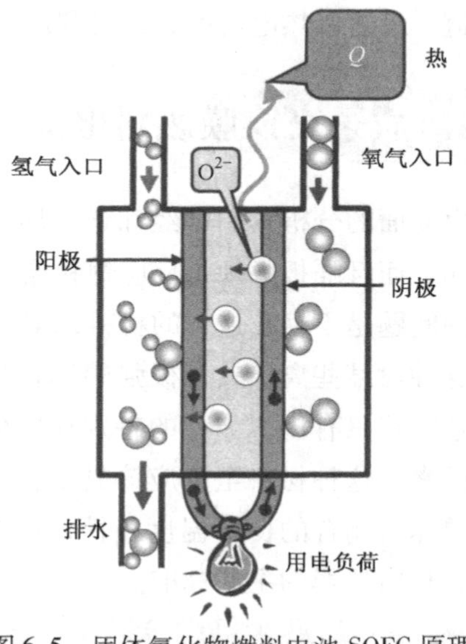

图6-5　固体氧化物燃料电池SOFC原理图（与质子交换膜燃料电池相比，SOFC不但交换离子不同，生成水的位置也不同，是在阳极气室，而不是阴极气室）

能够传导氧离子的材料是这些特定材料的金属氧化物（陶瓷材料），它们不但要有合适的离子传导率，还需足够稳定。还有一个非常重要的特性，是必须能够在800～1000℃的高温环境下可靠工作。

有几种陶瓷材料值得推荐，不过详细剖析这些材料需要花费很长时间，因为它们之中有些成分十分复杂，混合有多种金属氧化物，具有多种多样的稳定相。我们可以列举β相氧化铝、褐帘石、镧化锶、钼氧化物、钒氧化物、钇锆混合氧化物等。这些材料的主要差异在于它们的离子传导性，而其中最重要的是它们的稳定性，还有在能达到的最低工作温度下所表现出的性能。

6.6　碱性燃料电池

尽管看上去我们已经实现了用一个反应与另外两个反应的组合，但这里讨论的反应并不是基本反应，因为它们都涉及多个配对。比如，与需要同时添加两个质子不同，反应方程式（6-19）利用氢氧根离子 OH^- 这一中间反应物，可以分解成如下两个步骤进行：

$$O^{2-} + H^+ \rightarrow OH^- \qquad (6\text{-}21)$$

$$OH^- + H^+ \rightarrow H_2O \qquad (6\text{-}22)$$

在给氧气室提供水的条件下，氢氧根离子可以在两个气室间交换，这将引发以下两个半反应：

$$H_2 + 2OH^- \rightarrow 2H_2O + 2e^- \qquad (6\text{-}23)$$

$$1/2O_2 + H_2O + 2e^- \rightarrow 2OH^- \qquad (6\text{-}24)$$

这种以氢氧根为交换离子的燃料电池称为碱性燃料电池（AFC）。它的名字源于电池需要在碱性环境中运行，一般采用氢氧化钾 KOH 为阳极气室提供氢氧根离子。

图 6-6 给出了碱性燃料电池的原理示意图。与前面两种类型的燃料电池相比，我们注意到在图的底部有一个管道，它将氢气氧化生成的水的一半转移到阴极气室，以便生成氢氧根离子。

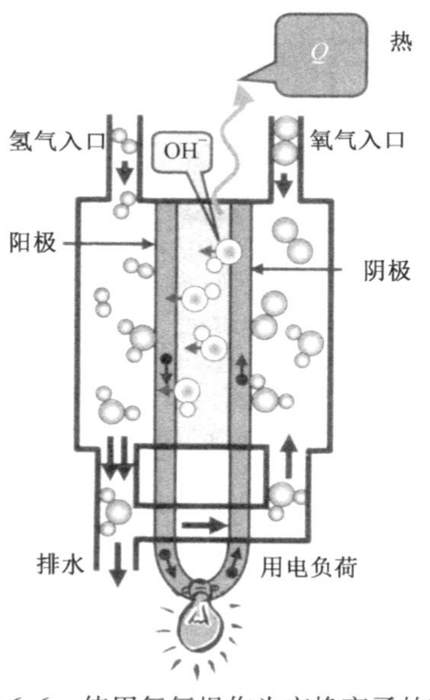

图 6-6　使用氢氧根作为交换离子的碱性燃料电池原理图（注意阳极气室生成水的一半回收供给阴极气室）

AFC 隔板应该是阴离子的良好传导体，能实现这种功能的大部分都是聚合物。不过，不像 PEMFC 中使用的质子交换膜，阴离子交换膜的可选择性更大，而且比 Nafion 膜更容易制作。而对于 AFC 来说，这一点绝对是其产业化发展的优势。尽管如此，AFC 却存在一个致命的弱点，碱性环境对电极金属具有极强腐蚀性，因而 AFC 的寿命有限。

6.7　不同类型燃料电池对比

图 6-7 形象地解释了我们所提及的三种燃料电池的运行过程。

燃料电池并非只有这三种类型，尤其当向氢的另一气室中添加不同的反应物，可以扩展成多种不同的组合方式，从而形成其他类型的燃料电池。表 6-2 没有列出所有的可能，只给出我们已经分析过的三种类型，以及熔融碳酸盐燃料电池（MCFC）和磷酸燃料电池（PAFC）。在应用目标一栏中也只给出最常规的应用形式，但实际绝不限于此。

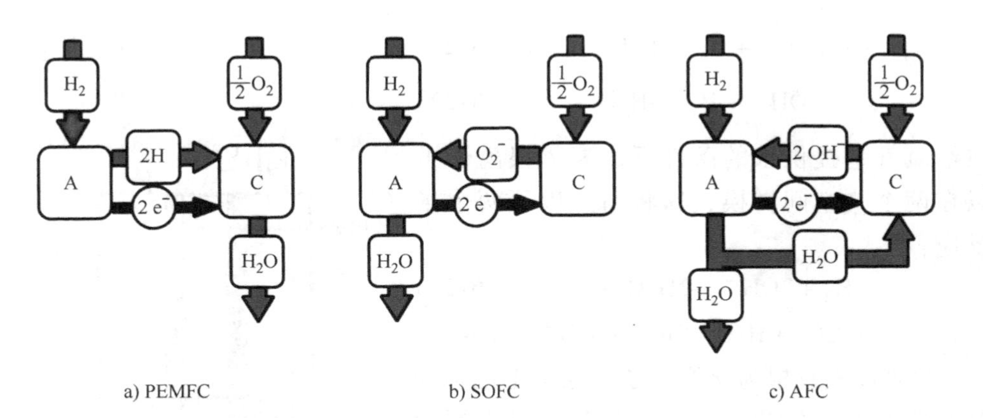

图 6-7　三个图说明了燃料电池的内部通量情况
（A 和 C 分别代表阳极和阴极）

表 6-2　燃料电池的主要类型及其主要特性

燃料电池类型	温度范围	效　率	电解质	交换的离子	应用
质子交换膜燃料电池（PEMFC）	50～80℃	50%～60%	质子交换膜	H^+	移动应用、电动汽车
固体氧化物燃料电池（SOFC）	800～1000℃	50%～60%	锆钇混合氧化物	O^{2-}	电化学电站
碱性燃料电池（AFC）	60～90℃	50%～60%	35%～50% KOH	OH^-	太空、船载（车载）电源
熔融碳酸盐燃料电池（MOFC）	620～660℃	60%～65%	Li_2CO_3/Na_2CO_3	CO_3^{2-}	电化学电站
磷酸燃料电池（PAFC）	160～220℃	55%	浓磷酸	H^+	家用或局部地区供电

表 6-2 中燃料电池的相关数据只是针对氢气为燃料进行统计的。这里需要特别说明的是，其他的一些燃料也是可行的，完全可以使用碳氢化合物作为燃料电池的燃料。例如，根据下面的化学反应方程式，甲醇可以直接替代氢气作为燃料：

$$CH_3OH + H_2O \rightarrow CO_2 + 6H^+ + 6e^- \quad (6\text{-}25)$$

由于质子是进行交换的离子，因此需要使用类似 Nafion 的质子交换膜。这种燃料电池称为直接甲醇燃料电池（DMFC），它的优点是可以在室温环境中运行，缺点是要排放二氧化碳。由于这种液态燃料容易补充，因而这种燃料电池特别适合于移动应用。

其他燃料还有甲烷 CH_4，在 SOFC 运行的高温区内，经过所谓的重整过程转变成氢气，所以与氢气一样可直接用于 SOFC。这种重整过程与燃料电池相结合，给 SOFC 以“内部连续重整”的能力。还有其他一些类型的燃料，由于不能逆向反应而无法通过电池单体生产，不宜用做储能介质，所以不再罗列。

6.8 催化剂

我们仍需提及迄今为止还未剖析的非常重要的基本要点。在解释燃烧过程之初，我们提到，需提供额外能量才能越过反应的“活化壁垒”。燃料电池各反应物气室彼此隔离，既没有氢气自发分解产生的质子和电子，也没有氧气的自发分解；除非化学平衡发生偏移，化学势促成电子交换，才会有极少量气体发生分解。而当需要一点或稍多一些电量时，几乎不可能产生这样的条件。因此，通过降低反应的“活化壁垒”，增加反应动力，另辟蹊径促成氧化还原反应，是激发这种分解反应必不可少的手段。这种称为“催化剂”的化合物，其作用是能使激发化学反应所需的能量（每摩尔）低于没有这种物质参加时的反应启动能量。

像钯和铂等贵金属是氢氧化反应最好的催化剂。这些贵金属的原材料十分稀有，而且昂贵（源于对它们不断增长的、几近无尽的追逐）。当然，与非贵金属的催化剂相比，贵金属的突出优势是在面对腐蚀环境时性能超常稳定。原则上，好的催化剂在参与的反应过程中不会消耗，或者在直接参与反应后被释放出来，或者作为反应物的吸附剂，降低反应物的化学势。因此，化学反应只需要很少量的催化剂，以至于通常将贵金属与其他便宜的化合物制成合金。

氧的还原反应也是以铂作为催化剂，或者单独使用，或者与金属氧化物载体或碳组合使用。通过减小聚在电极表面的每个催化剂尺寸，尤其是达到纳米级，有助于改善催化剂的效能，自然地也会降低催化剂的使用量。

催化剂的一个缺点是相对脆弱。当有反应物侵蚀或者反应物中出现杂质时，都可能使催化剂发生改变或被惰化，我们称为中毒。显而易见，当使用化石燃料时，一氧化碳、硫化物和氧化氮等都是很难对付的毒剂，会造成诸多问题。不过，电解储能不会出现这种情况，因为储能用氢来自电解反应，化学纯度高，无杂质。

碱性燃料电池因其可用银、镍、氧化锰，以及其他几种非贵金属做催化剂，价格低，而受到关注。至于铂，可以制成纳米颗粒聚在碳酸盐载体上，或其他不同的氧化物载体上，而且它们还具有引人注目的特质，不像其他催化剂那样对毒剂和杂质那么敏感。

6.9 关键因素

燃料电池技术以及如何管理运行还远远没有被完全掌握。燃料电池还没有真正实现商业化，仍属研究阶段。让我们以难度（取决于电池类型，因此也并不绝对）依次降低的顺序，罗列出最受关注的关键因素：

1）催化剂的效率、寿命和成本。

2）隔板的良好离子传导性、机械可靠性和稳定性。

3）隔板的阻气能力（SOFC）。

4）隔板的电阻。

5）电接触部分的性能（双极板）。

6）隔板的水密性。

7）膜的水合性（PEMFC）。

8）热管理。

9）水的管理与排放。

图6-8指出了这些关键因素在燃料电池中的位置。

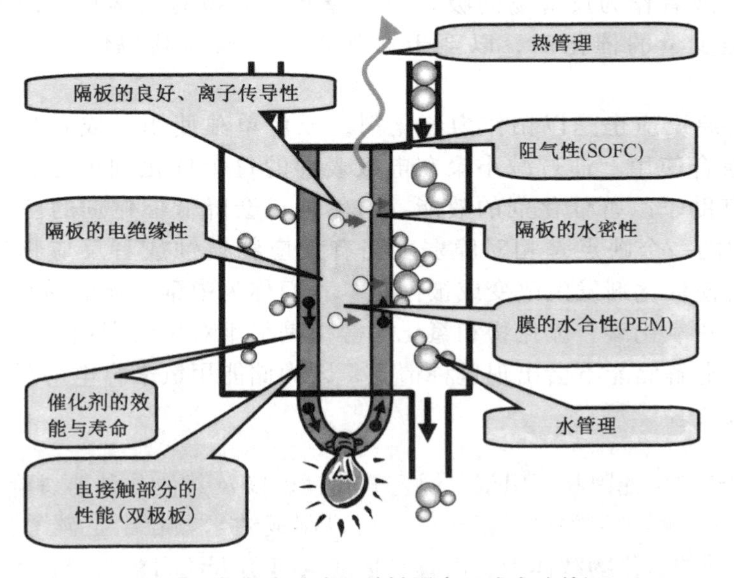

图6-8 燃料电池中的关键因素（成本除外）

PEMFC最主要的问题是在电池运行过程中，膜需要保持充分的水合状态。为了确保良好的传导性，膜必须含有一定量的水。水量的多少根据电池工作温度和管理策略变化，不能低于一定的阈值，因为水越少，膜的传导性越差，电池性能下降就越多，进而水通量越大，促使膜加速变干，最后导致膜穿孔破坏。反之，如果膜的孔道中水分过多，会占据离子位置，妨碍质子传输（也称作膜水淹）。

至于SOFC所遇到首要问题，与高温和陶瓷材料的制造难度相关，而不是膜；因为电极、接头和外壳要在800℃以上的温度区运行。特别是，它们各不相同的膨胀率还要符合电池在停止/启动等不同阶段的需求。正因如此，宁可让电池的工作状态缓慢变化，也不要完全停止运行。比如，在储能用的装置中就不会出现这种问题。

碱性燃料电池因为成本相对较低、可在低温运行而受到关注，不过其不足之处是寿命比PEMFC短。电极寿命受限于它在碱性环境中的抗腐蚀性，而且必须严格控制环境成分，以防止催化剂性能的快速降低。

不论何种类型的电池，隔膜厚度的选择都是一个折中问题。追求最佳传导性不一定正确，因为最终需求是传导率G，而不是传导性σ，尽管它们之间存在比例关系（对均质膜）：

$$G = \sigma \frac{A}{l} \tag{6-26}$$

为了优化膜的传导率，设计者往往会增大膜面积A，同时降低膜厚度l。但是，成本也会随着膜面积的增大成比例增加，而机械脆性却与厚度成反比。在“最薄”以确保膜获得最大传导率，和“最厚”以保证膜具有良好的机械性能之间，很难找到最佳的折中方案，这需要由具体应用和功能决定。

6.10 结论：储能的应用

我们在前面已经提及了与储能相关的燃料电池的几个要点，现简述如下：

1）将电解槽和燃料组合在一起，构成一台可实际运行的装置，即燃料电池。

2）用电和储能可同时进行（这不同于纯粹的电化学二次电池）。

3）高温燃料电池释放的热可提供给电解槽使用，总体效率增加（否则在25%左右）。

4）残余热经热电转换可进一步提高系统效率。

现将燃料电池用做储能的几点优势罗列如下：

1）既没有质量和体积限制，也没有机动性或续驶里程限制（车载蓄电池就存在这样的问题），这会让储能系统实现起来更便宜，也更容易。

2）类似成本下，燃料电池的储能容量比其他二次电池高很多，仅受储氢容器限制。

3）与其他制氢方式（如生物质能源）的结合赋予了燃料电池储能系统的更大灵活性。

4）不损害环境，利于持续发展。

我们要讨论的最后一点是燃料电池的运行管理问题，以及运行管理与燃料电池寿命的关系。燃料电池的功能管理可以根据功率需要，也可以根据动态需求；它影响到电池的传导性，而且随着电池的使用，传导性会下降。究其原因，电池运行过程中的离子循环改变了电池的化学成分（生成水、酸碱对、附属离子）和物理成分（相、晶粒、孔、接头），而且这种运转状态远非线性关系所能描述和预测。这意味着，不规则的使用要求（如车辆的频繁起动和停车）是电池过早老化之源。如何改进材料、理解各种失效现象，仍有很长一段路要走。在这种意义上，电动汽车规划是燃料电池发展的一道门槛，它并没有帮助燃料电池快速发展。相反，储能应用对燃料电池需求就相对要少得多，因为我们几乎都会或多或少地通过调整储能运行策略来满足燃料电池的运行需求。我们甚至可以预测，燃料电池会因此加速发展，以至储氢成为未来的储能解决方案。

第7章 燃料电池：运行系统[1]

[1] 本章由 Daniel Hissel，Denis Candusso 和 Marie-Cécile Pera 撰写。

7.1 简介：什么是燃料电池系统？

对于目前具有市场前景的五种主要燃料电池（见第6章），都需要针对特定的市场应用需求，集成为燃料电池系统，这也是这些燃料电池的特色。由此，对于启动速度较快，热、电循环特性好，运行温区低的燃料电池（碱性燃料电池AFC，聚合物电解质燃料电池PEFC）既可以固定式应用，也可以作为交通领域中的移动式应用。相反，那些运行在较高温区的燃料电池（熔融碳酸盐燃料电池MCFC，磷酸燃料电池PAFC，固体氧化物燃料电池SOFC），不足以应对快速的温度上升，因而需要较长的启动时间，同时对热循环的过程也比较敏感。因此，这种类型的电池只能用于固定式场合。不过，我们仍要提到固体氧化物燃料电池SOFC的特殊性及其应用预期，尽管这类高温燃料电池（典型运行温度为800℃）存在热管理困难，但其电解质是固态的，而且可以使用一氧化碳为燃料，这使其成为交通应用的一个有利选择方案。

燃料电池本身具有极佳的电流动态响应能力。可是，那些燃料电池运行所必需的辅助功能单元（氢气供给回路、空气压缩机、加湿系统、冷却回路等）却未必具备同样的能力。由于这些辅助系统具有不同的响应时间（从几毫秒到几分钟），使得燃料电池系统的性能大幅降低。至此，我们已经给出了燃料电池系统的概念，它集成并包括燃料电池本体，还有使其正常工作所需的各种子系统（附属装置），图7-1给出了这种系统的各个组成部分。我们仍需再次强调，所谓的燃料电池系统，一般是指图7-1所示的这样一个系统。这个定义与FCTESTNET（燃料电池测试和标准化网络）项目的定义相同，但与IEC（国际电工委员会）或SAE（汽车工程师学会）所给出的定义有些不同，如有需要，我们可以通过对比找出不同点。无论如何，在具有竞争力、高性能、功能细分的燃料电池系统进入市场之前，还有很长的路要走。

由图7-1可知，对于燃料电池系统来说，首当其冲的是燃料（尤其当氢气作为电池燃料时，尽管氢的化合物在地球上最为普遍，但自然状态下，几乎不存在氢气）的制造与储存。然后按照压力、温度、流量和湿度来调节燃料，再充入燃料电池的阳极气室。燃烧剂在进入阴极气室之前，也必须经过同样的调节过程。而且，为了加湿进入燃料电池的反应气体，我们可以在两个气体回路中任何一支，回收电池内部由电化学反应生成的、并由尾气携带而出的水。在特定条件和特定运行模式下，燃料电池可以形成水自足系统。

此外，由于燃料电池的电化学反应过程是放热的，当电池的功率较大时（比如高于1kW），就必须配备采用液态冷却剂的专用冷却回路。对冷却回路控制的目的，是将电池内部温度大体保持在厂家标称的额定温度范围内。当然，冷却回路控制器和进气加湿控制器必须关联在一起，因为这两个变量是密切相关的。

最后，往往不一定需要固态变换器将燃料电池的能量转变为电能。当然，也可以根据具体应用需求，将燃料电池和其他电源（比如超级电容器或锂离子电池）联合起来使用。

当然，控制，尤其是燃料电池的各种子系统及相互之间的能量流管理，需要一个专门的监控装置。

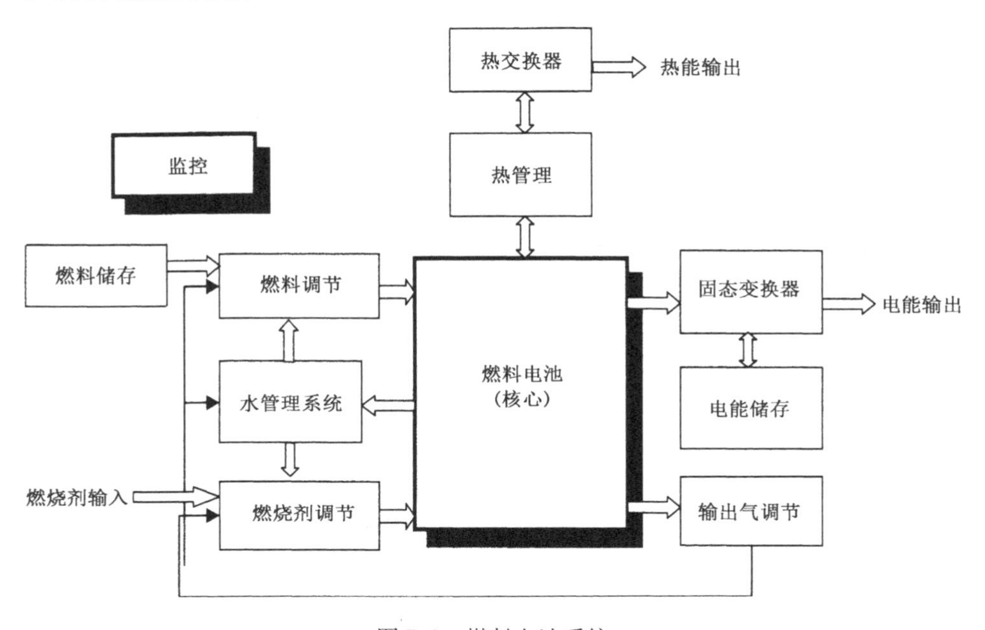

图 7-1 燃料电池系统

为了能够体现这些附属装置对燃料电池性能的显著影响，我们以当前最为普遍的质子交换膜燃料电池（尤其是当我们对交通应用感兴趣时）为例，说明此类燃料电池系统中不同的附属装置的典型能量消耗情况，如图 7-2 所示。

首先，我们注意到，从燃料电池端口输出的净电能仅占系统总电能的$\frac{2}{3}$。其次，在各种不同的附属装置中，氧化剂的调节系统（这类应用系统一般采用空气压缩机）功耗最大。紧接的是加湿系统、固态变换器和冷却系统。注意，此处我们假设在系统的进口处，氢气直接以压缩气体的形式存在。

图 7-2 强调了燃料电池系统中不同的附属装置对系统动态性能及效率的重要性和影响。

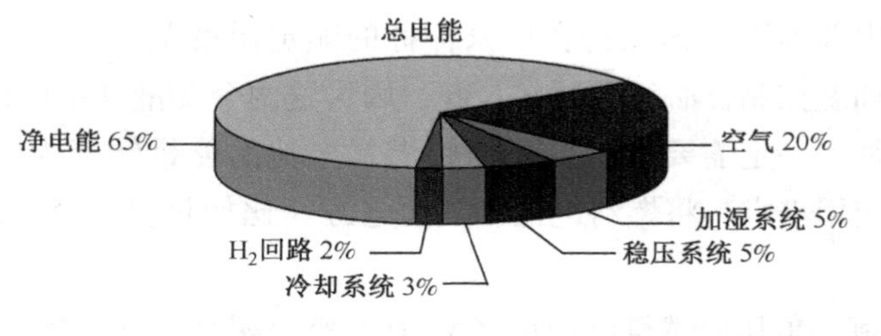

图 7-2　PEFC 燃料电池系统中的能量产生与消耗分布图

在定义了燃料电池系统之后，本章的剩余部分将给出燃料电池系统主要附属装置的更多细节，其中包括

1）空气（氧化剂）供给系统，通常是一个电动机驱动的压缩机。

2）气体加湿系统。

3）电能输出的固态变换器。

本章的最后还将分析燃料电池系统的寿命和失效机理。

7.2　空气供给系统

7.2.1　总体需求

空气供给系统（或回路）的首要目的是为燃料电池阴极气室提供氧化剂。就氢燃料电池来说，氧化剂（纯氧或空气）可以储存在高压容器中。不过，对于交通运输（除潜水艇和太空外），氧化剂通常由外界空气提供，既丰富又免费。尽管这种氧化剂供给方式的相对成本较低，却是一个需要细致考虑的系统。需要注意的几个主要问题如下：

1）必须将外界空气（如果空气与燃料电池的正常运行需求相匹配——我们将在后面继续探讨这一点）引导至阴极气室的反应界面。

2）外界的空气通常被各种气体或者颗粒（CO、灰尘等）污染，如果注入到燃料电池中，会降低电池性能或者寿命。

3）吸入的空气需要进行湿度和温度“调节”，并通过这种方式改善电池的性能（在某些情况下，湿度和温度不当的确会完全阻止电池运行）。

根据所采用的技术、进气模式和电池功率等级的不同，PEMFC 可采用以下三种方式运行：

1）“自吸”模式：正如名字所表述的那样，燃料电池根据需要“呼入”周边空气，并与电流需求有关。电流的供应需求激发了氧气的消耗，这表现在供应回路上，会引起一个低气压。这种模式完全被动运行，所以十分简单，不需任何空气供给系统，适宜于功率特别低的电池（往往小于200W）。

2）大气模式：使用空气泵或者鼓风泵为电池提供空气，燃料电池的运行压力十分有限（至多几百毫巴）。

3）压缩模式：对于功率大于1kW电池，一般都建议采用这种模式。可以看出，气体分压越高，电化学转换效率也更高。因此，这种模式可使电池获得高功率密度，也有利于电池的水、热管理[NAS 00]（见图7-3）。

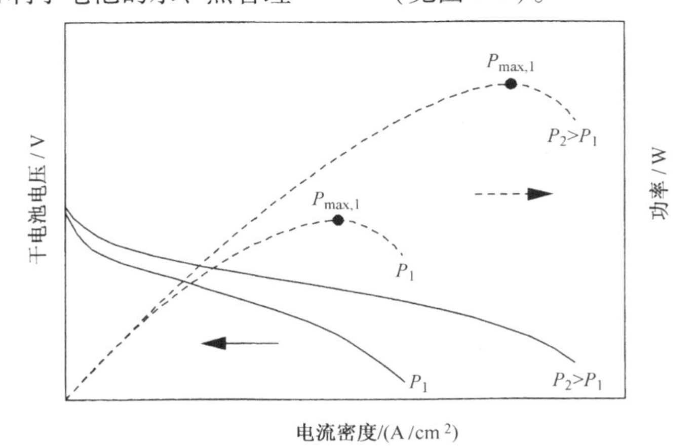

图7-3 压力对燃料电池性能的影响[TEK 04]

压缩空气可以通过电动机驱动的压缩机获得，并可将空气压缩至不同压力（绝对压力1.5～4bar）[WIA 00]。

7.2.2 选择适合燃料电池系统的压缩机

市场上的压缩机有多种技术，而空气压缩机的选择一般取决于所需的空气质量、压力和排气量。可在下面这些压缩机中选择所需：离心式压缩机、干螺杆式压缩机、润滑螺杆式压缩机、旋转叶片式压缩机、滑片式压缩机、润滑活塞式压缩机、干活塞式压缩机、螺旋线式压缩机和涡旋式压缩机。使用最广泛的是容积式压缩机，它将气体捕获到封闭的容器内，通过体积的逐渐减少以进行压缩。涡轮压缩机则是利用叶轮的旋转速度，将气体的动能转换成压力[DES 89]。

燃料电池系统选择压缩机的首要因素是压缩机出口的空气质量。发生在燃料电池内部的电化学反应严禁进入电池的空气中有悬浮油颗粒。而实际上，压缩空气中的残余油滴会覆盖在催化剂表面，这大大降低了电池的性能，最终导致电池寿命的降低。但遗憾的是，目前大多数“可用的成品”压缩机都采用油来冷却或润滑。事实上，如果我们希望得到无油空气，只有无润滑或者那些用水来润滑的压缩机才能满足要求（例如涡轮压缩机、干螺杆式、干旋转叶片式、干活塞式、干螺旋线式或膜压缩机）。

就这一点来讲，用水润滑的压缩机很明显是燃料电池应用的最好方案之一。实际上，这种技术在保持润滑性能方面占有优势，而且能够降低机械损耗，并为准等温压缩过程提供条件。由于空气在进入燃料电池之前，或多或少已被加湿，这使得绝热效率增加，加湿器尺寸减小[TEK 04]。

其次，所需空气量和压缩机功率变化幅度等条件有助于确定合适的压缩技术。如果使用的强度较大，旋转压缩机和涡轮压缩机比较适合，它们几乎不需要维修，但也因此价格高昂。对燃料电池应用来说，离心式、涡旋式或螺杆式压缩机等高速压缩机（高于10000r/min）具有吸引力[ZHA 03,DUB 06]。此外，还可以将调节阀（或涡轮机）在机械上（最后直接地）与电动机驱动的压缩机主轴耦合在一起，以从阴极出口（低氧）气体中回收部分压缩能量。基于膨胀式涡轮机进气调节的PEMFC原理图如图7-4所示。

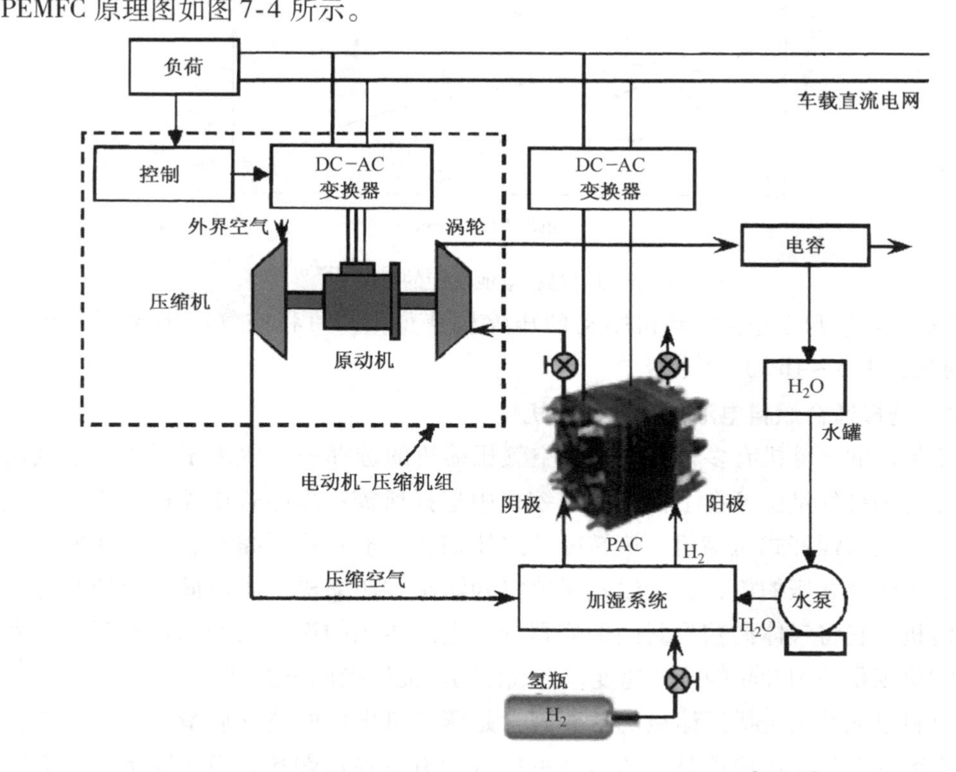

图7-4　基于膨胀式涡轮机进气调节的PEMFC原理图[TEK 04]

就效率而言，在所有旋转式压缩机中，螺旋式、螺杆式压缩机和膜压缩机比活塞式或者离心式压缩机更适合燃料电池系统（针对低、中等功率燃料电池）。这些压缩机具有气密性，意味着它们的体积效率比其他旋转式压缩机（旋转叶片式、滑片式）更高。

最后但非常重要的是，空气压缩机应当按照适用于燃料电池系统的功率范围定制。目前，只有几种为小型燃料电池特别设计的压缩机样机。总的来说，这些压缩机都存在一个或多个不好的特性（即效率平平，极高的噪声，寿命与燃料电池系统不匹配等）。所以，在这个方面仍有许多工作需要完成。

7.3 气体加湿系统

7.3.1 总体需求

我们继续研究 PEFC 燃料电池，它的电解质是固态的，由聚合物膜制成。对于这种电解质来说，需要确保膜充分的水合作用，以获得良好的离子转移性能。干聚合物膜的离子传导率很低，但经过水合之后，传导率能够快速增长（Nafion 膜几乎可吸收自重20%的水）。此外，当膜周围存在一层水膜时（每个质子外环绕着2~5个水分子），质子可以在电场力的作用下迁移（继而形成电流）[MOR 03]。然而，必须保持膜的水量平衡，因为如果水量控制不当，电解质膜就会存在着水淹或者脱水的风险。如果膜发生水淹，反应气体到催化剂界面的路径就会被阻塞，而此时如果有电流需求，就会导致电池外电压迅速且大幅度地下降。如果膜脱水，电解质膜的质子传导率就会下降，甚至不能迁移。此时的电流需求如果仍保持不变，就会导致膜电阻增加，电池外电压也相应地下降。电池控制系统的一个主要功能就是通过测量电压（既可以是电堆电压，也可以是单体电压）来防止膜水淹或脱水现象的发生。如果检测到电压过低，则应停止运行以避免系统进一步恶化。PEFC 燃料电池内部的水循环如图7-5所示。

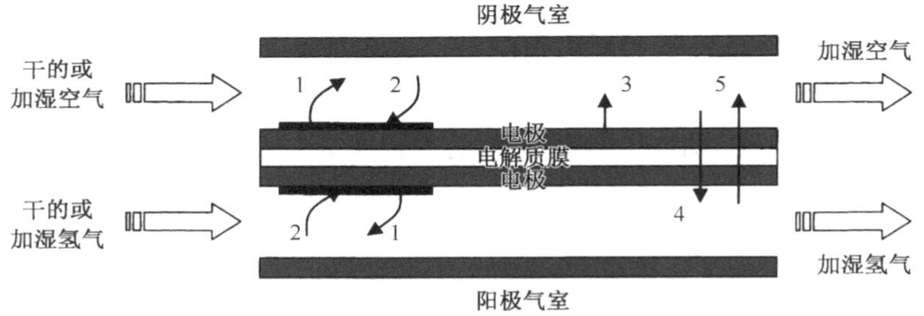

图7-5　PEMFC 燃料：电池内部的水循环
（1、2 表示电极壁处的水蒸发/冷凝　3 表示阴极侧生成水
4 表示水扩散　5 表示电渗透）

那么，膜水淹或者膜脱水的风险是如何产生的呢？这应该是电池内部物理、化学演变过程和电池系统运行过程等直接相关的各种因素共同影响的结果。

1）阴极电化学反应生成水，水量与燃料电池输出的电流有关。

2）质子从阳极向阴极迁移的过程中，水也转移到阴极，这种现象称为“电渗透”。

3）由于两气室间水浓度不同，水从阴极向阳极扩散。

4）为了防止膜脱水，尤其在高温运行时，一般在反应气体中（阴极、阳极，或者两侧同时）添加水，但这会造成水平衡发生移位。

5）电池运行温度和反应气体在电池入口时的温度，同样会造成水平衡的移位，而电池内部也会存在着局部的水蒸发或冷凝现象，这取决于其温度和压力条件。

7.3.2 合适的加湿方式

在大于1kW的自治运行聚合物膜电池系统中，加湿装置是其供气通路中的第二主要部件。同样，其能耗也排第二。对于空气供给系统，有几种结构形式可供采用：被动加湿方案不消耗电池的电能，为系统优化运行提供的参数也较少；主动加湿方案效果更佳，但能耗也高。我们将几种方案分类如下：

1）利用反应生水的自加湿方案。对于几百瓦以上的系统，除非有回收水的装置，否则只依靠电池内生水来维持电解质膜足够的湿度是很危险的。实际上也确实如此，即使内生水量很充足，仍会有部分水会逸出电池，造成水量不足。

2）燃料加湿方案。在大多数应用中，都会采用外加湿装置加湿进入电池的气体，为电池提供水分。由于反应生产的水在阴极生成，阳极区容易最先缺水，相应区域的膜也容易发生脱水，这也是为什么燃料需要加湿的原因。最重要的是，为了控制氢气泄漏的风险，供氢通路必须简化，尽可能减少所用部件的数量。而如果水量过多，电解质膜将不再吸收水分，多余的水量必须经由阳极回路排出，但为了减少氢气的消耗，阳极回路很少开放，大多处于闭合或内部循环模式。所以，阳极排水显得更为复杂。

3）“氧化剂加湿”方案。这是使用最为普遍的方案。它利用阴极和阳极间的水浓度梯度，促使水扩散，穿过电解质膜，进而补充阳极缺水，使电极两侧重新达到水平衡。

4）两反应剂加湿方案。这种方案体积庞大、成本高，系统复杂，而且并无把握提高系统性能，所以很少采用。

根据是采用直接水交换还是水储备缓冲器，我们可将加湿系统分成两类。膜交换器和焓轮属于第一类，此时假定电池生水能够自足使用；而需要注水和带有分馏器的系统属于第二类。

7.3.3 膜交换器和焓轮

这类系统的原理是将电池下游氧化剂中的水分传递给进入电池的干氧化剂，因为电池下游的氧化剂中含氧量低，却富含水蒸气。此类装置由多孔膜制成，完全被动运行[HUI 08]：潮湿气流通过膜的一侧，干气流通过膜的另一侧，膜通过水浓度梯度将水分由潮湿气流传递给干气流。Nexa™ 1.2kW 自治运行的功率模块即采用了这种空气加湿方案（见图7-6）。

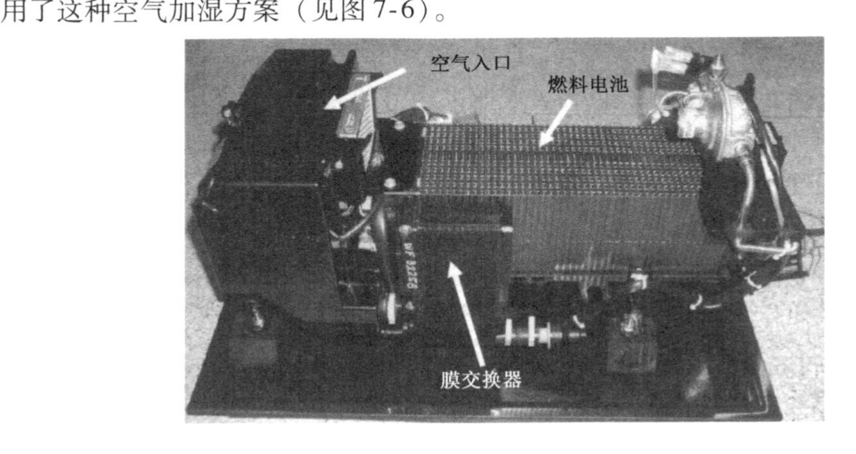

图7-6 Nexa™ 1.2kW 自治运行的功率模块，空气回路中使用膜交换器

恰如其名，焓轮由一个表面涂敷干燥剂的多孔圆柱制成的旋转部件构成，在铸模内缓慢旋转，并通过它来改善水交换。电池出来的热湿气流渗入到轮子中，由于多孔圆柱表面存在干燥涂层，能够吸收尾气中的水分，将其传递给进入电池的干空气流，而其他成分则被排空。一些模型给出了焓轮的旋转速度控制，为水交换量提供了一个控制变量。

与需要水容器的系统相比，这种装置简化了系统结构，减少了部件数量。它们不需要冷凝器，几乎不消耗能量，并可以从尾气中回收部分焓。然而，它们不能控制进气露点或者温度。这些参数取决于尾气温度和湿度，即电池的工作点[GLI 05,STU 08]。当电池运行在正常工作点，负载变化很慢或者变化很快都不会带来问题。相反，如果系统的输出电流固定在某些等级上，或者中等频度的电流变化需求与所用多孔材料的水扩散时间常数相同时，就会引发系统控制的不稳定性。

7.3.4 带有蓄水容器的系统

带有蓄水装置的系统可以不依靠电池的工作点，而根据温度和与生成水量对应的电流，控制电池进气的露点。可以将这种系统分为注水和蒸馏两种方式。

在采用注水方式的系统中，待加湿空气从柱形容器底部进入，水蒸气则从顶部注入，空气在容器中上升的过程中被加湿[JUN 07]。柱状容器中采用金属滚子会促进水蒸气的交换。可以根据温度、压力、气流量和预期的加湿程度来计算注水量。位于底部的隔板用来回收没有被带走的水。喷射的蒸气温度是一个可以对系统进行控制的参数，但电池的进气加湿程度很难精确获知。而实际上，如果隔板上出现水，说明有部分水没有被转移，而且实际湿度和其设定值之间的差值也很难测量。

在另一种采用蒸馏的系统中，允许独立地、同时地设定气体的温度和湿度，并缩短过渡时间（见图7-7）。通过输送调节器调节干燥空气流量，输送至蒸馏器，在此形成蒸馏器温度下的饱和水蒸气，此处是整个回路的最高温度。随后进气的饱和水蒸气在交换器中被冷却，以此方式校准进气的露点温度。液态水排空到隔板上，最终由回热器修正电池入口温度。此系统通过两个易测量的参数来调节，即冷凝器出口温度和回热器出口温度（见图7-7画圈处）。事实上，仅控制这两个温度的优点就是一直谋求的控制可靠性和快速性，而此方案彻底掌控了系统的运行参数及其重复性。不过，系统需要在特定温度下保有大量的水，而且部件多，因此体积大、能耗高。所以，目前只在实验室内试验使用[MOR 03, GLI 05]。

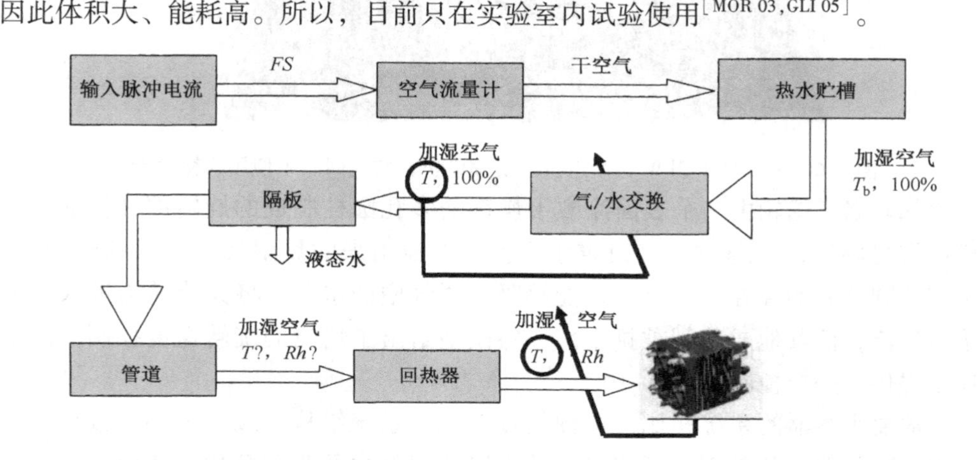

图7-7　蒸馏加湿系统的运行原理，允许校准空气流的露点和温度

7.4　电堆终端的固态变换器

从电学角度看，燃料电池的特征是，电压等级相对较低而电流等级很高。单体电压约为0.7V，电流密度约为$1A/cm^2$。当然，具体的取决于所使用燃料电池的类型。

因此，有必要设计特定的固态变换器来满足体积小、重量轻和效率高等需求。本书中有专门的章节讲述了这一领域的问题，在此不再赘述。

此外，还需要考虑燃料电池所必要的降额使用，以及在此模式下持续运行等的解决方案。通过合适的电力电子装置与燃料电池连接起来，可解决上述问题，并为整个系统提供冗余[CAN 08]。

7.5 寿命、可靠性和诊断

燃料电池系统从 20 世纪 90 年代发展到今天，其应用范围已扩展到诸如移动式计算、固定式联合电站和车辆等新领域。然而，已有的原理样机存在的主要问题之一是寿命，这也是它们大规模工业化前景不明的主要障碍。电池的寿命显然与使用条件和电堆尺寸有关。其结果是，燃料电池要想在车载应用领域中发展，对于家用轿车必须具备 5000h 以上的寿命，而对于公共交通则至少需要 20000～40000h。目前，即使表面活性不佳的单体电池也已满足这个标准，但 PEM 电堆的寿命则要短得多，仅为 1000 多小时的量级[BON 08, ESC 05, WAH 08]。

就寿命和可靠性而言，提高电池性能和在测试平台上再现其使用条件的研究仍需继续（比如，与车辆运行时间-速度曲线相关的负载电流动态特性的复现[WAH 08]，振动对电池机械性能影响[ROU 08]，运行问题和冷启动问题等[BÈG 08]）。

从系统观点看，主要目标是研究和确保电池处于最佳运行状态，使电池系统级具有更高的效率、更高的系统可靠性和更长的寿命。基于这种想法，必须评估和修正各种必要的辅助功能环节（反应气调节装置，电力电子逆变器，能量储存单元等）的技术方案，以尽可能地使电池运行于最佳工作环境。当运行条件发生不利变化时，多种失效方式可能会出现在单体电池内部，不过也同样可能会出现在外围部件上。这需要研发新的实验性诊断方法，以判断系统失效或故障的原因。此外，更全面更系统的诊断方法也是必需的，甚至是故障的预测预警方法。

7.5.1 故障及其原因

燃料电池电堆层面的故障可以有多种不同的分类方式，可以按照引起性能衰减现象的物理属性分类（如机械、热、电化学等），也可以按照性能衰减的严重程度来分类（干扰系统性能稳定性的可逆的性能衰减或是不可逆的性能衰减，以及由非法操作所导致的电池系统可靠性问题）。性能衰减的速度也是划分故障类型的一个依据[LAC 03, WIL 03]。不过在本书的分析中，我们将只考虑发生在电堆层面的最常见的故障形式。

正如已经提及的，PEM 电池的水管理是一个复杂而关键的问题，它是电池获得高且稳定性能的重要环节。膜水淹一般出现在局部的几个单体电池中，阻碍参加反应的气体到达化学反应界面。由此会引起单体电压波动，以及单体间电压的差异，而经常突然出现的、不可预测的波动，本质上就是电池性能不稳定的表现，这在高电流密度下尤为严重。一般来说，水淹是可以恢复的，通过控制系统运行参数可以使系统再次获得水淹前的性能，即降低反应气湿度（或者利用电池和气体加湿器间的温差，或者利用额外的反应气体清洗气路几秒钟）或者改变阳极和阴极之间的压力梯度。然而，反复水淹可令系统运行在亚化学计量状态，即使发生在局部，中、长期水淹对单体组件也会产生很大影响，使其性能衰减。

反之，反应气体湿度不足或者电池温度过高将引发膜脱水，降低膜的传导率。假如膜脱水时间不是太长，而且不会再发生，则当膜水分恢复正常状态之后，其性能通常可以重新恢复。不过，脱水/水和循环是一个特别困难的运行过程，循环过程中所产生的机械应力和膜电极上形成的热点都会减少电堆寿命。控制膜电极水量的系统参数和控制水淹时的参数是一样的。

至于反应气体的纯度及其杂质，比如一氧化碳（最大容许值为 10 ~ 50ppm），是改善电堆寿命和性能所必须考虑的另一个重要因素。杂质过多会减少膜电极的电活性表面，进而降低催化剂活性，不过采用合适的冲洗机理可以抑制这种影响。

如果 PEMFC 燃料电池发生故障，通常都与系统的架构和控制相关。例如，如果阳极和阴极之间的压力梯度控制不好，则可能会导致膜的机械性损坏，膜的厚度（25 ~ 100μm）决定了它是一个脆弱的系统。反应气体的输送、调节不当，会导致系统工作在亚化学计量状态。而电池的小电流密度短暂运行，甚至根本就没有电流输出（处于开路状态，OCV 开路电压）都对寿命有影响。当燃料电池系统运行在动态循环时（输出电流、气体流量、温度和压力梯度），尤其需要精细化掌握和控制各物理参数。

运行在额定和稳定状态下的电池也受到元件层面老化的影响，即扩散层、电极、膜和各接头。耐久性测试表明，从双极板到反应界面，与反应物传输相关的性能都存在降低现象，包括运行过程中催化剂活性降低，金属双极板存在腐蚀现象，阳极-阴极-冷却回路气室间的气密性也会发生损坏。

说到这里，需要着重强调的是，目前燃料电池系统的原型样机，其辅助装置成为系统机能障碍的主要因素。实际上，系统突然中止运行或者一段时间后不能使用，不仅仅只是膜电极故障引起的，系统发生故障远非只有这一种原因。

物理参数对电池性能降低、发生故障、单体和系统老化的影响，必须通过一系列能够描绘燃料电池系统性能特征的实验方法、系统的测试方法[WAH 06]和适宜的诊断方法来分析判断[HER 06]。

7.5.2 燃料电池性能的实验方法

最常用的研究燃料电池性能特征的实验方法是极化曲线、阻抗光谱法，以及电池动态需求响应分析的伏安测量法[WU 08]。

极化曲线（电池电荷的电流与电压关系曲线）描述了燃料电池的整体静态性能，不过无法清晰地给出系统内部的电压降。这些电压降源自不同类型的损耗，主要包括活化、反应气体透过电解质膜的传导、欧姆电阻、反应物在膜电极中的扩散等。因此，可以用其他的分析电池性能的方法和诊断手段，来更好地研究不同物理现象对电池电压的影响。

阻抗光谱法一般用来估计膜的水合状态，分析电池内与反应气体传输相关的问题。这种方法通过给一个稳定系统（在此为电池）强加一个周期的输入量（比如电流），并分析相应的输出量（恒电流下的电压）。分析燃料电池性能特征所采用的典型频率区间从 30kHz 到几毫赫兹，测定膜阻的频率一般为 1 ~ 10kHz，而电荷（电子、质子）的传输和扩散现象则采用更低的频率段。

阻抗光谱法已被用于系统性能衰减机理的深入研究之中。电化学领域的专家将这种方法大量用于电化学电源的研究，比如一次电池、二次电池或燃料电池。对于后者，通常用于小面积活化膜（几个平方厘米的级别）系统的研究，甚至是部分部件（阳极或者阴极）的研究。关于几个单体构成的电堆的研究则很少。阻抗光谱法应用于电堆备受关注的一点是测得的阻抗值是各单体的平均值，而电堆内部是具有不均质性的（温度、流体分配等）。考虑到目前的加工工艺，各单体在性能上存在着不可忽视的差异性。研究单体电池对方波电流的动态响应，是鉴别电压骤升背后不同原因的一种可行方法。

伏安测量法是实验室中用来研究燃料电池性能特征的又一种方法。例如，可以用来测定电极的活性表面，也可用来评估随反应物迁移到膜另一面的渗透电流。

7.5.3 诊断方法和策略

对燃料电池性能特征的详细分析需要将实验步骤基准化，同时也必须要有面向具体应用的明确的诊断工具。一些特征分析的详细方法可以用于或部分用于对固定或车载电池的监控。在这种情况下，有必要制定有效而简洁的专门实验步骤，进行电池内故障定位、故障原因测定，并给出要采取的措施（停止装置，启动操作以恢复性能或者降额运行）。阻抗光谱法的优势在实验室中很明显，但很难用于真实系统，尤其是车载式应用。电力电子变换器可以调节并使用燃料电池发出的电，其电流的变化可以用以测定阻抗，尤其是膜阻抗，甚至可以控制加湿系统，以使电解质维持足够的水量[SCH 05]。还有一种应用案例，通过检测反应气流或者阳极 - 阴极压力的微小变化，结合对单体电池空载电压的监控，进而定位电堆中的故障单体。

目前，燃料电池系统原型样机采用的诊断方法，一方面依赖于对各种被认为重要的参数的监测（比如，电池温度、电堆入口处气体压力等），另一方面也要实时观测每个单体电池的电压响应，以此评估其运行状态（健康状态）。系统的每个参数都有确定的运行区间，并通过对关键阈值的设定来控制系统运转（比如，最小电压阈值用来控制电堆输出电压的水平）。例如，如果发现单体电压下降，可以认为是因一氧化碳中毒导致的，也可以认为是膜脱水导致的，还可以认为是单体发生水淹的结果等。随后控制系统被激活，通过操纵不同的辅助功能单元（燃料处理子系统、冷却回路，或加湿器等）或者启用不同的程序（降低负载电流、启用空气清洗等）来补偿上述问题。这种控制方法的主要问题在于，通过收集到的信息往往无法分辨故障源头，而且对异常情况也缺乏足够的判断力。

为了解决上述问题，一种解决方法是在燃料电池系统中植入更多的传感器，以便探测到实际运行状况与正常运行之间的差异。然而，这种方法从单体到整个系统都给设计带来了问题（增加了系统成本，而且结构更复杂，由此必然降低了系统可靠性，而可靠性是系统应用的最主要因素）。因此，必须另辟蹊径，考虑其他的诊断方法。一种方案是建立系统的物理模型或行为模型（采用一系列静态和动态的实验方法，包括正常和降额两种运行模式），将这些模型输入计算机，并实时运行，比较模型输出值（比如单体电压）和真实系统的运行值。使用以数学形式表述现象的物理模型的益处在于，即使是复杂的系统，也能明确地理解模型内各变量之间的因果关系。这种方法的诊断过程可以简化，不过模型却变得复杂了[HER 06]。行为模型（黑箱）无疑很容易建立，因为它与系统的实验测试结果直接相关[FOU 06, HIS 07]。然而，在这种情况下，由于模型各变量之间缺乏明确的因果关系，故障定位成为一个更为复杂的问题。

7.6 参考文献

[BÉG 08] BÉGOT S., HAREL F., KAUFFMANN J.-M., "Design and validation of a 2 kW-fuel cell test bench for subfreezing studies", *Fuel Cells From Fundamentals to Systems*, vol. 8, no. 1, pp. 23-32, 2008.

[BON 08] BONNET C. *et al.*, "Design of an 80 kWe PEM fuel cell system: scale up effect investigation", *Journal of Power Sources*, vol. 182, issue 2, pp. 441-448, 2008.

[CAN 08] CANDUSSO D. *et al.*, "Fuel cell operation under degraded working modes and study of a diode by-pass circuit dedicated to multi-stack association", *Energy Conversion and Management*, vol. 49, no. 4, pp. 880-895, 2008.

[DES 89] DESTOOP T., "Compresseurs volumétriques", *Technique de l'Ingénieur*, vol. BL2, ref. B4 220, 1989.

[DUB 06] DUBAS F., Conception d'un moteur rapide à aimants permanents pour l'entraînement de compresseurs de piles à combustible, PhD thesis, University of Franche-Comté, 2006.

[ESC 05] ESCRIBANO S. *et al.*, "Study of MEA degradation in operating PEM fuel cells", 3rd *European PEFC Forum*, Lucerne, Switzerland, 2005.

[FOU 06] FOUQUET N. *et al.*, "Model based PEM fuel cell state-of-health monitoring via AC impedance measurements", *Journal of Power Sources*, vol. 159, no. 2, pp. 905-913, 2006.

[GLI 05] GLISES R., HISSEL D., HAREL F., PÉRA M.C., "New design of a PEM fuel cell air automatic climate control unit", *Journal of Power Sources*, vol. 150, pp. 78-85, 2005.

[HER 06] HERNANDEZ A., Diagnostic d'une pile à combustible de type PEFC, PhD thesis, University of Technology of Belfort-Montbéliard, 2006.

[HIS 07] HISSEL D., CANDUSSO D., HAREL F., "Fuzzy clustering durability diagnosis of polymer electrolyte fuel cells dedicated to transportation applications", *IEEE Transactions on Vehicular Technology*, vol. 56, no. 5, Part. 1, pp. 2414-2420, 2007.

[HUI 08] HUIZING R., FOWLER M., MÉRIDA W., DEAN J., "Design methodology for membrane-based plate-and-frame fuel cell humidifiers", *Journal of Power Sources*, vol. 180, no. 1, pp. 265-275, 2008.

[JUN 07] JUNG S.H., KIM S.L., KIM M.S., "Experimental study of gas humidification with injectors for automotive PEM fuel cell systems", *Journal of Power Sources*, vol. 170, no. 2, pp. 324-333, 2007.

[LAC 03] LACONTI A.B. *et al.*, *Handbook of Fuel Cells*, John Wiley & Sons Ltd, Chichester, 2003.

[MOÇ 07] MOÇOTÉGUY P. *et al.*, "Monodimensional modeling and experimental study of the dynamic behavior of proton exchange membrane fuel cell stack operating in dead-end mode ", *Journal of Power Sources*, vol. 167, no. 2, pp. 349-357, 2007.

[MOR 03] MORATIN S., Conception, réalisation et modélisation d'un système permettant de contrôler la température et l'hygrométrie d'une pile à combustible de type PEMFC, Mémoire CNAM, Belfort, 2003.

[NAS 00] NASO V., LUCENTINI M., ARESTI M., "Evaluation of the overall efficiency of a low pressure proton exchange membrane fuel cell power unit", American Institute of Aeronautics and Astronautics Inc. (AIAA), 2000.

[ROU 08] ROUSS V., CHARON W., "Multi-input and multi-output neural model of the mechanical nonlinear behaviour of a PEM fuel cell system", *Journal of Power Sources*, vol. 175, no. 1, pp. 1-17, 2008.

[SCH 05] SCHINDELE L., SCHOLTA J., SPÄTH H., "PEM-FC Control using power-electronic quantities", *Electric Vehicle Symposium*, Monaco, 2005.

[STU 08] STUMPER J., STONE C., "Recent advances in fuel cell technology at Ballard", *Journal of Power Sources*, vol. 176, no. 2, pp. 468-476, 2008.

[TEK 04] TEKIN M., Contribution à l'optimisation d'un générateur pile à combustible embarqué, PhD thesis, University of Franche-Comté, 2004.

[TIA 08] TIAN G. *et al.*, "Diagnosis methods dedicated to the localisation of failed cells within PEMFC stacks", *Journal of Power Sources*, vol. 182m no. 2, pp. 449-461, 2008.

[WAH 06] WAHDAME B., Analyse et optimisation du fonctionnement de piles à combustible par la méthode des plans d'expériences, PhD thesis, University of Technology of Belfort-Montbéliard, 2006.

[WAH 08] WAHDAME B. *et al.*, "Comparison between two PEM fuel cell durability tests performed at constant current and under solicitations linked to transport mission profile", *International Journal of Hydrogen Energy*, vol. 32, no. 17, pp. 4523-4536, 2007.

[WIA 00] WIARTALLA A. *et al.*, *Compressor Expander Units for Fuel Cell Systems*, Institute for combustion Engines, FEV Motorentechnik GmBH, Aachen, Germany, 2000.

[WIL 03] WILKINSON D.P., ST-PIERRE J., *Durability, Handbook of Fuel Cells – Fundamentals, Technology and Applications*, John Wiley & Sons Ltd, Chichester, 2003.

[WU 08] JINFENG W. *et al.*, "Diagnostic tools in PEM fuel cell research: part I electrochemical techniques. Part II: physical/chemical methods", *International Journal of Hydrogen Energy*, vol. 33, no. 6, pp. 1735-1757, 2008.

[ZHA 03] ZHAO Y., "Research on oil-free air scroll compressor with high speed in 30 kW fuel cell", *Applied Thermal Engineering*, vol. 23, pp. 593-603, 2003.

第 8 章 电化学储能：一次电池与蓄电池[一]

[一] 本章由 Florence Fusalba 和 Sébastien Martinet 撰写。

8.1 蓄电池概述：工作原理

一次电池、蓄电池和燃料电池均属于电化学电源系列。

一次电池，也可被认为是一次性电源，不像电化学蓄电池那样可以再充电。一次电池所能释放出的电能在其制造过程中就已经被确定了（在使用之前不需要进行充电或其他准备工作）。而且，一次电池在放电后就不可能再恢复到初始的状态。

蓄电池，也称为二次电池，它与一次电池的最主要区别就在于它可在放电之后，在提供外部电能的情况下可以进行可逆反应，通过充电恢复到初始状态。电化学蓄电池是一种“可逆”的电源，能够以化学能的形式储存电能，然后根据需要在任何时刻经过可逆变换释放储存的电能。电化学电池的一个共同特点是，它们均通过浸泡于电解液中的两个电极发生电化学反应而产生电能。其中一个电极是阴极吸收电子，氧化剂被还原；另外一个电极是阳极释放电子，还原剂被氧化㊀。

蓄电池组是由一些完全相同的蓄电池单体通过串并联的方式组合而成的模组。

电池容量，即电量，通常以安时（Ampere-hours，A·h）为单位，是指蓄电池在放电周期内可释放的电量。

蓄电池的容量是放电倍率的函数，蓄电池的额定容量通常是在10h放完电（即放电倍率为C/10）下计算的。

当放电倍率高于C/10时，所能释放的电量减少。

当放电倍率低于C/10时，所能释放的电量增加。

蓄电池的放电电流单位为安培，常用安时容量（A·h）的分数来表示（如C/100）。

例如，容量为100A·h的蓄电池以C/10倍率放电（10A），能够持续放电10h。如果以C/5的倍率放电，电池容量将会降为80A·h，而如果放电率为C/100（1A），则电池容量将增加到140A·h。

蓄电池的容量同时也是其温度的函数，并随温度的变化而变化。

蓄电池的法拉第效率是其放电时电量（Q_D）与充电电量（Q_C）之比，即$\eta_q = Q_D/Q_C$。

蓄电池的能量效率是以W·h为单位的放电能量与充电能量之比。能量效率在很大程度上取决于所采用的充放电技术和应用环境，由于W·h与A·h在充放电

㊀ 在燃料电池领域，现在还是在使用“阳极”和“阴极”，但是在电池领域，现在大多使用“正极”和“负极”。——译者注

电量的计量点不同，因而，能量效率与法拉第效率相比一般较低。

蓄电池的自放电率是指在特定的温度下蓄电池容量每月平均的相对容量损失量。自放电率是反应蓄电池内部特性的一个技术参数，这一参数通常在20℃温度下标定。

蓄电池的内阻一般非常小（约为几毫欧的量级），且与蓄电池的容量成反比。在多数情况下，与能量型储能相比，功率型储能内阻更低。蓄电池的低内阻给其应用带来一个问题，当不慎通过导电物体将蓄电池的两极相连时，由于导体本身几乎没有电阻，使得电源回路中的总电阻非常低，从而会产生巨大的电流。发生短路的蓄电池将会迅速失效而不能继续使用。当然，短路试验也是确保设备质量合格而必须通过的标准化测试内容之一。

蓄电池处于浮充状态时，其两个电极的荷电状态受端电压限制而趋于平衡。

蓄电池的寿命与其工作环境有直接的关系。当用于能量缓冲式储能时，蓄电池的寿命基本上取决于充放电次数和充放电深度。

图 8-1 为可充电蓄电池的运行原理示意图。

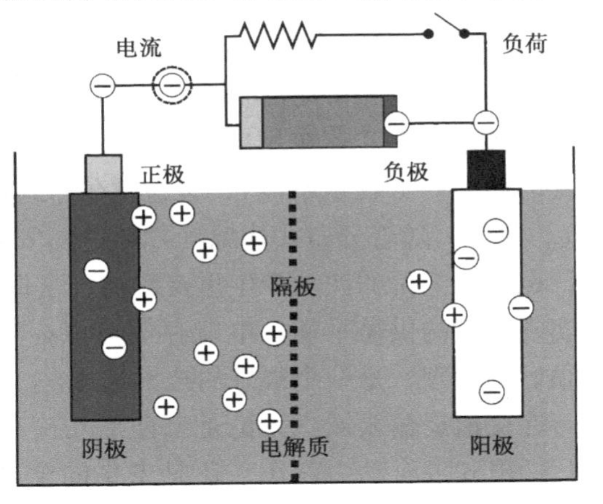

图 8-1 电化学蓄电池（可充电电池）运行原理示意图

因此，蓄电池和一次电池都属于通过电化学反应，以电的形式释放化学能（以 W · h 表示）的电化学储能系统。电池一词，常常用来描述一组单体电池单元的组合（一般指可充电电池）。无论采用什么类型的技术，蓄电池都有两个基本的性能指标。

1）比能量（单位为 W · h/kg），表示单位质量蓄电池所能储存的能量；比功率（单位为 W/kg），表征单位质量蓄电池所能提供的功率（功率为单位时间所能提供的电能）。

2）循环寿命，单位为充放电循环次数，表示蓄电池的寿命。例如，我们常常用以高于 80% 额定容量进行放电的次数来衡量蓄电池的寿命。80% 这个值在蓄电池的移动式应用中经常被采用。由此可见，随着应用的不同，蓄电池寿命的衡量依据可以相应改变。

8.2 应用

电化学蓄电池在牵引供电系统（如汽车，摩托车等）和可再生能源发电系统（太阳能，风能等）中发挥非常重要的电能储存作用。

在上述移动式和固定式两种典型的应用中，对蓄电池的选择具有不同的准则。除了成本、寿命（包括循环周期和可更换性）、能量密度、功率密度（每单位质量或单位体积）和温度性能外，在蓄电池的选择依据上还有一些因素目前变得越来越重要，包括系统的环境友好性、元器件的可回收再利用程度和产品的自主生产能力等。

8.2.1 运用储能管理电力系统和交通系统的整体构架

随着欧洲电力市场的自由化和下一代能源市场的创立，电价的波动目前变得越来越频繁，尤其是在用电高峰期。解决这一问题的一种方案是储能，既包括集中式的储能（如抽水蓄能），也包括分布式储能（如应用于光伏发电系统的电池储能）。此外，随着分布式能源（如风电，太阳能，大部分具有间歇性）呈指数式发展，也将对电价的波动产生重要影响，这促进了对储能和其他互补性发电的需求，以实现电能的供需平衡。电能存储可以在电能供需平衡和电能质量方面对电网进行很好的管理，是一个很好的技术选择。

在交通运输领域，无论是当前成功应用的混合动力汽车，或是正在开发的新一代插电式混合动力汽车，还是未来的全电动汽车，以及业界在如何满足建筑和交通能源需求的诸多思考（如本田）等都表明，电能在交通运输领域实现无碳排放方面具有美好的前景。因此，找到高效（高比功率和高比能量）的储能技术解决方案，以克服当前电动汽车的储能瓶颈，已经成为汽车领域发展的当务之急。

如何在能量密度、安全性、成本和再充电能力等方面提高电池性能，以满足在固定台站和交通应用的特殊要求，是电池研究的主要科学问题。

对于混合动力电动汽车（HEV），根据其行驶时在一个驱动循环中对发电机的使用程度，可以分成不同程度的动力混合。最早发展的微型混合动力车（例如雪铁龙的 C3 Stop&Go，采用铅酸蓄电池），具有较低的混合度；随后出现了具有较高混合度的混合电动汽车，如丰田 Prius（采用镍氢动力电池），通过发动机给电池充电可节约 25% 的燃料；直至最新出现的插电式混合动力汽车，具有最高的混合度，可以直接从电源端子对电池充电。因此，具有高比能量（意味着续航能力）和高比功率（意味着加速和启动能力）特性的电池需求越来越大。该领域的专家普遍认为有必要夯实锂离子电池技术，从而满足上述需求。

8.2.2 储能技术发展历程

自1859年Gaston Plante发明了铅酸蓄电池，电池技术一直在持续不断的改进着。直到20世纪80年代末，主要有两类蓄电池产品占据着储能市场：铅酸蓄电池（主要用于汽车起动，为通信网络提供可靠供电等）和镍镉蓄电池（主要用于移动工具、玩具、应急照明等）。得益于日本电池公司的努力，锂离子电池在20世纪90年代初进入市场。锂电池在当时就已经具有很高的比能量（100W·h/kg），达到了镍镉电池的两倍，铅酸蓄电池的三倍以上。自此，锂电池的性能得到了极大地提高，到2008年，已经达到了200W·h/kg。

锂离子电池目前在移动式产品中，拥有全球市场70%以上的占有率。就其性能指标和未来可能的改进潜力来看，锂离子电池最有希望成为目前克服混合动力汽车和光伏发电系统等应用中所遇到的储能问题的技术方案。锂离子技术的性能优势在ASTOR项目的结论中脱颖而出，这个项目是由欧洲汽车制造商（EUCAR）在2001~2004年实施的。在该项目中共测试了25种商用电池系统和技术原型。而在2004~2005年的SUBAT欧洲计划框架中，评估了不同电池技术对环境的影响，结果也表明锂离子电池技术在HEV的应用中是非常适合的[BOS 06]。此外，一直致力于评估储能应用于新能源发电系统的欧洲网络INVESTIRE，也同样得到了锂离子电池适宜于光伏发电系统的结论。

8.2.3 锂离子电池是混合动力汽车的核心

得益于各国对节能减排的政策支持，以及石油价格的不断攀升，混合动力汽车的市场在不断扩展。2004年全世界混合动力汽车的销售量为84000辆，2005年为205000辆。根据SUBAT项目的研究结果[BOS 06]，到2012年，仅在中国市场，混合动力车的销售量将达到8000000辆。目前，除了仅在日本销售的丰田Viitz（Viitz采用配备12V锂离子电池的Stop & Go运行系统），其余的商业化的混合电动汽车均采用镍氢电池。如丰田公司的普锐斯（Prius）和雷克萨斯（Lexus）都采用高压镍氢电池。目前，丰田公司在混合电动汽车的市场占有率为83%，将本田公司和通用公司远远甩在后面。从技术和商业应用的角度来看，丰田公司的普锐斯（Prius）II获得了真正的成功，在其可供出售前只需突破一个瑕疵。然而，我们将不得不强调在零排放汽车中（Zero Emission Vehicle，ZEV），蓄电池（镍氢电池）的续航里程非常短，如采用纯电动行驶模式，续航里程仅为2km。这表明混合动力汽车在这一领域仍然有很大的提升空间。由于环境限制、化石燃料价格上涨、电池技术进步，普锐斯II的成功已经引起所有的电动汽车制造商的兴趣。

PSA公司销售的雪铁龙C3采用起停系统，当停车时，发动机将被关闭，以降低油耗，减少污染物排放。然而，该车采用铅酸蓄电池，受其性能的制约，电池单元不能回收制动能量，也不能在加速时助推发动机。预计在不远的将来，混合动力汽车将采用锂电池技术，而且到2015年锂电池将会占有40%~50%的市场。

根据 SUBAT 项目的研究，由于中国混合动力汽车市场的不断增长（中国将同时拥有汽车生产商和消费者两个角色），以及由于技术进步导致的电极材料成本下降，锂电池的成本将会在 2012 年开始下降。

目前，插电式混合动力汽车仅仅处于样机研制阶段。不过，我们在这里还要提到两家在插电式混合动力汽车方面做得不错的法国公司——Batscap/Bathium 公司（主营锂金属聚合物）和 Dassault/SVE 公司（主营锂离子聚合物）。它们预计从 2009 年开始推广电动汽车和舰船。

关于电池在混合动力汽车上的应用，其中不降低其使用寿命基础上的可接受充放电深度是一个关键指标。到目前为止，几种电池技术在混合动力汽车应用中具有一定的竞争力，包括：

1）石墨/NCA 电极对，最初由 SAFT 开发，由 JCS 销售用于 Mercedes-Benz 的 S 级和 BMW 7 系列混合动力汽车。同时，JCS 也为福特的首款可充电式混合动力汽车提供电池。

2）石墨/LFP 电极对［A123，中国电池制造商，法国原子能管理局（CEA）］。

3）$LiMn_2O_4$/石墨电极对（尤其需要关注的是日产-NEC）。

注：NCA = $LiNi_{0.8}Co_{0.15}Al_{0.05}O_2$，LFP = $LiFePO_4$。

在车用电池市场，汽车制造商如日产和丰田自己开发电池。在混合动力汽车领域，主要公司包括丰田、松下、日产-NEC、比亚迪、LEJ（三菱），而蓄电池单体的主要供应商是 A123、SDI、JCS、Continental、Bosch 和 Delphi。蓄电池模组的主要供货商包括 Sanyo、LGC、JCS、Enerdel、Toshiba 和 Murata。

8.2.4 锂离子电池技术是光伏发电应用的核心

多年来，光伏的发展得到不断提升和加速发展，这得益于各国通过一些项目提供的经济激励，如政府为光伏上网发电提供电价补贴，尤其是在德国、日本、西班牙、美国、澳大利亚、法国，以及一些其他国家（尽管各国均由自己独特的适用条件）。

就光伏发电应用而言，离网系统（孤岛）中对储能的需求是显而易见的，主要是用于补偿光伏发电的间歇性。现在的情况是，在并网光伏发电系统中，储能的新作用正在被认真地研究：储能系统通过在合理的时间段内存储和释放电能，可以平滑电网中发电和用电的峰谷差（当光伏发电量减少时，储能系统将以根据电网购电协议和/或光伏馈电协议推迟用电的方式给予支持）。

铅酸蓄电池由于其较低的价格和较好的适用性，将继续大量应用于离网运行的光伏发电系统。然而，铅酸蓄电池的技术问题将制约离网光伏发电系统的发展。特别地，铅酸蓄电池较短的寿命导致系统具有很高的维护费用（将接近系统成本的 50%[RAP 02]）。

并网光伏发电将在未来 20 年内得到快速发展，为了满足并网光伏对储能的需求，传统的储能系统应该被回顾和总结，并进行相应的改善。正如在混合动力汽车中的应用，锂离子电池技术可能是目前克服光伏发电应用中诸多问题的最有潜力的技术。这一点已经被致力于评估储能系统应用于可再生能源的欧洲网络 INVESTIRE 所证实。储能在该领域的目标是进入光伏发电市场，并使系统具有全面的竞争优势（储能可以提供辅助服务，例如电能质量或频率调节；它可以通过与光伏模块集成进入光伏市场；可以存储电能供给用户使用或当需要时向电网售电/馈电）。

日本夏普公司于2010年开始投产一家主要用于家庭光伏系统锂电池的工厂。通过配置锂离子电池，这些家庭将具有独立供电的能力，而锂离子电池的售价将在储能经济性上起着重要的作用。

8.2.5 法国在储能市场中的地位

通过调查锂离子电池或镍氢电池市场，可以发现约95%的电池来自亚洲，5%来自北美，只有很小一部分是欧洲制造。因此，即使法国在混合动力汽车和可再生能源领域做出了巨大的努力，并且可能都是国家层面上的技术创新，却仍然需要采用由欧洲之外的电池制造商生产的电池（用于电动汽车或光伏系统）；而这些电池是由它们国家的大学或实验室研究和开发的。运输成本的增加、原材料的对外依赖性（如锂电池的钴，镍氢电池的稀土材料），以及当前缺乏对这些废旧电池的回收手段，都需要从国家层面上发展其他的应对方案。

法国拥有两大电池制造商——SAFT 和 BATSCAP 公司。SAFT 公司主要定位于工业或其他相关的有潜力的市场，生产包括镍镉电池、镍氢电池和锂离子电池。BATSCAP 公司正在开发锂金属聚合物技术和可商业化的超级电容器。

8.2.5.1 移动式产品市场

移动电子市场包括便携式计算机、电话、个人手持数字设备（PDA）、小型游戏、报警系统、野营设备、军用设备，以及个人健康设备。根据日本电池协会（BAJ）的统计数字表明，2005年的电池市场［包括一次电池和二次电池（蓄电池）］规模接近50亿美元。超过一半的销售额（30亿美元）来源于便携式计算机用蓄电池。而2006年可充电蓄电池的市场规模达到了70亿美元（资料来源：2007 Avicenne）。

在电池销售的数量上，一次电池占总电池的73%，可充电蓄电池占27%。然而，可充电蓄电池的销售收入占总电池的79%，而其中的41%来自锂离子电池。

目前，可充电蓄电池市场主要分为三种技术流派，即镍镉电池、镍氢电池，锂离子电池（其月产量约为1亿只）。

从20世纪90年代中期开始，锂离子技术（占锂离子电池销售价格的近80%）就已经证明其适宜于制备便携式计算机电池。确实，相比于镍氢等其他技术，锂离子电池可以在更小的体积内储存更多的能量，并且具有更长的寿命。

移动电子设备（如电话、笔记本电脑和摄录一体机）是镍氢电池和锂离子电池的主要市场。在经过最近几年爆发式的增长之后，这些市场必须找到一个更接近于传统经济的增长模式。日本基本上已经完成了从镍氢电池到锂离子电池的应用转换，欧洲也将发生类似的过程。锂离子电池在1999年采用了一种高分子胶体电解质和柔性包装工艺，必将在满足超平电池需求方面拥有良好的市场发展前景，即使其目前还没有占据储能市场的主要地位。

8.2.5.2 新的市场前景

随着手机和全球范围内日益增多的移动电子设备的广泛应用，促进了对小型电源的需求（可充电蓄电池，一次电池）。在中短期内，新型小型化和交互式产品在民用和军用领域（如开发“智能服装”所用的自主传感器、自动医疗系统、全球定位系统、机载传感器等）的应用将进一步促进微型电源的发展，并开辟新的市场。

因此，这些为电池的生产、存储和能量再生提供了巨大的商机。但它们必须应对下一代应用需求对电池提出的技术挑战，从而对电池提出了新的功能需求。这包括使用户摆脱频繁充电的烦恼，能够提供一个更长的供电周期，保证信息不丢失，能够从外界环境中获取能量，以及实现独立和自主供电，使植入人体的生物相容性设备能够工作更长时间等。

这种创新的历程已经涉及世界各地许多的研究机构和产业公司。三星、索尼、东芝、摩托罗拉、西门子等众多公司是这一征程的领航者，而在美国已经有大量的新成立的公司加入了这一行列。

8.2.5.3 主要的制造商

目前，电池制造商基本上几乎清一色地来自于亚洲的公司，包括日本的三洋、松下、索尼、日立，韩国的LG、三星和Kokam公司，以及中国的比亚迪、ATL和力神。

日本很快成为这一领域的领跑者。作为移动电子设备制造商，他们认为电源在这些设备中具有战略地位。这就是为什么最初不从事电池制造的索尼公司，在20世纪80年代决定投入巨额资金开发电池技术并将其工业化。索尼在1992年2月令人惊讶地宣布立即启动对锂离子电池的工业化生产。第一批电池的性能有限（比能量为90W·h/kg），但从那开始，索尼的锂离子电池取得了显著的进步（从160W·h/kg到2008年超过200W·h/kg）。这一部分原因是电池设计技术的进步（降低电池的体积和重量），另一部分原因是电池材料性能的优化。

对于移动电子市场，日本、韩国和中国占据绝大部分市场份额。然而，在这一领域，市场持续不断地向能够满足新应用需求的新型电池技术开放（如快速充电电池、印刷电池等），但是通常非常昂贵（用于医疗设备）。

自从2004年，锂离子电池产业界处于一片混乱之中，一些新的制造商，如美国的 A123、EnterDel，韩国的 Kokam、LG Chem，中国的 MGL、B&K、HYB、BYD，与原来的一些国际性大公司（松下、NEC、日立、比亚迪）一起角逐这个市场。日本的一些汽车制造商（如丰田和日产）为了控制混合动力汽车的战略性器件，纷纷投资电池制造商（如松下公司、GS Yuasa、Lithium Energy Japan 等）。

对于基于 $LiFePO_4$ 的锂电池，目前 A123（A123 材料）、Saft（HydroQuebec material，Phostech）、Valence Technology（Valence materical），以及中国制造商（中国材料）拥有单体电池产品。这种锂电池的能量密度介于 90～110W·h/kg 之间，产品目前主要用于功率型场合，而不是能量型场合。

在法国，Bolloré 已经在 Quimper 附近投建了 Batscap 公司（主要生产锂金属聚合物电池，LMP），并致力于电动汽车用电池（Bluecar）；Johnson Controls-Saft 公司也已在 Nersac 开办了工厂，主要生产可以用在电动汽车中的功率型锂离子电池。此外，Saft 公司提供镍镉电池、镍氢电池和锂离子电池，用于所有的专业移动工业设备（Saft 是世界上首家为电子设备和军用设备提供锂一次电池公司）。Saft 公司生产的电池可以应用于一些高端领域，尤其是在工业设备和过程加工设备（固定式应用和应急照明）、航空和铁路运输领域（世界主要的镍镉电池制造商）、国防和航天领域（欧洲第一，世界第二）。Saft 公司是世界上主要的工业用镍镉电池和多用途锂离子一次电池供应商。Saft 公司也是欧洲国防和航天专用电池的主要制造商。

在欧洲，Johnson Control 公司和 Varta 汽车电池公司向欧洲所有的汽车制造商供货。在欧洲有六处生产基地，主要供货给宝马、戴姆勒－克莱斯勒、福特、标致雪铁龙、大众，以及博世汽车制造商，以及家乐福等主要经销商。Johnson Control 公司通过与 Saft 公司建立合资企业，使其具有制造新一代混合动力汽车锂离子电池的能力。

在全球，Johnson Controls 公司（美国）是铅酸蓄电池的全球主要供货商。公司定位为在汽车、建筑供电和电力系统等解决方案上具有丰富经验的全球领导者。

8.2.5.4 相关学术领域

大约从 15 年前，CEA 公司就一直致力于开发电化学储能技术。在其位于 Grenoble 的新能源技术和纳米材料（LITEN）创新实验室，主要的研发工作侧重于太阳能利用技术、氢能和纳米材料等，并将市场定位于建筑、交通和电子三个方面。LITEN 开发了一条能够打造系列模型的生产线，用于进行各种锂电池的设计与研制，包括用于混合动力汽车的电池、用于太阳能发电和电网的电池，以及其他需要进行电池创新的新应用（如快速充电电池等）和往往需要具有很高性能指标的应用领域（如医疗设备用电池、超薄电池或印刷电池等）。LITEN 的这条生产线包含若干研究平台，包括材料合成设备、机械合成设备等。

在法国所有该领域的相关实验室中，LRCS（Amiens）实验室尤为卓越，特别是在材料研究方面。此外，IMN（Nantes）、LGMPA（Nantes）、LEPMI（Grenoble）、ICMCB（Bordeaux）和 CEMES（Toulouse）等实验室也值得关注。

欧洲在 2004 年开始的先进 Alistore（先进锂电池能量存储系统）的研究系统，是由法国 LRC（Amiens）实验室联合 14 家实验室和 12 家产业公司，主要进行先进的锂系电池储能系统。

8.2.5.5 美国和日本在储能技术上的研究方向

美国能源部（DoE）制定的关于混合动力汽车用电池规范有以下几个条款：

1）储能量为 1 ~ 2kW · h，功率能量比大于 15；

2）对于插电式混合动力汽车，储能量为 5 ~ 15kW · h，功率能量比为 3 ~ 10；

3）对于纯电动汽车，储能量大于 40kW · h，功率能量比为 2。

美国能源部 2008 年在混合动力汽车领域的总预算为 94000000 美元（约合 66000000 欧元），其中 48000000 美元（约 34000000 欧元）用于电池研究。美国能源部通过 BATT 项目对基础应用研究进行投资，参与者包括一些大学和国家实验室，并通过 USABC 项目与汽车制造商共同开发电池模组。

该技术采用以层状氧化物或高压，或 $LiFePO_4$ 作为正极材料，与作为负极的石墨相配合；或采用钛的氧化物取代负极。同时也正在开发其他的电化学系统，例如硫化锂系统。

锂离子电池在 2008 年的成本是 28 欧元/kW，是其商业化目标的两倍。对于插电式混合动力汽车，能量成本的目标是 350 欧元/kW · h（PHEV10，续航里程 10mile[㊀]），然后下降至 210 欧元/kW · h（PHEV40，续航里程 40mile）。而目前电池在该应用上的成本为 700 欧元/kW · h。针对上述应用，在比能量方面的要求是 2012 年达到 100W · h/kg，2015 年达到 150W · h/kg。在有希望取得上述技术指标的技术中，采用 5V 正极和锂合金负极（如碳化硅）或钛负极是值得关注的技术。

日本的 NEDO 也将其发展定位在电池储能领域，但有更加雄心勃勃的目标。为了平滑功率和改善电能质量，电池储能在电网方面的应用预计容量需求将超过 90GW，目标是成本为 100 欧元/kW · h，使用寿命 20 年。目前，Enax、Mitsubishi 和 Hitachi 等公司正在这方面开展研究。

在电动汽车领域，电池规范要求到 2015 年电池模组比能量达到 100W · h/kg，比功率达到 2kW/kg，寿命为 1 年，成本为 270 欧元/kW · h；或者说电池单体达到比能量 200W · h/kg，比功率 2500W/kg 的水平。2030 年的电池模组发展目标是比能量 500W · h/kg，成本降到 33 欧元/kW · h。NEDO 指出到 2030 年，需要通过电池技术的突破性发展，使得单体电池达到比能量为 700W · h/kg 和比功率为 1000W/kg 的目标。

㊀ 1mile = 1609.334m，后同。——译者注

8.3 电池技术发展历史

8.3.1 铅酸电池

8.3.1.1 基本原理和技术

铅酸电池技术（由 Plante1859 年发明）是目前应用最为广泛的电能储存技术，而且自诞生之日起已获得了显著的进展。铅酸蓄电池的能量成本是目前的电池储能技术中是最低的，这使得它可以在未来的很多年都将继续具有市场空间。根据其电解质的特性，铅酸电池可以分为两类。

液体电解质蓄电池具有很长的使用寿命，但是要求定期和频繁的维护，一些电池可以做到每 200 ~ 250 个放电周期进行一次维护，或相当于每年维护一次。

铅酸蓄电池的基本材料是铅和硫酸，由多孔的铅组成的负极板和氧化铅组成的正极板而构成（见图 8-2）。电动汽车主要采用的便是这类电池。在传统电池中，为防止正、负极板发生短路，单体电池内正极板和负极板之间采用纤维素材质的隔膜片以确保隔离。在高性能的电池中，则采用微孔隔离板以防止发生任何可能的短路故障。

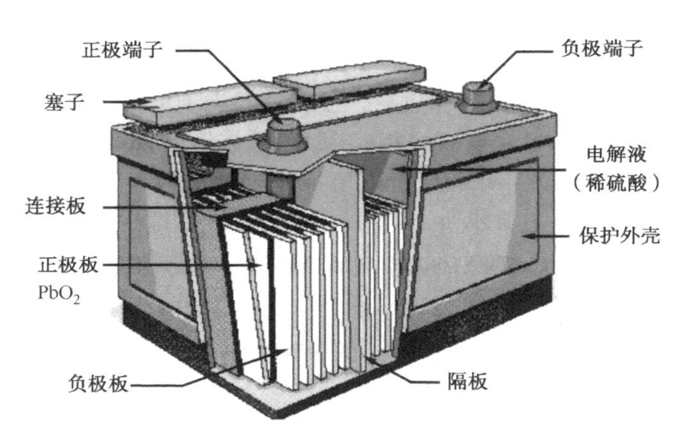

图 8-2 铅酸蓄电池示意图

单体铅酸蓄电池的端电压约为 2V，根据其正常工作过程中荷电状态的不同，端电压可以在 1.7 ~ 2.4V 之间变动。

以下给出了在铅酸蓄电池电极上发生的电化学反应方程式：

阳极（氧化反应）：

$$Pb\ (s) + HSO_4^-\ (aq) \longrightarrow PbSO_4\ (s) + 2e^- + H^+ \quad \varepsilon^0 = -0.356V$$

阴极（还原反应）：

$$PbO_2\ (s) + HSO_4^-\ (aq) + 3H^+ + 2e^- \longrightarrow PbSO_4\ (s) + 2H_2O\ (l) \quad \varepsilon^0 = 1.685V$$

免维护电池可以采用两种不同的电解质，即硅胶凝体和非织造纤维膜。通过配备一个调节阀使气体进行再混合，从而实现电池的免维护。采用该技术，使电池与充电器有机结合，以确保电池处于最佳的使用工况。需要强调的是，免维护电池的耐过充能力较弱。该类电池的能量密度为35~50W·h/kg。“两极”电池是个新概念，它取代了传统蓄电池中正极和负极的组装，从而在性能上取得了优异表现。这类电池在80%放电深度时的循环寿命约500次。

世界各地有众多的铅酸蓄电池厂商，几乎所有的厂商都参与了由先进铅酸电池协会（ALABC）发起的蓄电池性能改良计划。

铅酸蓄电池可以分为如下四个主要的“子类”：

1）启动电池（格栅极板），世界上的很多国家都生产，这种电池随处都可以见到。它们被设计成平时始终保持满充状态，在需要时可以进行快速大电流放电。它们自放电率较大，价格相对便宜（按可利用容量计约为0.2欧元/kW·h），应用广泛。

2）驱动电池（平极板），应用于电动汽车以及更为多见的自动运行机车（铁路，电梯）。它们被设计成每天一个充放电循环。因此，可以在放电到较低的荷电状态。其价格较高，按可利用容量计约为0.5欧元/kW·h。

3）胶体电解质电池（平极板），主要用于牵引场合。其容量通常较小，约为100A·h。该类电池不需要任何维护，可以持续运行3~5年，按可利用容量计成本约为0.6欧元/kW·h。它们也经常被用于小型的专业化平台上（如无线通信台站），尤其是移动性设备（如闪亮或发光的浮标）。目前也出现了一种“防水”电池，其液体电解质被吸入并永久存放在合成材料的袋子里。

4）固定（静态）电池（管式极板），源于可靠供电技术的需求（通信中继站等）。该类电池被设计为以一个很小的电流持续充电（即浮充充电，使电池电压保持在一个恒定值），自放电率小（每月1%~2%），而且在需要时，可以全放电。即便如此，电池仍可进行充放电循环，并在相对较低的荷电状态持续运行几个星期。虽然该类电池需要较少的维护（水位的调整），成本也稍低（0.5欧元/kW·h），但其依然具有较高的性能指标（寿命可达8~12年），因而可广泛用于300A·h以上的电池储能电站。

事实上，所有的铅酸蓄电池都不能在额定容量的20%以下继续放电。否则，电极将发生硫化（参见下一小节内容），导致电池容量受损，内阻增加，可利用容量降低。

8.3.1.2 荷电状态控制

当蓄电池放电时，电解液中的硫酸浓度不断降低，而在充电时，将会再次反应生成硫酸。通过测量电解质浓度可以确定蓄电池的荷电状态，而这可以通过测量酸性度来实现。在电池充满电后，如果继续施加充电电流，将会导致电极附近的水发生电解，产生氢气和氧气并最终以气体的形式释放。如果过度放电，或者没有控制硫酸浓度，硫酸会腐蚀电极并产生难以清除的硫酸铅，导致蓄电池失效。因此，为使铅酸蓄电池处于一个良好的状态，时刻检测充电或放电状态是非常重要的，过充电或过放电都会对电池造成一定程度的损坏。

8.3.1.3 自放电率和电池寿命

自放电率取决于电池所采用的材料（如铅合金、隔板等）。对于锑化铅电极（这种合金可以提高电极的机械强度），每月的自放电率约为10%量级；对于采用含有低量的锑或钙铅合金的软铅材料，在20℃的温度下，每月自放电率可以降到约为百分之几，但这种材料较为脆弱。自放电率随温度变化较大，一种比较接近的说法是自放电率遵循 Arrhenius 定律，即每升高10℃自放电率增加一倍。

假定具有过放电保护，并且通过限制每天的放电深度（<15% NC）和每季度放电深度（<60% NC），铅蓄电池的使用寿命可以达到6~7年。其中，NC 表示电池的额定容量。

8.3.2 Ni-Cd（镍镉电池）

目前众所周知的镍镉电池起源于1899年，是历史上最古老的电池技术之一。其阳极是化学浸渍的镍，镉阴极是通过钢基体塑料成型。隔膜为非织造布纤维，电解质是一种碱性液体。单体电池封装在聚丙烯壳体内。

镍镉电池是由镉电极和在一浓缩氢氧化钾电解质中的 NiOOH 组成。其放电时的化学反应方程式如下：

$$Cd + 2OH^- \longrightarrow Cd(OH)_2\text{（固态）} + 2e^-$$

$$NiOOH\text{（固态）} + e^- + H_2O \longrightarrow Ni(OH)_2\text{（固态）} + OH^-$$

在电力牵引等工业应用中，镍镉电池需要采用水冷或风冷，定期地每50~100个充放电周期维护一次。镍镉电池的比能量为55W·h/kg，而比功率可达到100~135W/kg。

镍镉电池的额定电压为1.2V，但会随着荷电状态的变化在1.15~1.45V之间波动。

镍镉电池可进行多次全放电而不会损坏，而且具有良好的环境温度适应性，能够工作在寒冷的环境中。与铅酸蓄电池相比，镍镉电池在构造上更加牢固，质量更轻，耐过充或过放的能力更强，因此，镍镉电池的寿命更长，而且维护量少。

然而，镍镉电池也有一定的不足之处，其成本大约是铅酸蓄电池的5倍，循环充放电的效率较低（法拉第效率为70%），自放电率也比铅酸蓄电池高（>15%）。镍镉电池具有记忆效应，这与镉负极有关（因此在镍镉电池重新充电之前，最好先进行全放电）。

与镍氢电池相比，镍镉电池具有更强的峰值电流放电能力（超过10倍），但其自放电率也比镍氢电池更高。由于镉会造成环境污染，使得这种电池技术将被逐步淘汰。现如今，在储能领域内，镍镉电池已经被取代了。镍氢电池在1990年取代了镍镉电池，目前正与锂离子电池展开竞争。

8.3.3 Ni-MH（镍氢电池）

镍氢电池已经展示了在室温环境下的良好性能，而且与铅酸蓄电池、镍镉电池相比没有污染。其工作方式与镍镉电池类似。

单体镍氢电池的额定电压为1.2V，其比能量比镍镉电池大40%，而且由于对负极隔板的抑制作用，记忆效应很小。

镍氢电池充电结束的特征是充电电压会发生一个非常小的降低（dv/dt），高性能的自动充电器可以将这个特点作为停止充电的依据。

双极性镍氢电池的设计最初源于美国。这种电池模组由叠片电池单体组成。该技术有效地利用了导电塑料薄膜的化学、热和电特性。电流流过垂直于电极的单体接口。采用独特地压塑技术制造电极，使镍氢电池具有更高的比容量。还有一种镍氢电池，它的正电极中并不含有钴，因为人们认为钴在电池组中并不起什么作用。其实，钴可被用于电池电压过高时控制氧气的释放。

8.3.4 Nickel-Zinc（镍锌电池）

基于锌的蓄电池，如镍锌电池（Ni-Zn）和银锌电池（Ag-Zn），工作在碱性环境中，其中的化合物易于回收，而且原材料易于获取。锌电池的应用范围很广，从消费类电子产品到军事或航天系统均可以应用。

与镍镉电池相比，镍锌电池的价格较低，可利用电压高25%，但其充放电循环能力差（600~1000次）。镍锌电池的化学反应方程式如下：

$$2NiOOH + Zn + H_2O + KOH \longrightarrow 2Ni(OH)_2 + K_2Zn(OH)_4$$

镍锌电池是少数几种采用水电解液，但可以工作在高于水分解电压的蓄电池，这与锌热力学性质有关。同时锌具有较高的理论容量，可以达到820A·h/kg。此外，锌含量丰富、成本低、无毒性，这都是锌电池的优势，也是目前业界对锌电池进行大量研究的原因。但碰到的一个主要问题基本上都是如何改善锌电极在碱性环境下的循环性能，包括结晶的形成和大规模锌的再分布。

为了克服上述问题，业界目前已经推出了一些解决方案。我们特别关注那些电解质不能移动的电池，其主要目的是限制锌在碱性条件下反应生成的锌酸盐溶解。为了实现此目的，已经采用低浓度（<5M）氢氧化钾的解决方案，含有添加剂为氟化物、磷酸盐、碳酸盐等，与锌形成不溶性化合物。同时，也在活性电极增加了石灰，形成钾浓度低于7M时稳定不溶的钙锌酸盐。

为了延迟在充电时形成的锌剥离物枝晶的增加，通常采用多层微孔分离器，甚至离子交换膜。尽管不同的解决方案提高了电池的使用寿命（大约200个循环周期），但是由此而引起了内阻增加、功率密度和能量密度降低、成本增加等问题，特别是多层的微孔分离器或离子交换模的引入破坏了镍锌系统。

在21世纪初，美国Evercel公司建成了镍锌电池的规模化工业生产能力，最初是在美国，但很快转移到了中国。该技术基于低浓度的碱液方案，并采用钙锌酸盐活性剂（美国专利5863676）和多层隔膜，但其循环使用寿命很难超过300次。其他拥有镍锌技术的美国公司有Evionyx，通过其子公司Xellerion推出包括一个离子交换膜的电池（美国专利7119126）；PowerGenix公司正在开发应用于便携式电子设备的Sub C型镍锌电池，通过添加氟化物、硼酸盐、磷酸盐等以改进碱性电解质的性能，降低锌化合物的可溶性（美国专利 2006207084）。

镍锌电池兼具能量型储能和功率型储能的特点，就目前的发展水平看，其性能已经优于镍镉和镍氢电池，并可承受高倍率的充电和放电。镍锌电池的额定电压为1.65V，循环寿命与镍镉电池相当，但镍锌电池的自放电率和记忆效应更低。镍锌电池坚固耐用，性能稳定，运行过程中几乎不需要维护（水密封）。与镍镉、镍氢等其他碱性电池相比，镍锌电池的制造成本更低，而且不含重金属，废弃电池易于回收。然而，该电池技术仍然需要经过实践检验，这也是其产品目前还没有大规模应用的原因。

8.3.5 Na-S（钠硫电池）

钠硫电池单体一般放在圆柱体的容器内，内部填满钠，外围则是硫（见图8-3）。这两种材料由陶瓷电介质隔开（β-氧化铝），整个系统封装在一个钢复合材料的罐子里。钠硫电池需要在300℃的环境温度中运行。其能量密度是约为100W·h/kg，功率密度约为230W/kg，是镍镉电池的三倍。

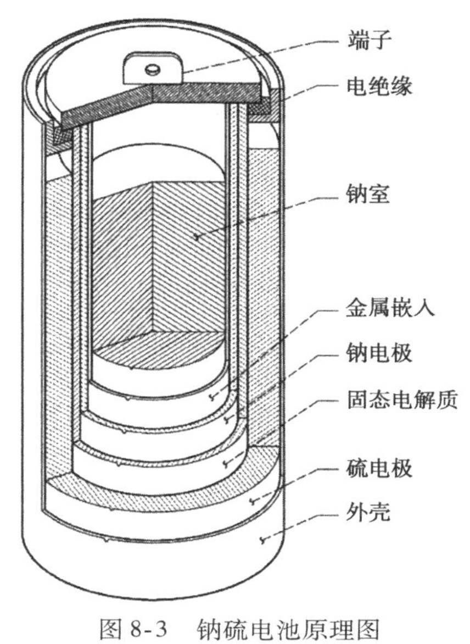

图 8-3 钠硫电池原理图

考虑到该电池技术可能存在的高危险性，一般只应用于固定式场合（如作为间歇式能源的储能，参见第3章）。

8.3.6 氧化还原（液流）电池

氧化还原电池的电解液中溶解了参加化学反应的化合物，电解液需要不断的循环。几种溴化合物被用于液流电池，如溴化锌、溴化钠，以及最近非常热门的多硫化钠/溴。液流电池中流经隔膜的电化学反应是可逆的（充电和放电）。采用大容器盛放电解液，从而将多个电池单体组合应用，可以获得更大的储存和释放容量。例如，英格兰 Regenesys 技术公司在2003年，运用上述方法研发了一套储能系统，该储能系统的容量为15～120MW。但就目前看，钒电池在这类电池系列中处于主要地位，其总体储能效率约为75%。

8.3.7 Zebra 电池

钠氯化镍电池（Na-$NiCl_2$），可以在高温下运行（300℃），单体额定电压为2.58V。其负极由液态钠组成，正极为氯化镍。充放电时钠离子可通过陶瓷电解质将钠与氯化物隔离。系统安装在作为负极终端的金属箱里。该类电池能够产生8.5～130kW·h的能量，其中能量密度可以达到85W·h/kg，而功率密度则根据冷却方式的不同处于72～130W/kg之间。该类电池80%放电深度时循环寿命为1000次。该类电池目前仍然处于研究和开发阶段，高温运行和潜在的破损风险限制了它的大规模应用。然而，该电池比钠硫电池更加安全。

8.3.8 锌-空电池（Zinc-air）

各种金属空气电池产品（见图8-4）已经存在了几十年，从小型的纽扣电池到用于牲畜圈养的电动栅栏，并可持续数月供电的大型立方体电池，金属空气电池已广为人知。

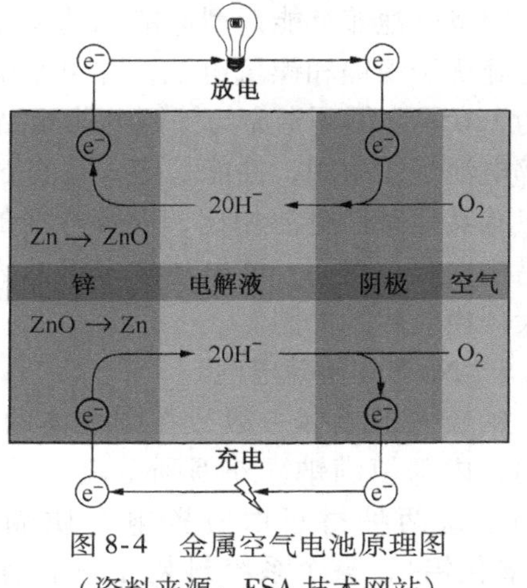

图8-4 金属空气电池原理图
（资料来源：ESA技术网站）

金属空气电池是利用悬浮在电解质中的金属颗粒而得来的，如粉末状锌悬浮在钾溶液中，在外部装有空气电极的束管内流动循环。这种电池可以产生驱动电动汽车功率需求的大电流密度。然而，金属空气电池（锌或铝）在运行过程中要求有许多防范措施。尽管如此，快速的再充电能力使其在电动汽车等应用中极具吸引力。

由此可见，未来的电动汽车上很可能同时安装镍氢电池与锌空气电池。通过镍氢电池提供峰值电流需求，并实现刹车时的制动能量回收，而以锌空气电池满足长距离续航的能量需求（1000km或以上）。丰田公司2008年宣布正在认真研究这种能为未来长续航能力电动汽车提供能量的电池技术。

金属空气电池能否取得成功依赖于多重因素，包括循环时金属或金属合金的选用、空气电极的控制（在这方面的研究落后于燃料电池）、液压系统和单体电池的小型化、系统热电控制、填充新的悬浮金属颗粒实现重复充电的可行性，以避免放电后电解液的过渡性能的改变。正在开发的可充电金属空气电池采用高能量密度的金属氧化物材料，如锌或铝。金属空气电池的阴极（空气电极）由多孔碳结构或浸渍在一定催化剂中的金属格栅组成。电解液能够保证OH^-离子的顺利通过，包括液态的和固体的（聚合物膜对KOH是饱和的）。金属空气电池的循环寿命约为100次，总体效率约为50%。锌空气电池的能量密度可达到450W·h/kg，而铝空气电池的能量密度可望超过550W·h/kg。一旦金属空气电池的充电技术成熟，这种采用高能量密度、低成本材料的电池技术将非常有吸引力。

8.3.9 锂电池

锂电池被美国先进电池委员会（USABC）认定为需要长期坚持研究的技术。在某些应用中，锂聚合物电池已经取代锂离子电池，尽管其比能量略低，但安全性更高。当然，在一种新型锂电池技术投入商业化应用之前，过充、过放和短路所引起的安全问题（着火）是需要持续关注的重要因素。

金属锂电池与锂离子电池在技术上有很大不同。金属锂电池的负极由金属锂（一种容易产生严重安全问题的材料）组成；锂离子电池因在负极和正极中添加了插层化合物（通常是石墨），而使锂处于离子状态。

8.3.9.1 金属锂电池

在放电阶段，金属锂电池的阳极（即由金属锂组成的负极）发生氧化反应。锂离子穿过电解质流向阴极（正极），通过与特定材料（主要是氢材料，见图8-5）的混合（发生反应）而被还原，从而通过释放电子向外部电路提供电能。在充电阶段，锂离子发生逆向反应，由外部电路为其提供电子。

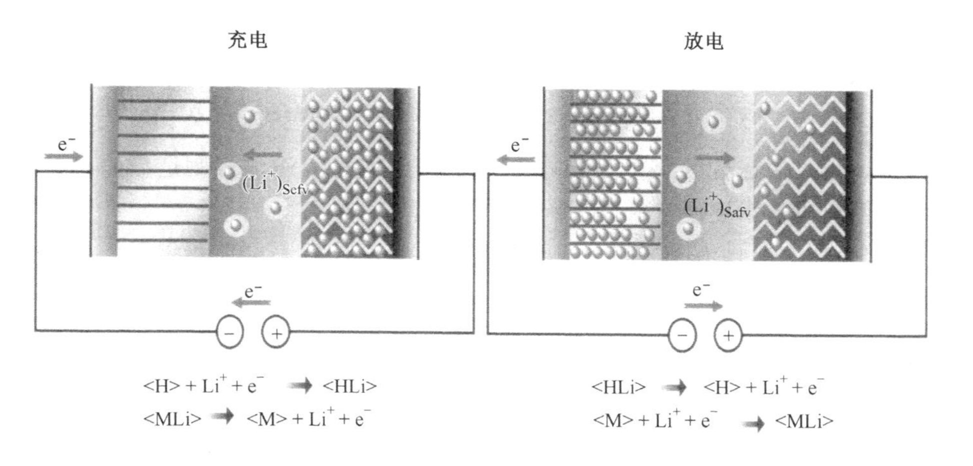

图8-5 锂离子电池充放电示意图

锂离子电池在负极材料上的反应与前面所讲的金属锂电池不同，锂材料被可以让锂自由进入的碳（石墨）所取代。这种结构的主要优点是使锂与电解液不发生直接接触，因此可以提高系统的化学惰性。与纯锂电极相比，这种电极的电位略大，且电极质量更重。因此，使该类锂电池的能量密度从纯锂电极的3828A · h/kg降低到 LiC_6 化合物电极的340A · h/kg。

锂离子电池采用两种材料以使锂离子可以进行可逆反应。负极采用已经嵌入锂原子（LiC_6）的石墨薄膜，正极可以采用过镀金属氧化锂材料（如$LiCoO_2$）。液体电解质则通常采用含六氟磷酸锂（$LiPF_6$）的碳酸盐溶液。锂离子电池的单体电压约为4V，而通常的单体电池运行电压为3.7V。

锂电池的电解质只能是纯离子导体，因而具有很好的电绝缘特性。在大部分情况下，这种电解质是液态的（如 $LiAsF_6$、$LiPF_6$、$LiClO_4$ 等，溶解在有机溶剂或丙烯碳酸酯，乙烯碳酸酯，二甲氧基乙烷等混合溶剂里）。电解质也可以是固态的，如基于聚环氧乙烷的有机化合物或基于非晶硼酸锂的无机化合物。聚合物电解质就是属于固态电解质家族的，它是由聚合物（如聚乙二醇 PEO）和锂盐（如$LiClO_4$）形成的复合物。而对于胶体聚合物，由锂盐溶入碳酸乙烯酯等有机溶剂中，并固化在聚丙烯腈（PAN）或 PVdF-HFP 共聚物中。这些固体电解质的性能总体低于液体电解质，但其具有良好的离子电导性，可以达到 $10^{-5} \sim 10^{-3}$S/cm 的量级。

8.3.9.2 磷酸铁锂电池

磷酸铁锂电池是锂离子电池的一种。由活性材料 $LiFePO_4$ 构成正极，而负极为石墨。磷酸锂铁电池的单体电压稍低（3.2V），但是安全性更好，成本更低，具有更好的循环稳定性。

8.3.9.3 金属锂聚合物电池

这种电池的负极采用金属锂，正极为钒氧化物，而电解质则采用基于 POE（聚环氧乙烯）和锂盐的聚合物，这种电解质在60～80℃时效能最佳。这种电池采用挤压技术实现，是由法国 BATSCAP 公司和加拿大 AVESTOR 公司开发的。尽管目前价格较贵，但这种新型电池技术在未来将会很有前途，其制造成本最终也会比传统的锂离子技术更便宜。

锂-聚合物电池是由 Michel Armand 教授发明设计的。它在技术上是完全可行的，成本为100～150美元/kW·h，并可以在60～150℃的温度下运行良好不会有安全问题。目前有一些研究正在努力使电池的运行温度稍微降低一点，但是这种电池在-20℃时是不能够工作的。然而，在合适的温度条件下它需要非常少的能量供给。这种电池放置一周的自放电率为10%～20%。以 Batscap 公司开发的用于电动汽车的锂金属聚合物电池为例，其能量密度可以达到110W·h/kg（110W·h/L），工作在90℃温度条件下（内部温度）。

如果能够消除高温运行环境下的风险，锂离子电池技术将非常具有吸引力。例如，锂-碳电池在低温条件下运行良好，但由于采用了有机物电解质，当温度超过60℃时将会使系统变热。这种电池在小容量时没有危险，但容量不能超过一定程度。一些电池的技术特性、成本和优缺点的比较分别见表8-1～表8-3。

表8-1 蓄电池技术特性比较

电池类型	比能量/(W·h/kg)	体积能量密度/(W·h/L)	单体电压/V	充电时间/h	峰值功率/(W/kg)	循环寿命(充电/放电)	每月自放电率(%)	运行温度/℃
铅酸电池	30～50	75～120	2	6～12	700	400～1200	5	-20～60
镍镉电池	45～80	80～150	1.2	1～2	?	2000	>20	-40～60
镍氢电池	60～120	220～330	1.2	2～4	900	1500	>30	-20～60
锂离子电池	100～200	300～550	3.7	2～4	1500	500～1000	<10	-20～65
锂聚合物电池	100～130		3.7	2-4	250	200～500	<10	0～60
$Na-NiCl_2$（Zebra 电池）	120	180	2.6	未知	200	800	>100	未知
镍锌电池	70～80	120～140	1.65	未知	1000	>1000	>20	未知

表 8-2 蓄电池的成本比较

电池类型	铅酸电池	镍镉电池	镍氢电池	锂离子电池	锂聚合物电池	Zebra电池	镍锌电池
成本比较（2004）/美元	25（6V）	50（7.2V）	60（7.2V）	100（7.2V）	100（7.2V）	未知	未知
单位周期成本（2004）/美元	0.10	0.04	0.12	0.14	0.29	未知	未知

表 8-3 典型电化学电池的优缺点比较（资料来源：Forum Energies，2001，Organized by the ADEME，Anne de GUIBERT，SAFT，Battery evolution：application and perspectives）

系统	优点	缺点
铅酸蓄电池	投资低	大规模应用时突然失效率较高
镍镉电池	耐用性好，可靠性高	比铅酸电池成本高，能量密度中等
金属镍氢电池	能量密度很高	基本材料成本高
镍锌电池	初始成本合理	使用寿命较低
Na-$NiCl_2$	能量密度高	需要工作在300℃环境中，功率输出能力弱
锂离子电池	能量密度非常高	在工业应用上不太成熟

8.4 应用需求

8.4.1 混合动力汽车和电动汽车

不同类型的汽车对电池需求是不同的。混合动力汽车主要需要电池提供功率支持（不要求提供续航能量），功率能量比（$P:E$）应大于 10。插电式混合动力车和纯电动汽车需要电池既提供功率也提供能量支撑（能够不用燃料独立行驶一段时间），其功率能量比（$P:E$）应为 3 ~ 5。

由此可见，采取的储能电池技术方案因汽车类型而不同，具体如下：

1）对于混合动力汽车，镍氢电池目前是技术经济性最好的，但已达到其性能极限。尽管锂电池目前还不能在该领域与镍氢电池匹敌，但它正在处于不断发展的上升期。

2）对于插电式混合动力汽车，就目前来看只有锂离子电池比较适合。尤其是安全性更高的锂离子技术（如磷酸铁锂 $LiFePO_4$/石墨电池或锰酸锂 $LiMn_2O_4$/石墨）电池，将会很快得到应用。

3）对于纯电动汽车，与插电式混合动力汽车类似，需要特别关注的是由

Bollore 倡导（提出）的锂聚合物电池技术。目前 Batscap 公司及其旗下 BlueCar 电动汽车公司正在开发这项技术。

8.4.1.1 需求

对于交通运输用电池，有两个性能要求是非常重要的，即

1）电动汽车的牵引用电池需要具有高的能量密度，而成本应低于 150 美元/kW · h。

2）混合动力汽车的功率型电池，要求功率不低于 3kW/kg，而且循环寿命长。

在上述两个方面的应用中，需要储能电池的寿命应该超过十年，并且保证非常安全可靠。

尽管面临着锂电池可能主导市场的威胁，但铅酸蓄电池依然拥有一定的竞争力。一些公司针对电动汽车或混合动力汽车的应用需求，努力对铅酸蓄电池进行性能改善，从而使其在保持低成本的同时提高持久性。先进铅酸蓄电池可以分为以下三类：

1）双极式铅蓄电池（主要由 Effpower 公司开发）。

2）来源于铅启动电池技术的压缩铅酸蓄电池（由 Exide 公司开发）。

3）在同一电池单体内集成铅酸蓄电池和超级电容器的混合电池［超级电池的概念源于澳大利亚联邦科学与工业研究组织（CSIRO），以及日本 Furukawa 电池公司］。

除了这三类电池，我们将强调超级电池在混合动力汽车中的集成。测试结果显示，这种新设计的电池完全可以与镍氢电池匹敌。超级电池的概念与铅酸蓄电池和超级电容器相关，采用碳电极取代了部分负极，从而与二氧化铅正极共同组成不对称超级电容器。这种设计使得电池具有吸收或释放大电流的能力，进而满足混合动力汽车的应用需求。

同样，众多的汽车制造商（如通用、宝马、标致雪铁龙和德国大陆集团）也正在致力于铅酸蓄电池和超级电容器的混合技术。这主要有两方面的原因：首先是为了满足汽车用电需求的增加；其次，是将其作为了混合动力汽车的一个潜在解决方案。

8.4.2 光伏发电应用

光伏发电系统包含太阳电池板、储能电池组和功率调节器。储能电池的作用是无论在什么样的日照水平下均能保证持续的电力供应，而功率调节器的作用则是在光伏模块、储能电池和负荷之间实行能量管理。本书第 3 章详细描述了储能技术在光伏发电系统中的应用，读者可以参考该部分的内容。

8.4.3 移动式电子设备

8.4.3.1 需求

手机在通话时功率消耗约为 1W，待机时约为 50mW。笔记本电脑大约需要

10W。除了对电池功率和价格的要求外，能够以一种简单而快速的方式对这些设备中的电池进行充电是很有必要的，尤其是保证它们具有比目前更为持久的供电能力。更何况在未来，这些设备的功耗很可能随着功能的增加而不断增加，例如利用手机浏览互联网。

对于电池制造商（以及那些使用电池的计算机制造商）来说，一个重要的工作是进一步提高电池的安全性能，以避免发生那些令人失望的不幸事件。如索尼公司2006不得不召回4100000只电池，而紧接着同年内苹果公司也召回了1800000只。

8.5 聚焦锂离子电池技术

8.5.1 基本原理

就目前发展水平看，锂离子电池与其他的可充电电化学电池相比具有更高的能量密度（单位质量能量密度或单位体积能量密度）。这种电池的能量密度可达300~550W·h/L和100~200W·h/kg，额定电压为3.7V，且自放电率低（每月为5%~10%），运行温度范围宽（-20~65℃）。目前的技术水平可以实现的能量密度为200W·h/kg和550W·h/L。

锂离子电池是利用锂离子在不同电位的两种材料之间进行可逆的电化学反应而工作的。这两类活性材料电极分别是由氧和钴基混合而成的阳极（一般是$LiCoO_2$或$LiNi_{0.8}Co_{1.5}Al_{0.05}O_2$），以及由石墨构成的阴极。索尼公司2008年推出了新型锂离子聚合物技术，在新加坡生产，具有很高的能量密度高（Apelion，241W·h/kg，535W·h/L)，采用钴酸锂（$LiCoO_2$）和石墨电极，使用了胶体电解质。据索尼宣称，这种电池使锂电技术达到了极限。

当前锂电池的研究热点是活性电极材料（阴极或阳极）的成分和理化特性，以提高其能量密度和功率密度。当然，除了技术性能方面的要求外，其他方面的条件对电化学储能系统的重要性也在不断增加，包括成本、安全性、自主生产能力和市场潜力等。

例如，石墨基电极材料在充电过程中可能会产生锂枝晶。在这种情况下，用户对电池成组时的安全性要求越来越重要。采用稳定性好的材料，并避免可能产生的功能失效甚至损坏，是优先选择的方案。

8.5.2 正极材料的发展

8.5.2.1 当前状态

多阴离子结构化合物有很大的潜力来替代锂氧化物如$LiCoO_2$。

在这些化合物材料中，应用最为成功的是磷酸铁锂（$LiFePO_4$）。目前Phostech公司已经进行了商业化应用，而其他一些公司如Valence technology、A123 Systems，以及中国的几家公司将其应用于电池中。这种化合物材料本质上是绝缘体，改变其性能一直是业界研究的重点。磷酸铁锂的理论容量密度是170mA·h/g，相对于Li^+/Li的电压为3.45V。由$LiFePO_4/C$构成的电池系统的可逆比容量可达160mA·h/g。多阴离子结构化合物的主要优势在于其高温下的性能稳定性，这使其适用于制作大容量和高安全性的锂离子电池。

8.5.2.2 中期发展

在能够取代钴酸锂$LiCoO_2$（目前几乎所有的锂离子电池都采用这种材料）及其衍生物的正极化合物材料中，高电位插层材料如橄榄石结构氧化物（如$LiNi_{0.5}Mn_{1.5}O_4$）和尖晶石结构材料（如$LiCoPO_4$），具有进一步提高能量密度的潜力。新型层状氧化物$Li_{1+x}(Mn, M)_{1-x}O_2$（M = Ni、Co等）由于充电截止电压高（对Li^+/Li的电压为4.5~5V），也可以提供更高的容量。

在实际应用中，采用这些阳极材料会带来电解质与接触的电极在高电位下发生反应的问题，其结果是很高的自放电率（每月可达80%）。然而，如果我们参考由从头计算法得来的计算值（相对Li^+/Li的电压达到5.5V，对于EC、PC、DMC更高），锂离子电池的电解液中所使用的溶剂具有内在的高氧化稳定性。这里，EC（Ethylene Carbonate）为乙烯碳酸酯，PC（Propylene Carbonate）为丙烯碳酸酯，DMC（Dimethyl Carbonate）为碳酸二甲酯。

然而，正如Kanamura等人在其论文[KAN 96,KAN 01]中关于PC基电解质所述（相对Li^+/Li电压在5~4.2V之间变化）的，实际测量的极限电位值差别很大，而且当所测量的电极是基于活性材料时电位值总是更低。导致这种明显差别的原因可能有以下几方面：所插入材料的“催化”效应，水的痕迹，以及所用锂盐的影响。在某些情况下，电解液的分解会伴随着阳极表面生成固态薄膜[AUR 02,WUR 2005]。

以负极材料研究为例，尤其是石墨，通过在电解液中引入添加剂，以创造一个稳定的固体电解质界面（SEI）似乎很有希望消除上述现象。这种方法目前还没有得到普遍应用，但日本的Ube Industries公司正在跟踪[ABE 06]。其目的是通过控制界面反映问题，实现自放电率的降低。

高压电极材料已经研究了很多年，但至今仍然没有可靠的技术方案。与寻求活性材料相比，如何使电解质在高压下保持性能稳定似乎有更多的创新空间。

在文献中提及的降低电极/电解质界面反应效应的解决方案中，有一种方法可产生一种具有电化学惰性的无机化合物沉淀（如Al_2O_3，$AlPO_4$，TiO_2，ZrO_2）。这种钝化膜可避免高荷电状态时所插入材料的氧化损耗（这是层状氧化物经常遇到的问题），但并不能从总体上保护正电极，这也就是*vis-à-vis*电解质氧化。换句话说，对于高电位电极的保护，仅仅采用外部措施并不是一种有效的解决方案。

因此，正电极的保护应该从内部条件上（*in situ*）做工作，通过采用溶解在常规电解质（如EC/PC/DMC中的$LiPF_6$）的有机化合物，以实现对电极的整体保护。采用的氧化物添加剂应该允许不溶于电解液的钝化膜沉淀，而这应该发生在比电解液氧化更低的电位上。为了使锂离子电池的电化学性能（如充放电速度和内阻等）不受影响，电极表面形成的薄膜应该有足够的 Li^+ 导电性。添加剂的使用应不引起负极电化学的不稳定，例如影响钝化膜在负极上的形成。

正极保护方面的文献仅仅限于普通电极，如 $LiCoO_2$。$LiCoO_2$ 已经通过采用三甲基戊烷[XU 06]、苯基金刚烷[WAN 06]、苯基环己烷[HE 07]和联苯或三苯[MAR 80]，以提高其循环性能。研究最多的化合物联苯，具有对 Li^+/Li 4.45V 的氧化电位。为了获得覆盖但不阻止 Li^+ 离子移动的薄膜，电解质中添加的联苯的量需要优化配置。这些添加剂的采用是为了电池过充电时对电池的聚合和封锁。

在全球范围内，三洋、SDI 及 LGC 等公司目前正在进行这种高电压阴极材料的开发。

8.5.3 负极材料的发展

目前，对锂电池负极活性材料的研究主要集中在化合物的纳米级合成（以缩短 Li^+ 离子的扩散距离），同时使颗粒尺寸与比表面积的比值落在合适的范围，以保证尽可能高的电极密度［由于颗粒尺寸的减小，带来了相应的界面增加（包括集流体与活性材料之间，以及活性材料与活性材料之间）和电极密度减小（高比表面）；而这恰好可以抵消由于颗粒尺寸减小所导致的扩散距离增大和电导性下降的影响］。

8.5.3.1 短期

$Li_4Ti_5O_{12}$的特性使其作为功率型锂电池的正极活性材料是很有吸引力的，特别是 $Ti_4{}^+/Ti_3{}^+$ 的氧化还原反应电位较高，约为 1.55V/Li^+/Li，大于 Li^+/Li 的电位。这个高电位将使得电解液更不容易分解、还原和氧化过程（脱嵌锂过程）中体积变化小，以及更好的电化学可逆性，并由此可以获得优异的充放电率。

在最初的锂嵌入，以及紧接着的充放电循环过程中，网格的扩张或收缩的现象是最小的。事实上，氧化相（即脱锂相 $Li_4Ti_5O_{12}$）和还原相（即嵌锂相 $Li_7Ti_5O_{12}$）的体积几乎完全相同（$\Delta V = \pm 0.07\%$）。正是由于这个原因，$Li_4Ti_5O_{12}$ 被认为是一种“零应变”的材料。因此，在整个充放电周期内，均能保持电极内部、电极之间、隔膜与集流体之间良好的附着性。这可以使电池避免出现会导致容量和性能下降的裂隙和损坏。该类电池的理论容量密度可以达到175mA · h/g。

实际上，电池在低倍率下工作时，其循环后可恢复的容量接近于上述数值（即175mA · h/g）。通过对电极材料的制备方法和颗粒形貌进行控制，可以获得较好的倍率性能。嵌锂过程中的电位高于电解质的分解电位，这就意味着无法在电极和电解质界面间形成惰性层，从而使电解质发生分解。而且，这种材料具有较强的热稳定性和化学稳定性，可以高倍率循环充放电，并/或能够工作在较低的环境温度下。

另外，与锂沉积电位相比，它的插层电位高，因此在大电流充电情况下，没有内部短路的危险[NAK 06]。工作在这一电位下，可以采用铝材料作为集流体，这将比采用铜材料更轻（铜材料常用于石墨电极的集流体）。然而，作为负极，其相对较高的电位使得电池不能获得采用石墨电极时的高能量密度。目前，$Li_4Ti_5O_{12}$是一种商业化了的零体积膨胀材料，用于制备具有高功率特性和快速充电能力的锂离子电池。这种材料的电池正在推广应用于便携式工具、智能卡或电气驱动系统。

然而，$Li_4Ti_5O_{12}$锂电池的实际可获得容量已经接近其理论值（175mA · h/g），但与采用石墨电极的锂电池相比（330mA · h/g）仍然较低，而且能量密度的提升空间有限。同样也可以采用一些具有特殊结构的 TiO_2 作为负极材料（特别是 B 或 H）[MAR 80, BRO 83, TOU 86]，这些 TiO_2 的结构紧凑性弱于锐钛型 TiO_2；与目前所使用的石墨电极相比，采用该类材料能够获得与采用 $Li_4Ti_5O_{12}$ 相类似的优点。

然而，该类材料理论容量明显高于锂钛氧化物［TiO_2（B）为 338mA·h/g，而 $Li_4Ti_5O_{12}$仅为 175mA·h/g］。这样，对于低表面容量的电极（<0.5 mA · h/cm^2），在以一个非常小的充放电倍率（C/100）工作时，可获得的最大容量为 260mA·h/g（CHO 07）。最近的研究已经在实际的低倍率充放电（C/10）中获得了上述容量值的 60%，几位作者最新的研究采用 TiO_2 纳米线技术在 10C 高倍率下放电获得了理论容量的 75%。粒度、形貌、比表面积和微观结构将是性能改善的关键因素[ZAC 88, NUS 97, KAW 91, ZAC 92, ARM 04, ZUK 05]。

8.5.3.2 中期

其他的电极材料在过去的几年内同样得到了高度关注，这包括多种可能的钛氧化物（$Li_4Ti_5O_{12}$、$Li_2Ti_3O_7$、TiO_2 等）[GOV 99]，根据不同的合成条件可以形成不同的纳米结构：纳米颗粒（为 50 ~ 100nm），纳米线等[CHO 07, KIM 07]。基于它们（$Li_4Ti_5O_{12}$[AMA 01]或 TiO_2（B）[BRO 06]）的形貌特征（纳米材料、大比表面积等），这些材料可以获得较高的充放电能力，这使它们成为介于电池和超级电容器之间的非对称储能器件的最佳电极材料。

而且，通过采用传统的合成方法对这些材料的形态和纳米结构进行处理，有可能改善材料性能，获得接近于石墨电极的容量。另外，优化电极复合材料内部的活化环境，将会有助于加强这些化合物内在特性，并能够涂成更厚的电极（这将使其具有更大的表面容量，1mA · h/cm^2），因而，可以带来高的能量密度和功率密度。

8.5.3.3 长期

关于寻找能够替代目前正在使用的石墨材料的研究正在广泛开展，包括硅、锡和金属合金纳米颗粒。可以预见，石墨电极材料的 350mA · h/g 比容量是能够被超过的，可以达到超过 1000mA · h/g 的值（理论上可以达到 3800mA · h/g）。不同的材料与纳米硅以薄膜或颗粒的形式合成，并通过沉积或嵌入等方式加入到导电碳矩阵中，有望获得上述的良好性能。

然而，电极的优化，以及包含这些化合物的电池的整体优化，仍然需要多年的研究。Si-Li 合金体积的膨胀，颗粒之间接触的隔断（钝化）等仍然是需要解决的问题。最后，这些材料的电位处于 0.5V/Li^+/Li，非常接近于石墨的电位。然而，这些材料尽管可以获得很高的能量密度，但它们在快速充电时的风险仍限制了电池的可利用容量（锂枝晶的增加会导致严重的安全问题）。

8.5.4 该领域的主要参与者

国际上，东芝（Toshiba）和 Enerdel 公司正在研究 $Li_4Ti_5O_{12}$ 负极材料，索尼（Sony）公司正在研究基于锡（Nexelion）中掺入一些纳米级金属的负极材料，如 CoSnC 和 CoSn 纳米颗粒。非晶复合材料（Sn-Co-C）与 LiNiMnCoO 阳极材料相搭配，所制作的电池允许以2C 的充电倍率使其在30min 内恢复到容量的90%；以1C 的倍率循环放电 300 个周期（容量为 900mA · h，储能 3.15W · h）。三星（Samsung）SDI 公司正在研究 SiO_2-Si 材料，三洋公司（SANYO）在进行将硅金属颗粒沉积到碳粉上的相关研究，计划于 2010 年中段推出。松下公司（Panasonic）正在开发采用硅合金阳极的可充电锂离子电池。

8.5.5 电解质的研发

8.5.5.1 高压电解质

非水系电解质一般是导电性盐（如 $LiPF_6$）溶于混合有机碳酸盐溶液（环式或非环式）。其导电性明显低于水系电解质（大约为 10mS/cm，高于硫酸或氢氧化钾电解的 1S/cm）。实际应用中，可以通过采用非常薄的微孔隔膜（通常厚度小于 20μm），弥补非水系电解质导电性不足的问题。

上述电解质研究的主要领域包括：①扩大电解质的工作温度范围，从现在的 −20 ~ 60℃提高到 −40 ~ 85℃；②研究非易燃电解质以改善电池的安全性。

另外，电解质也是目前开发高压锂离子电池的限制因素（当电压超过 Li^+/Li 电动势 4.5V 时会发生不稳定）。

因此，关于高压电解质的研发，通常是限制锂离子电池运行在高电位时正极的反应活性，尤其是对 Li^+/Li 电位高于 4.5V 时。另一种设想的解决方案是在电极（活性材料 + 导电剂 + 集流体）的电活性表面形成 Li^+ 离子导电惰性薄膜（其中的 Li^+ 离子产生于传统电解质中所加添加剂的分解或聚合），比如在石墨电极上生成固体电解质界面膜（SEI）。

可以预见，未来将出现多种不同类型的添加剂（见图 8-6），包括聚合物（二恶烷、联苯等[ABE 04]），磷化合物［亚磷酸三甲酯[Xu 06]、硼化合物（LiBOB[CHE 06]）、硫化合物（砜类，磺酸内酯）］、LiF，以及液体离子化合物等。

8.5.5.2 离子性液体

由于有机溶剂的蒸气压高、燃点低，以及 $LiPF_6$ 热稳定性较差，该类电解质降低了锂离子电池的安全性。而离子液体所具有的难挥发性、不易燃性以及良好的

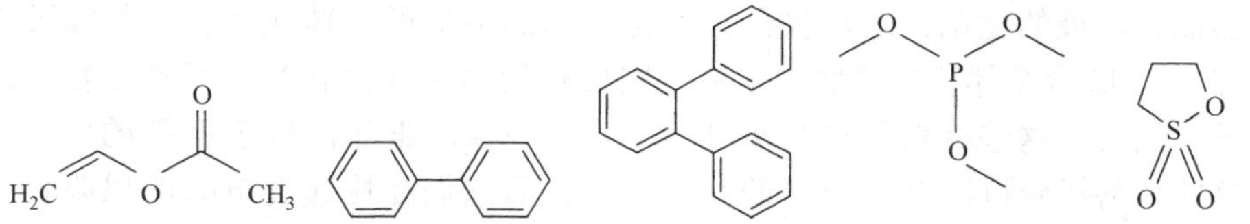

a) 醋酸乙烯酯　b) 联苯　c) 三联苯　d) 亚磷酸三甲酯　e) γ 磺酸内酯

图 8-6　未来可能应用的高压电解质添加剂

热稳定性，使它们成为用以制备新型电解质体系，从而可以取代传统电解质的潜在材料。

离子液体是一种由有机阳离子，与无机或有机阴离子复杂结合而成的盐，具有在外界环境温度下处于液态的特性。离子液体具有难挥发性（在大气中不会扩散）、不易燃性（不存在发生爆炸的危险）、高温稳定性（根据混合度的不同可在高达 200～400℃的温度下工作）、亲水性或疏水性（根据阴离子的特性）、黏度处于 37～50cP㊀之间（293K 温度下）。它们也是良好的导电体（介于 0.1～15mS/cm），而且具有一个较宽的电化学窗口（在 4～5V 之间）。因此，它们可以替代具有挥发性的有机溶剂。的确，离子液体具有一些显著的优点，包括环境友好性（难挥发、不易燃），以及可以通过改变正/负离子对的特性，从而获得能满足特定应用需求的理化特性。最后，作为无机化合物，离子液体还具有与有机溶剂相似的强溶解能力。

能够作为可充电电池电解质的离子液体必须具备以下几个特点：①宽的电化学窗口；②阴离子的弱配位性，从而减少离子团簇的产生（由于锂离子的小尺寸，这种离子团簇的现象从未在液体中完全消失过）；③室温下的低黏度，从而提高离子的移动能力；④较宽的工作温度范围（例如高热稳定性和高熔点）。

最新研究表明，1，3-咪唑盐尽管是非常好的流体导电体，但由于 1，3-咪唑负离子具有较高的阴极电位（相对于 Li^+/Li 约为 1V），因此不适合用作锂电池的电解质。季铵（QA）化合物，尽管电化学特性非常稳定并且易于合成，但直到现在仍然很少被用于作为离子液体的阳离子，比咪唑盐更难于采用，这是由于其熔点比较高。然而，当离子液体（如吡咯烷和基啶鎓）采用来源于环季铵化合物的阳离子时，它们具有低的熔点和黏度，以及明显高于采用环状阳离子制备的离子液体的导电性。它们的性能能够与基于咪唑阳离子的离子液体媲美（如对于 1-丁基-1-甲基吡咯烷三氟甲磺酰（TFSI）熔点为 -18℃）。此外，这些性能将随着阳离子尺寸的减少而提高。

已被证实，由相对较小的饱和季铵盐型阳离子和电化学稳定的阴离子相配合所构成的离子液体如双（三氟甲磺酰）亚胺（$[(CF_3SO_2)2N]^-$，$[TFSI]^-$）给出

㊀ $1cP = 10^{-3}Pa \cdot s$，后同。——译者注

了令人鼓舞的结果。其性质包括：①较宽的电化学窗口，这是源于其饱和季胺阳离子的低阴极电位和 $[TFSI]^-$ 的高阳极电位；②低黏度，这是由于 $[TFSI]^-$ 较高的流动性以及良好的电荷分布；③较宽的液相稳定域，这是由 $[TFSI]^-$ 盐的低熔点和高热稳定性所决定的。

尽管具备这些性能，但阴离子 $[TFSI]^-$ 的摩尔质量和摩尔体积却成为限制电解质流动性和离子电导性提高的一个明显瓶颈。因此，这是当前基于 $[TFSI]^-$ 离子电解质的锂电池在应用过程中需要解决的一个障碍。因为电解质的导电性低就无法满足高功率的应用需求。为了提高基于季胺化合物的离子液体的性能，从而满足高能量密度体系的应用，研制出稳定的并具有高性能的阴离子是很有必要的，比如具有更低分子质量和更小离子尺寸。

在非水系溶剂系统中，已经发现 Li $[C_2F_5BF_3]$ 这类盐可以提供与 $LiPF_6$ 这类工业标准化合物所相当的性能，这表明 $[RFBF_3]$ 这类离子的阴极和阳极稳定性在应用于锂电池的电解质上是完全胜任的。另外一种方案，是将具有低黏度的传统电解质与目前这种关注度很高的离子液体相结合。

8.6 锂离子电池的处理和再循环利用

普通大众对电子产品能源的要求，以及电池技术的发展，造就了很大的市场需求，产生了目前使用的镍镉电池、镍氢电池，以及目前性能最好的锂系电池（锂离子和锂聚合物电池）。

除去性能上的诸多优点，锂系电池拥有电池市场的重要份额，因而对环境的影响也是公认的。锂系电池对环境的影响主要与下面因素相关：重金属、含有氟或砷的导电盐（在某些电池中）、有机溶剂，以及极具活性的碱金属锂。

因此，环境和监管因素决定了锂蓄电池和锂一次电池的未来发展。对废弃锂电池的回收在技术上是可行的。然而，对于某些含有贵重化合物的电池（如有些电池中含有少量金属钴），对其回收仍然无法保证盈利。但是无论如何，都必须确保所使用过的蓄电池和一次电池保持反应惰性。

在锂电池接近报废期时，会产生越来越多的废弃物，这些是需要被妥善处理的。由于这类废弃物含有潜在的危险，因此这类处理比较容易伤及人员。总之，由于锂电池的活性，在进行废弃处理时必须非常小心。

一家叫 Recupyl 的法国公司研发了一套中试系统，采用了可以在室温下使用的湿法冶金，可以对所有含锂负极的蓄电池和一次电池进行回收处理。这种方法在处理过程中不会对环境造成污染，并能保证废弃物最大可能地转化为有用资源。

湿法冶金法包含了一系列金属提取过程，该方法首先把电极浸入溶液中（酸性的或碱性的），进而进行浸滤、电解、选择性沉积等一系列处理过程。湿法冶金过程总体上包含下面的操作顺序：

1）将含有待提取化学元素的物料碎屑加入溶剂里制成溶液。

2）提纯并浓缩所要处理的溶液。

3）根据金属特性的不同，采用相应的方法提取金属材料。

从科学和技术层面来看，湿法冶金是处理和回收重金属所必需的环节。某些专业公司（Citron、Valdi、SNAM）通过将处理物分为少量的若干份，并将每份分别放入含有碱性或含盐的小池内，然后通过在裂解炉内的热处理将锂元素破坏。

电池回收的优化设计需要考虑所回收部件的升值，也就是将电池制造商以及化学原材料供应商包含在循环利用周期内的电池生态设计。例如，Unicore 公司是钴基材料（可充电锂离子电池所需的）的主要供应商，如今已成为贵金属回收的全球领先者。他们采用自己独特的技术，通过回收废旧手机（包含电池和附件）来提供电池二次材料，现如今几乎 100% 的这种材料均来自于他们。

8.7 其他电池

8.7.1 微型电池，印制电池等

自从 1991 年以来，日本在微型化工业器件、传感器、控制器等方面已经开展了三项大规模的研究项目，美国和欧盟也在此领域紧随其后。这些项目的实施导致了新的制造技术的出现，或者对传统技术进行了改造，尤其是在微电子领域。这也就是我们通常所说的微技术和纳米技术。

能源供应方面也经历了同样的过程，厚度不超过几微米的微型电源也开始出现，包括不可充电的微型一次电池，以及可以充电的微型蓄电池。

尽管这些微型电源仍处于试验阶段，但已在众多的应用领域中显示出了良好的发展前景，包括智能卡、微机械、电子票等。但这类电池不能与纸电池或聚合物电解质电池等袖珍或迷你电池相混淆，这些袖珍电池能够传输很大的电流，但其厚度却达到了几十毫米。

电化学微型电源是指总厚度不超过几微米的供电系统。它采用特殊的薄层技术、阴极雾化技术、热蒸发技术等制成，用于向微型系统供能（微电子、微机械等）。

微型电源是通过微电子技术中的薄层处理方法而制成，能够为微型系统提供更为充足的电流。这类系统与其他采用厚层技术制备的电源系统不同（后者每层的厚度达到了几十微米，通常是将微细粉末进行喷墨打印而制成）。微型电源中每个基本单体电池的厚度约为 10μm 量级，可根据需要以串并联的方式进行叠加与连接。因此，可以预见，在不远的将来就会出现这样的微型电源，能够以刚性或柔性的方式附在基板上，其表面和厚度可以根据可用体积和性能要求而调整，并可

以最终实现远程充电。

微型电源中所采用的材料通常与锂电池一样。然而，薄层的结构使得微型电源具有一些特别之处：前者的化学成分可能会与后者远远不同，而且结构也比较松散。由此导致了微型电源的电化学特性与大型电池区别很大。因此，我们可以从已知的大型电池材料入手，采用薄层技术，获得具有期望特性的新材料。

由于金属锂的诸多优势，使其成为目前微型电源研究中主要采用的负极材料。锂电极材料的性能在传统电池的应用中一直表现良好，而且似乎将其进行薄层处理后也不会产生什么特别的问题。但锂电极也不是没有缺点，一些实验室也正在研究锂的替代材料。采用锂电极的缺点有：首先，负极采用热蒸发技术沉积，而电解质和正极的沉积则采用其他方法，而采用单一的沉积技术也是比较适宜的。另外，由于锂对湿度非常敏感，因此，在保证不增加太多厚度的前提下，进行适当的保护处理是必要的。为弥补这些缺陷，可以采用像正极材料那样的插层材料来替代锂，但要求它们的电位尽可能的低。通过这种方式，插入两个电极，就可以形成微型电源，也称为摇椅微型电源。与采用锂电极的微型电源相比，尽管这类电源的电位差有所减小，但根据不同的应用，并没有太大的关系。然而，利用插层材料作为负极的尝试还是不太多。我们能够明确的材料有 Nb_2O_2 和 $Li_4Fe_{0.5}Ti_{4.5}O_{11.75}$，它们可以用于全固态微型电源中。那种在大型电池（锂离子电池）中采用石墨取代锂的方案，似乎并不能适用于微型电源。因此，寻求用于负极的非石墨插层材料是微型电源发展过程中的一个非常独特的问题，在这一领域仍然有许多的工作要做。

理想的正极材料既是好的电子导体，又是好的离子导体，其中的过渡元素使锂离子能够可逆地脱嵌。为使电池的能量密度尽可能的高，过渡元素氧化还原反应所对应的电位必须尽可能的高，而摩尔质量必须尽可能的低。

二硫化钛（TiS_2）是锂电池所采用的第一种正极材料，使用这种材料制造的全固态微型电源出现于20世纪80年代初。这样的 TiS_2/glass/Li 电池系统可以循环使用1000次，电压范围为1.4~2.6V，电流密度为0.1~0.5mA/cm^2。通过在单位Ti中可逆性地插入0.9单位锂离子，可对应获得50μA·h/cm^2 容量，而且可不随充放电循环而改变。系统的表面积达到了1~10cm^2，而且还可以增加。这些微型电池的性能对于某些应用已经足够了，因此可以进行产业化的开发。然而，微型电池和微型电源目前仍处于研究阶段，行业内的先锋们正在进行样机研制，并在积极开展产业化准备。

理论上，过渡元素的氧化物比其硫化物更适合于制备正极材料，而且目前也大量地用于锂电池。因此，在过去的几年内，不断有大量的尝试以薄膜的形式制备它们，并将其应用在微型电源中。按照常规，这些材料在沉积以后需要进行热处理，目的是通过提高薄层的晶化使锂更容易在内部扩散。然而，如果微型电源是被放置在芯片上的话，则热处理可能会是一个问题。

目前研究最广泛的阴极材料之一是 $LiMn_2O_4$，它是通过正极粉碎技术或热蒸发技术而制备的。$LiMnO_4$/Lipon/Li 微型电源的电流密度为 $10\mu A/cm^2$，电压为 3.8 ~ 4.5V，可循环使用 300 次。其恒定容量为 $15\mu A \cdot h/cm^2$，几乎保持不变；仅当电流密度为 $100\mu A/cm^2$ 时，才下降到 40%。当然，$15\mu A \cdot h/cm^2$ 的容量密度与 TiS_2 相比相对较低，这是由于 $LiMn_2O_4$ 薄层的厚度较小。其他的氧化物也具有相似的性能，如 $LiNiO_2$、$LiCoO_2$ 和 V_2O_5。

8.7.2 电解质

电解质相对于锂必须是稳定的，并具有几伏的电化学稳定区域。对于厚度约为 1μm 的薄层固体电解质，其离子电阻率足够的低，约为 100Ω 量级（10^{-7} ~ 10^{-4}S/cm）。

主要的电解质是由无机材料组成的，通常是通过阴极雾化形成薄膜形的氧化物玻璃。例如，包含 $(B_2O_3)_{0.38}$ $(Li_2O)_{0.31}$ $(Li_2SO_4)_{0.31}$ 成分的玻璃化薄膜，其室温下的离子电导率为 10^{-7}S/cm，这个值足够可以在无须过度极化的条件下获得 $100\mu A/cm^2$ 的电流密度。然而，更高的电导率对微型电源在更高的电流或更低的温度下运行是必要的。而要实现这个目标，其中一种方法是在氮气分压下，采用活性阴极雾化沉积薄层。这样，利用靶材 $(P_2O_5)_{0.25}$ $(Li_2O)_{0.75}$，通过上述过程可以获得被称为 Lipon 的玻璃 $Li_3PO_{2.5}N_{0.3}$，其室温下的离子电导率为 3×10^{-6}S/cm。这类玻璃的电化学稳定区域约为 5V，而且与锂接触时非常稳定。

同样，也可以将硫掺入氧化物玻璃中，一种来自于 P_2O_5-P_2S_5-Li_2O-LiI 系统的玻璃在室温下的离子电导性为 5×10^{-5}S/cm。但是，由于该电解质容易与锂发生反应，需要采用非常精细的 LiI 层来隔离它们，但同时也使玻璃/LiI 混合物的室温离子电导性下降至 2×10^{-6}S/cm。这种混合物的电化学稳定域大约为 3V。

来自于 GeS_2-Ga_2S_3-Li_2S 系统的硫化玻璃薄层的离子电导性可以达到 10^{-4}S/cm。然而，这些材料与锂一样具有吸湿性，因而制备较为困难。

8.7.3 摇椅微型电源

摇椅微型电源的一个典型代表是微电池，由掺入锂的化合物 $Li_4Fe_{0.5}Ti_{4.5}O_{11.75}$ 作为负极，含 $LiBO_2$ 化合物的电解质（一种低性能的电解质），以及 $LiCoO_2$ 化合物作为正极组成。为了阻止钝化层的形成，将一精细的 $LiTaO_3$ 薄层插入在电解质与负极之间。该电池系统可以在 1 ~ 2.6V 之间进行充放电循环，其电流密度约为 $100\mu A/cm^2$，容量约为 $35\mu A \cdot h/cm^2$。

8.7.4 制造技术

只有化学气相沉积技术（CVD）或物理气相沉积技术（PVD）可以产生性能较好的薄层（见图 8-7）。

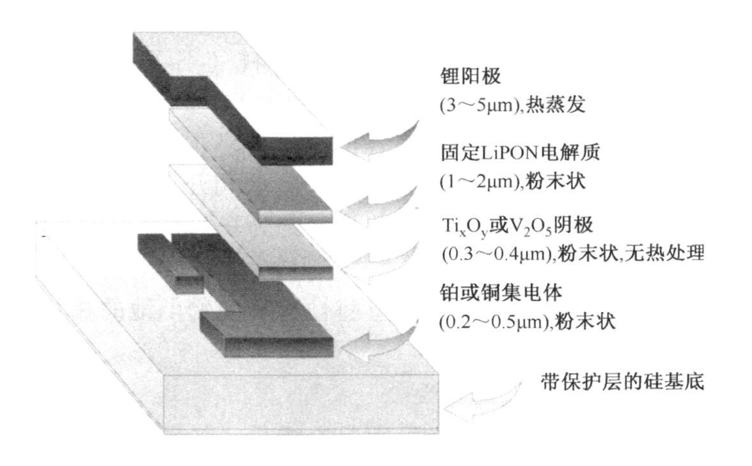

图 8-7　微型锂电池的制造技术

通过化学气相沉积技术产生的薄层通常是结晶化的，并具有良好的黏附性，而且该方法的沉积速度可以加快。由于基板需要加热到几百摄氏度，所以在此项技术无法使用如塑料等柔性的薄层材料，而这些材料对于微型电源及其辅助系统降低厚度又是不可缺少的。因此，尽管 CVD 可以给电池的性能带来较大提升，但似乎无法进一步发展，该技术仅仅用于加工正极（TiS_2）。

通过物理气相沉积技术（PVD）产生的薄层要求热蒸发和阴极雾化。热蒸发技术并不是制造电极和电解质材料的最佳方法，这是由于随着易挥发元素在热蒸发过程中的损失，众多化合物将会部分或全部地分解。蒸发粒子的能量约为几十电子伏，使得与基板的黏附性低，因此不适合建立多层薄层。

相反地，阴极雾化技术却是上述应用的可选择方法，其沉积物的组分往往非常接近靶材的组分。化合物（例如氧化物和硫化物）通常可以在室温下以非结晶的方式获得，这对于阳极来说是一个重要的优点。由于沉积材料的低密度，插入的锂将作为均质物质而不会带来太多的尺寸改变。这一优点使微型电源在不受损的情况下可进行多次的充放电循环。这些粒子的能量约为几电子伏，使得层与层之间的粘附性较好，但偶尔也会出现内部张力，从而产生撕裂的问题。

由于许多材料是绝缘的或低导电性的，因此，为了获得较快的沉积速度和降低雾化压力，可以将射频阴极雾化技术与磁控效应配合使用。由此，薄层的质量将会得到提高，特别是其上的孔隙率将会更低。为防止短路，电解质薄膜应该是完全无孔的。

8.7.5　印制电池

至少 1mm 厚，超薄电池可以很好地应用于智能卡、无线射频识别门卡、自供电传感系统，以及需要外部供电的智能包装等；还可以在贺卡、购物卡，甚至积分卡等多种应用中替代纽扣电池。高速印制技术是制造超薄电池的主要方法，通过该技术能够以低成本生产更薄、灵活性更强的产品。

目前大多超薄电池产品都采用一次电池材料（不可再充电）如 MnO_2/Zn（0.5mm 厚）等，容量为 10～30mA·h，寿命约为 3 年。Blue Spark 公司基于碳－锌制造的，厚度为 500μm 的印制电池工作电压为 1.5V（约为 12mA·h 容量），可以提供超过 1mA 的峰值电流。更早的时候，NEC 公司开发了一种有机自由基电池（可充电），但这种电池只能提供很少的能量（约为 0.1mA·h/cm^2），因而在需要较大容量的供电应用中受到限制。

最后，纳米电池（一些采用碳纳米管特性）和生物电池的相关研究和开发工作正在开展之中。

8.7.5.1 锂离子印制电池

由于实际应用系统对自治供电的需求日益增长，这需要大量具有创新性的锂离子电池结构。锂离子技术目前能够提供最佳的能量密度，并且正在主导着移动电源市场。为了制作出普通方法难以制备的特殊电池，一种方法是采用现有印制技术打印电极，从而制造出所需的电极类型。这种印刷技术可以减少材料损耗、提高产品的产量，且使制造工艺更加灵活。

目前，几乎还没有知名电池制造商宣称对这种新方法感兴趣。CEA 公司于 2004 年启动了这种锂电池的印制制备工作，并在 2008 年与 VARTA 公司共同启动了一个雄心勃勃的欧洲项目。该项目的目标是通过只有使用印制技术才能实现的方法，在设备上直接印制一个完整的锂离子电池。

8.8 参考文献

[ABE 04] ABE K. *et al.*, “Functional electrolyte: additives for improving the cycleability of cathode materials”, *Electrochem. Solid-State Lett.*, vol. 7, p. A462-A465, 2004.

[ABE 06] ABE K., USHIGOE Y., YOSHITAKE H., YOSHIO M., “Functional electrolytes: Novel type additives for cathode materials, providing high cycleability performance”, *J. Power Sources*, vol. 153, p. 328, 2006.

[AMA 01] AMATUCCI G.G., BADWAY F., DU PASQUIER A., ZHENG T., “An asymmetric hybrid nonaqueous energy storage cell”, *J. Electrochem. Soc.*, vol. 148, pp. A930–A939, 2001.

[ARM 04] ARMSTRONG A.R. *et al.*, “TiOz-B nanowires”, *Chem. Int. Ed.* vol. 43, pp. 2286-2288, 2004.

[AUR 02] AURBACH D. *et al.*, “On the capacity fading of $LiCoO_2$ Intercalculation electrodes: the effect of cycling, storage, temperature and surface film forming additives”, *Electrochimica Acta*, vol. 47, p. 4291, 2002.

[BOS 06] VAN DEN BOSSCHE P. *et al.*, “An assessment of sustainable battery technology”, *J. Power Sources*, vol. 162, pp. 913-919, 2006.

[BRO 83] BROHAN L., MARCHAND R., "Properties physiques des bronzes $MxTiO_2(B)$", *Solid State Ionics*, vol. 9-10, pp. 419-424, 1983.

[BRO 06] BROUSSE T., MARCHAND R., TABERNA P.-L., SIMON P., "TiO2(B)/activated carbon non-aqueous hybrid system for energy storage", *J. Power Sources*, vol. 158, pp. 571-577, 2006.

[CHE 06] CHEN Z., LU W.Q., CHOW T.R., AMINE K., "$LiPF_6$/LiBOB blend salt electrolyte for high-power lithium-ion batteries", *Electrochim. Acta*, vol. 51, p. 3322-3326, 2006.

[CHO 07] CHO K., CHO J., "Rate characteristics of anatase TiO_2 nanotubes and nanorods for lithium battery anode materials at room temperature", *J. Electrochem. Soc.*, vol. 154, pp. A542-A546, 2007.

[GOV 99] GOVER R.K.B. *et al.*, "Investigation of ramsdellite titanates as possible new negative electrode materials for Li batteries", *J. Electrochem. Soc.* vol. 146, no. 12, pp. 4348-4353, 1999.

[HE 07] HE Y-B. *et al.*, "The cooperative effect of tri(β-chloromethyl) phosphate and cyclohexyl benzene on lithium ion batteries [J]", *Electrochim. Acta*, 52, p. 3534-3540, 2007.

[JOS 05] JOSEFOWITZ W. *et al.*, "Assessment and testing of advanced energy storage systems for propulsion", in *European Testing Report: the 21st International Battery, Hybrid and Fuel Cell Electric Vehicle Symposium & Exposition*, Monaco, April 2, 2005.

[KAN 01] KANAMURA K. *et al.*, "Oxidation of propylene carbonate containing $LiBF_4$ or $LiPF_6$ on $LiCoO_2$ thin film electrode for lithium batteries", *Electrochimica Acta*, vol. 47, p. 433-439, 2001.

[KAN 96] KANAMURA K. *et al.*, "Studies on electrochemical oxidation of non-aqueous electrolyte on the $LiCoO_2$ thin film electrode", *J. Electroanal. Chem*, vol. 419, issue 1, p. 77-84, 1996.

[KAW 91] KAWAMURA H., MURANISHI Y., MIURA T., KISHI T., "Lithium insertion characteristics into titanium oxide", *Denki Kagaku oyobi Kogyo Butsuri Kagaku*, vol. 59, pp. 766-772, 1991.

[KIM 07] KIM J., CHO J., "Spinel $Li_4Ti_5O_{12}$ nanowires for high-rate Li-ion intercalation electrode, electrochemical and solid-state letters", *E.S.S.L.*, vol. 10, pp. A81-A84, 2007.

[MAR 80] MARCHAND R., BROHAN L., TOURNOUX M., "TiO_2(B) A new form of titanium dioxide from potassium octatatinate $K_2Ti_8O_{17}$", *Mat. Res. Bull.*, vol. 15, pp. 1129-1133, 1980.

[NAK 06] NAKAHARA K., NAKAJIMA R., MATSUSHIMA T., MAJIMA H., "Preparation of particulate $Li_4Ti_5O_{12}$ having excellent characteristics as an electrode active material for power storage cells", *J. Power Sources*, vol. 117, pp. 131-136, 2006.

[NUS 97] NUSPL G., YOSHIZAWA K., YAMABE T., *J. Mater. Chem.*, vol. 7, pp. 2529-2536, 1997.

[RAP 02] RAPPORT DE L'AIE, Use of photovoltaic power systems in stand-alone and island applications. Task 3: Management of storage batteries used in stand alone photovoltaic power systems, 2002, AIE (Agence internationale de l'énergie, Paris, France).

[THE 02] THEMATIC NETWORK, Contract N° ENK5-CT-2000-20336, Project funded by the European Community under the 5th Framework Programme, 1998-2002.

[TOU 86] TOURNOUX M., MARCHAND R., BROHAN L., "Layered $K_2Ti_4O_9$ and the open metastables TiO_2(B) structure", *Prog. Solid State Chem.*, vol. 17, pp. 33-52, 1986.

[WAN 06] WANATABE Y. *et al.*, "Organic compounds with heteroatoms as overcharge protection additives for lithium cells", *J. Power Sources*, vol. 160, p. 1375-1380, 2006.

[WUR 05] WÜRZI A. *et al.*, "Film formation at positive electrodes in Lithium-ion batteries", *Electrochem. Solid-State Lett.*, vol. 8, p. A34-A37, 2005.

[XU 06] XU H.Y. *et al.*, "Electrolyte additive trimethyl phosphate for improving electrochemical performance and thermal stability of $LiCoO_2$ cathode", *Electrochim. Acta*, 52, p. 636-642, 2006.

[ZAC 88] Zachau-CHRISTIANSEN B., WEST K., JACOBSEN T., ATLUNG S., "Lithium insertion in different TiO_2 modifications", *Solid State Ionics*, vol. 28-30, pp. 1176-1182, 1988.

[ZAC 92] ZACHAU-CHRISTIANSEN B., WEST K., JACOBSEN T., SKAARUP S., "Lithium insertion in isomorphous MO_2 structures", *Solid State Ionics*, vol. 53-56, pp. 364-369, 1992.

[ZHA 01] ZHANG X., PUGH J. K., ROSS P. N., "Computation of thermodynamic oxidation potentials of organic solvents using density functional theory", *J. Electrochem. Soc.*, vol. 148, pp. E183-E188, 2001.

[ZHA 06] ZHANG S.S., "A review on electrolyte additives for lithium-ion batteries", *J. Power Sources*, vol. 162, p. 1379-1394, 2006.

[ZUK 05] ZUKALOVĂ M. *et al.*, "Lithium Storage in TiO_2(B)", *Chem. Mater.*, vol. 17, pp. 1248-1255, 2005.

第9章 超级电容器：原理、容量配置、功率接口及应用㊀

㊀ 本章由 Philippe BARRADE 撰写。

9.1 简介

超级电容器也是一种新型的储能器件，出现于21世纪初。由于具有很高的能量密度和功率密度，适合于中、大功率的储能应用场合。

超级电容器也称为双电层电容器，实际上是介于传统电容器和蓄电池之间的储能器件。其突出特点是能量密度比蓄电池低，但比常规电容器要高得多。

超级电容器的特性取决于生产商所采用的工艺与方法。通过将碳粉末化可以显著增加电极的活性表面积。电容等效电介质的大小是由两个电极表面的离子数量决定的，而电容内的电解液能保证离子从一个电极迁移到另一个电极，这个距离一般为$2\times10^{-10}\sim10\times10^{-10}$m。

本章所提到的超级电容器的电容值可以从几法拉到几千法拉。但是，为了满足离子的传导性需求，所采用的电解液制约了超级电容器的最大允许电压不能超过3V。

超级电容器的工作电压很低但电容值很大，其主要特性在于在充放电过程中不发生电化学反应，因而理论上充放电是可逆的。因此，超级电容器的使用寿命或循环次数要比电化学电池大得多（约为$10^5\sim10^6$次）。

尽管超级电容器的能量密度和功率密度很可观，但一个单体电容器往往难以满足大部分实际应用需求。由于单体电容器的储能量有限，必须针对某一特定应用的容量需求，研究如何确定超级电容器成组所需的单体数量。参照前文提到的蓄电池组的说法，这里也称为超级电容器组。

当以功率为目的对超级电容器组进行容量配置时，应该考虑超级电容器在充放电过程中的效率。当以效率作为超级电容器组配置的主要参考时，往往要比所存储的能量更重要。而如果以储能量为配置依据，则所需的超级电容器数量一般会大很多。

最后，超级电容器组往往还不能与其应用终端直接连接，因为超级电容器组的端电压随荷电状态的变化而变化。因此，必须有一个DC－DC或者DC－AC固态变换器在控制超级电容器组充放电电流的同时，调节其输出电压的范围。由于超级电容器电压很低，所采用的固态变换器通常采用升压型拓扑结构。

对高效变换器的研究也会影响超级电容器组内部单体的排列组合。对于特定的功率需求，串联的超级电容器组需要限制其充放电电流。多个电压很低的超级电容器串联使用会使系统更容易出现问题，因而必须采取相应的电压均衡措施。

超级电容器的低能量密度使其在大多数的应用场合中不适合作为主要电源。但是，它的高功率密度和长循环寿命使其成为混合电源系统的首选。在很多应用中，超级电容器都被用做缓冲器来平抑主电源（如电网、蓄电池、燃料电池或者内燃机等）的功率波动。

9.2 超级电容器：双电层电容器

9.2.1 基本原理

为了定义超级电容器并归纳其特性和基本参数，图 9-1 给出了它的基本运行原理。

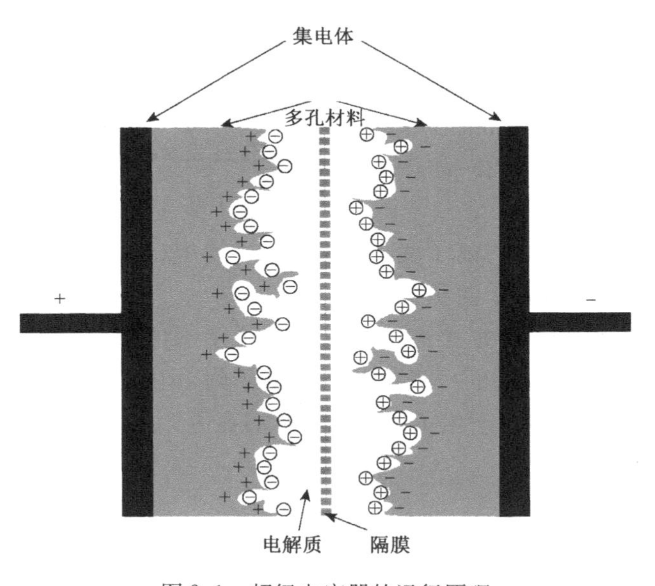

图 9-1　超级电容器的运行原理

超级电容器由两个电极组成，它们通过浸泡在电解液中的隔膜分开。

这两个电极由多孔材料在金属薄膜上沉积而成，金属薄膜通常采用铝，而炭（活性炭）则是常用的多孔材料。充电时，电荷存储于多孔材料和电解质之间的界面上。而活性炭的使用，为电荷的存储提供了一个非常大的活性表面，并具有良好的电导性。

电解质的作用是确保内部离子向电极的迁移率。阴离子应能自由地向正极迁移，同样，阳离子也应能自由地向负极迁移。电解质可以是固态的，但大多采用液态。电解质的选择往往是电容器单体电压和离子导电性之间妥协的结果，追求离子导电性的最大化可能会导致所选择的电解质分解电压低至1V。由于氧化还原反应会在充放电阶段导致不可逆反应，必须对超级电容器的工作电压进行限制（2.5～3V）。

隔膜通常是一片纸，起绝缘作用，可以防止电极之间的任何导电接触。但是，它必须能够浸泡在电解质中，并且不影响电解质的离子导电性。

影响超级电容器能量密度的两个主要参数是允许的最大端电压与电容值。

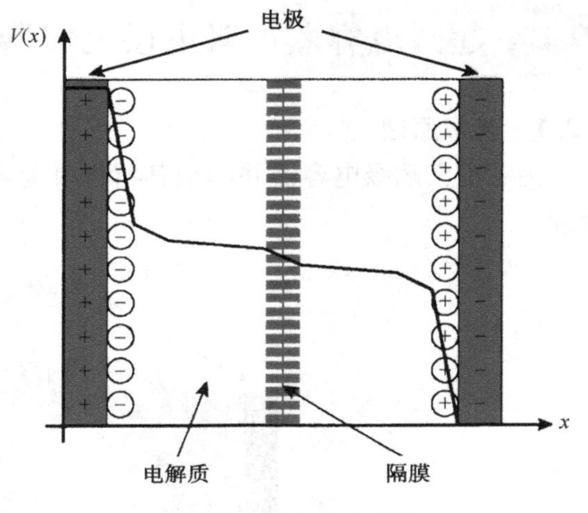

图9-2　双电层电容器

正如之前介绍的，超级电容器的最大端电压与所选用的电解质有关。目前使用的电解质可以提供2.5～3V的端电压。如果端电压为3V时离子导电性受到影响，则需要相应地降低电压。

超级电容器的容值可从几法拉到千法拉，容值计算的依据是超级电容器的基本原理，即Helmholtz在1879年发明的双电层结构，如图9-2所示。

充电时，电解质中的阴离子受到吸引向正极移动，阳离子向负极移动，并在每个电极和电解质之间的界面上形成了双电层。也就是说，不同电层的电荷累积过程是各不相同的：正电荷与阴离子附着在正电极，负电荷与阳离子附着在负电极。这两个电层产生了如下式所示的容值：

$$C_{dc}=\varepsilon\frac{A}{d} \tag{9-1}$$

式中，C_{dc}是一个双电层（正极侧或者负极侧）的电容值；ε是介电常数；A是电极的有效表面积；d是类似于传统电容的两极板间的等效距离[㊀]。

能说明超级电容器储能技术如此巨大电容值的首要因素，就是电极中采用了多孔活性炭材料，它使得电极的有效表面积A大大增加，能够提供可观的电荷存储能力（$3000m^2/g$）。反之，等效距离d是由附着在正极的阴离子尺寸以及附着在负极的阳离子尺寸决定的。一般情况下，d介于$2\times10^{-10}m$与$10\times10^{-10}m$之间。由式（9-1）可知，双电层电容器的容值是与d成反比的，这也进一步增大

㊀ 原文中“d is the quivalent dielectric value for a traditional capacitor”的表述有误。——译者注

了其电容值。

因此，我们可以把超级电容器看成两个串联的电容器，而这两个电容器分别代表了两个电极上的电层。其等效电容值与两个电极的有效表面积（由于采用了多孔材料的而得到增加）以及阴、阳离子的尺寸有关，可高达千法拉级。最后，我们必须记住，超级电容器的最大允许电压是由所选用的电解质决定的，一般为2～3V。

9.2.2　电气模型——主要参数

超级电容器通常有两种建模方法，即使用等效电路建模和使用阻抗频谱建模。等效电路建模法的好处在于可以直接将之前定义的参数与实际器件联系起来。而且，还可以将超级电容器的建模过程与实际运行情况直接联系起来，这一点我们将稍后解释（主要是超级电容器组的容量计算与效率分析）。

图9-3给出了超级电容器的等效电路模型，也是最为常用的一个模型[ZUB 00]。

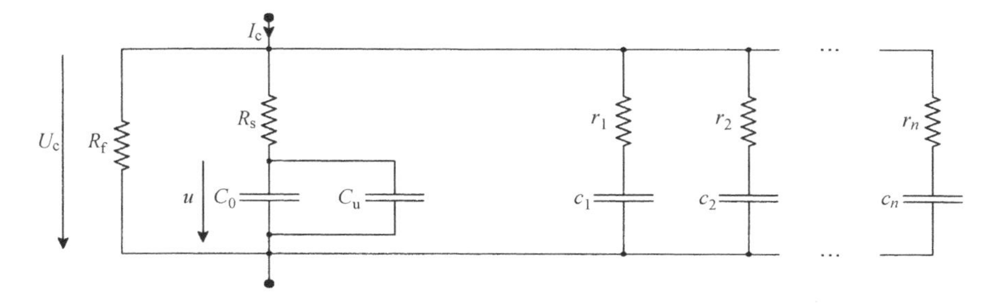

图9-3　超级电容器的等效电路模型

电容值 C_0 是超级电容器的主要参数，该值相当于由式（9-1）所定义的两个双电层电容的串联，厂商可以提供这个参数。

但是，超级电容器电容值的测量结果表明该值并非常数，而是两个双电层端电压的函数，也就是电容器端电压 U_c 的函数。超级电容器的电容值取决于端电压的原因是与电解质内存在的两个扩散层有关，而每个扩散层都与各自临近的双电层直接接触。扩散层的特征包括体积的大小、阴离子的密度、阳离子的密度，以及电解质的温度。此外，双电层引出端子的电位差与扩散层也有关系，会直接影响扩散层的体积。每个扩散层都有一个电容值，该值与其体积成反比。当超级电容器的端电压增加，扩散层的体积相应减小，并导致其电容值增加。这种现象可以用等效电路模型中的可变电容 C_u 说明，该电容值为电压 u 的函数。

实际上，超级电容器的电容值 C 可以由以下关系定义：

$$C = C_0 + C_u,\ C_u = Ku \tag{9-2}$$

式中，C_0 是由两个双电层决定的基本电容值；u 是两个双电层的端电压；K 是电容

值 C_u 的可变常数。对于某些超级电容器来说，处于最大电压（如 2.5V）时，电容值 C_u 可以达到基本电容值 C_0 的 25%。

图 9-3 中，R_s 为超级电容器的串联电阻。其值大小部分取决于电极中沉积在金属板上的多孔材料的性能，但主要还是由电解质的离子导电性决定的。实际上，图 9-2 中对超级电容器电动势的分析表明，在其充放电阶段（图 9-2 所示为充电阶段），电解质内会出现一个电压降。当电容器处于放置状态时，电解质内的电压降应该为零，但前提条件是不考虑扩散层的相关作用。串联电阻 R_s 的值一般在0.5～100mΩ 之间，生产商可以提供这个参数。

图 9-3 中，R_f 决定了超级电容器的漏电流，这个漏电流比蓄电池的漏电流要大一些。这个值主要与隔膜的导电性有关，也受电解质所含杂质的影响。当电容器充电超过最高允许电压（电解质的分解电压，主要是由多孔材料和电解质界面上发生的氧化还原反应引起）时，阻抗 R_f 将减小。R_f 通常为 500Ω～100kΩ，生产商一般不会给出这个值的大小，而是会提供一个最大电压下漏电流的数据，一般为 40μA～10mA。

除了以上给出的超级电容器主要参数，图 9-3 所示的等效电路模型增加了一系列并联的 RC 单元（r_1c_1，…，r_nc_n）。这些单元反映了电荷的再分配现象或者介电张弛过程，其时间常数通常是几秒至几个小时，甚至更长。这种电荷的再分配意味着，由于活性炭超高的孔隙率，存储的电荷由电极的容易接近区域向受限区域转移。因此，在超级电容器的快速充电阶段，电极上的电荷呈现不均匀的分布。当充电完毕，电荷在电极上得以自由移动，经过多个时间常数后，最终呈现一个均匀分布。

图 9-4 所示为超级电容器在给定的充/放电电流条件下，端电压 U_c 的变化过程。所用超级电容器为 1500F/2.7V，其实际性能表现与模型吻合。

对超级电容器进行恒电流充电和放电，图 9-4a 给出了电容值与端电压的依赖关系。与曲线（1）相比，图中的电压并非线性增加。不仅如此，图中曲线（2）表明，由于串联阻抗 R_s 的存在，当充电停止后，超级电容器端电压 U_c 会出现一个突降。

图 9-4b 给出了超级电容器的一个完整的充/放电循环。当充电完成，以及由串联电阻引起的电压下降阶段之后，端电压还是出现了明显的下降，其原因不是漏电流，而由张弛现象引起的：电荷在两个电极上自由移动以实现均匀分布的过程导致了一定的电压降，但这个电压降不产生能量损耗。电容器放电之后也会出现这种现象，即使放电至电流为零，因张弛现象也会引起电压的上升。

生产商一般不会提供与张弛现象有关的参数，即使它们很有用。不论超级电容器的充电过程是在几分钟还是几小时内完成，因张弛现象导致电容器实际存储的能量比按其标称电容值测算的更多。不过，这些额外的电容很难利用，尤其是

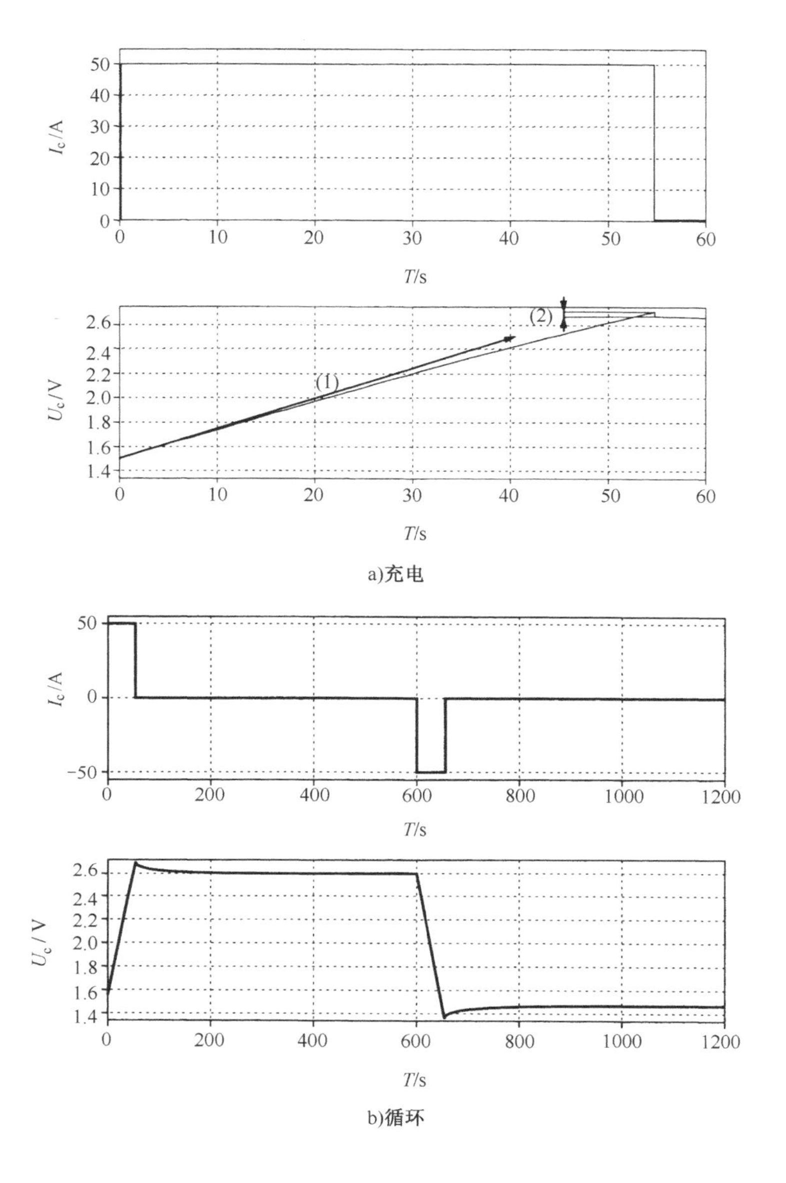

图 9-4　超级电容器的充电与放电过程

当超级电容器以分钟级的时间常数循环时。因此，与张弛电容有关的储能量一般不予以考虑。

实际上，在图 9-3 所示的等效电路模型中，通常可以不采用 *RC* 张弛电路。

9.2.3 热模型

由等效电路模型可知，超级电容器存在一个串联阻抗，虽然其值很小，但在充放电过程中仍会产生损耗，即因焦耳效应而导致的能量耗散。因此，超级电容器在运行过程中会出现温升，需要对其进行量化以判断温升是否能够忍受，还是应该借助于冷却系统进行冷却。

精确地定义超级电容器的热模型比较困难，因为这需要准确掌握器件的内部结构，而这往往是生产厂商不愿提供的。在用户的要求下，厂商应该会提供专门的工具来计算器件的发热量。但是，这些工具往往是封闭的，并且基于不公开的数学模型。因此，在大多数情况下，我们只能立足于“黑匣子”模型，用厂商提供的少量参数来估算那些没有给出的参数。他们提供的参数包括器件的热导率及其密度（体积密度与质量密度），一般不包括器件的热容，不过这可以通过适当的测量或者估算得到。

鉴于已知了超级电容器的运行机理和各组成部分，可以由每个部分的热容估算器件的整体热容。例如，对于一个含有 65% 铝（900J/kg/K）、25% 碳（900J/kg/K）和 10%（4180J/kg/K）电解质的器件，经计算可以得到其整体热容为1203J/kg/K。

因此，通过有限元数值分析软件计算热导率、成分密度与热容，可以确定超级电容器器件的热性能。图 9-5 给出了一个二维仿真实例。

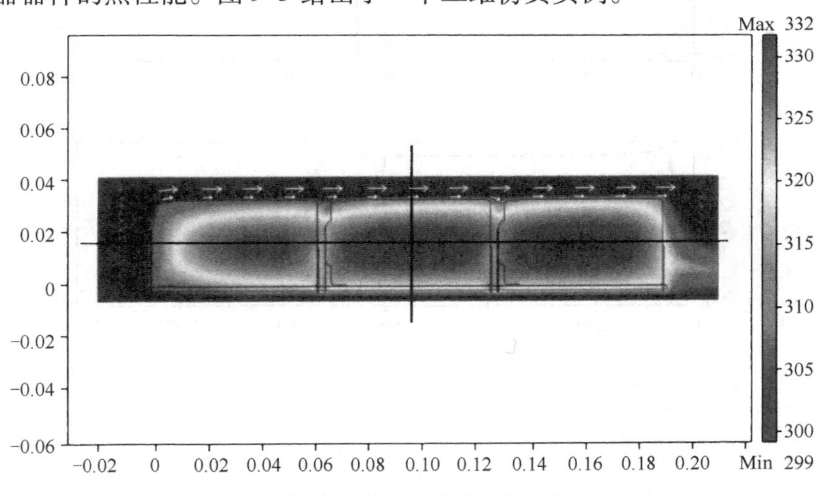

图 9-5 超级电容器的热模型

在这个实例中，三个超级电容器放置于同一块印制电路板上，并装在一个两边开口的碳纤维盒子里。盒子顶部受到阳光照射（$1kW/m^2$），空气以恒定的速度（0.5m/s）从左向右吹过。同时，对每只超级电容器进行循环充放电，使充放电电流在串联阻抗上产生的损耗达到 1.13W，每个充放电循环周期为 2400s。

图9-5中的结果给出了三个器件的发热过程，但这种通过测量器件表面温度的方法不够准确，因为其内部的温度会更高。

需要注意的是，上面这个模型只不过是一个全局模型。其前提是器件内部的损耗均匀分布，而器件本身也被认为是匀质的。虽然严格意义上并非如此，但这样一个模型已经很接近器件的真实特性了。

9.3 超级电容器组的容量配置

9.3.1 以能量作为选择依据

对于大多数应用，单只超级电容器无法满足能量需求，因此，通过储能量需求确定所需器件的数量是很有必要的。

为此，我们首先考虑如图9-3所示的等效电路模型，忽略与张弛效应有关的参数，只考虑器件的基本电容值 C（$C=C_0$）。在这种情况下，器件在最大允许电压 U_M 下可以储存的最大能量为 W_M，即

$$W_M = \frac{1}{2}CU_M^2 \tag{9-3}$$

如果想把储存于超级电容器中的能量全部释放出来，需要将其电压从最大值 U_M 降到0。但是，在一定的功率输出情况下，超级电容器的电流会随着电压降至0而趋于无穷大，这会在效率上带来很大的问题[BAR 03a, BAR 03b]：因为储能器件的串联等效阻抗与功率转换装置都会产生很大的损耗。在实际应用中，为了提高系统效率，需要将超级电容器的端电压变化范围限制一定的范围之内。这里引入一个放电系数 d，它等于超级电容器所能允许的最小端电压除以最大端电压，并以百分数表示。

$$d = \frac{U_m}{U_M} \times 100\% \tag{9-4}$$

由此可见，超级电容器储存的总能量 W_M 并不能被完全利用，而只有其中的部分能量可以使用，称为有效能量 W_u。

$$W_u = W_M\left[1 - \left(\frac{d}{100}\right)^2\right] \tag{9-5}$$

比如，当 $d=50\%$（最小电压是最大电压的一半，而最大电压对应着满充电状态）时，超级电容器可释放的能量是其总储能量的75%。为了获得高效率，我们在应用中一般避免 d 低于50%。

由超级电容器有效能量的定义，可以最终确定提供能量 W 所需器件的数量 N 为

$$N = \frac{W}{W_M\left[1 - \left(\frac{d}{100}\right)^2\right]} \tag{9-6}$$

对于特定的超级电容器，没有唯一的器件数量求解方法。所需数量取决于超级电容器的放电系数 d，因此，其容量设计有很大的自由度。

9.3.2 以功率作为选择依据——兼顾效率

正如前文所分析的等效电路模型，超级电容器内部含有一个串联电阻，这意味着在充放电过程中会发生内部损耗。如果计入这些损耗，就可得到超级电容器的效率，这在进行超级电容器组单体数量计算时必须考虑。

举例来说，图 9-6 分别给出了一个参数为 2600F/2.5V/0.7mΩ 的超级电容器在恒流和恒功率条件下的充放电效率曲线。图中放电系数 d 设为 50%。不过，即使充放电电流和功率不是恒定值的，也可以参考这个曲线。

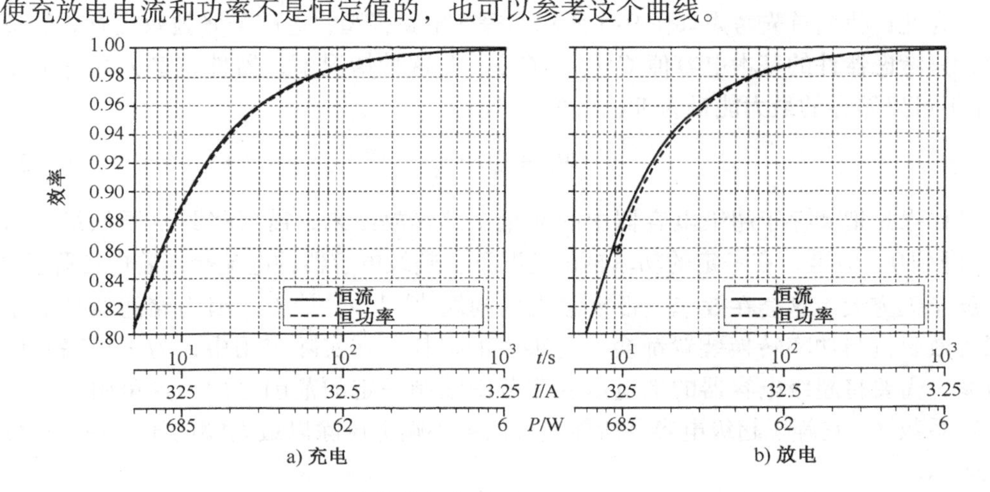

图 9-6 超级电容器的效率（2600F/2.5V/0.7mΩ，d=50%）

尽管超级电容器的串联阻抗很小（0.7mΩ），但要使效率大于 90%，充电时必须将电流或功率限制在一定的值之下，放电时也是如此。

也就是说，充电时电流需限制在 297A 以下，或者功率限制在 604W 以下，才可以得到 90% 的效率。放电时的条件更加严格一些，电流不得超过 267A，功率不得超过 423W。

如果我们以允许的最低效率为约束，可以推算出器件的功率密度，由保证器件获得 90% 效率的放电功率（423W）与器件的质量（0.525kg）之比得到。由此，本例中器件的功率密度为 806W/kg，但是厂商给出的却为 4300W/kg。

可见，器件的实际性能与厂商标称的有很大差距，因此，在进行超级电容器组的容量设计时，必须考虑由器件内部串联阻抗所导致的效率问题。

图 9-7 给出了一个考虑效率的超级电容器组容量设计案例，该组超级电容器要

求以 30kW 的功率提供 170kJ 的能量，单体器件的参数为 350F/2.5V/3.2mΩ。

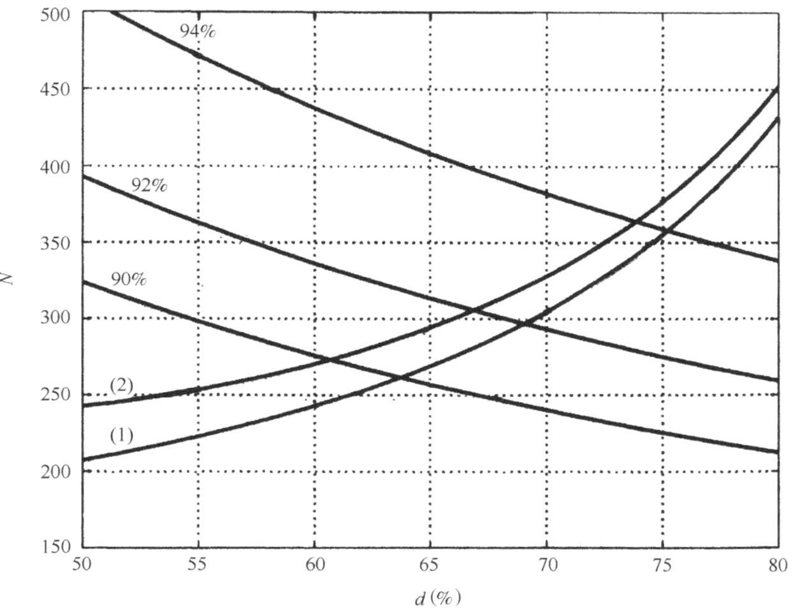

图 9-7　考虑效率的超级电容器组容量设计案例

如果不考虑效率，所需器件的数量可以由式（9-6）直接计算出来。如果储能量已知，不同的放电系数 d 计算出的器件数量也不唯一。假定放电系数 d 的取值范围是 50% ~80%，可以得到图 9-7 中的曲线（1），它给出了一系列的可能选择。

图 9-7 中也给出了 30kW 功率而不同效率（90%、92% 和 94%）下的器件数量选择曲线。从图中可以看出，超级电容器组的效率随着器件数量增加而增大，也随着放电系数增加而增大。

最后，图 9-7 中的曲线（2）给出了为满足 170kJ 储能量需求并考虑效率条件下的一系列选择。当效率接近 1（N 很大，d 接近 100%）时，该曲线接近理想曲线。无论如何，考虑效率时就会导致计算所得器件数量的增加，同时也限制了超级电容器组端电压的变化范围。最终，器件数量是由曲线（2）（计及效率的能量选择依据）与等效率（功率选择依据）曲线的交点确定的。

在本例中，170kJ/30kW 的储能需求对应的设计方案为 $N=270$，$d=60.8\%$，效率 90%，或者 $N=365$，$d=73.8\%$，效率 74%。

9.4 功率接口

9.4.1 电压均衡

上一节给出的超级电容器组容量设计实例表明，所采用的单体器件数量是个非常重要的参数。由于超级电容器单体电压非常低，因而不得不将大量的单体串联起来以达到所需的工作电压。在给定功率条件下，这种串联结构可以减小充放电电流，保证超级电容器组后端的功率变换器具有较高的性能和效率。

但是，电容值不完全相同（±20%）的单体器件串联成组会带来电压不均衡的问题。在一组串联的超级电容器充电结束时，电容值最小的单体电压可能会超过其允许的最大电压。而如果设定为只要有一个单体达到最大电压就停止充电，那么电容值大的单体只能充电至相对较低的电压值，因而储存的能量就无法达到最大水平，也就不能有效利用整个超级电容器组的储能容量。

因此，串联的超级电容器组中每一个单体的电压都应该得到均衡，以避免超过其最大允许电压和减少寿命。同时，也要尽可能地保证所有单体的能量得到最大化利用。

图9-8给出早期均压电路的一个实例，该串联超级电容器组由8个单体构成[BAR 00,BAR 02]。

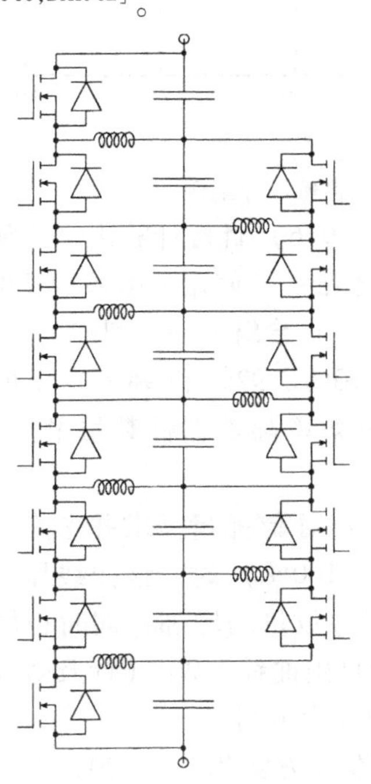

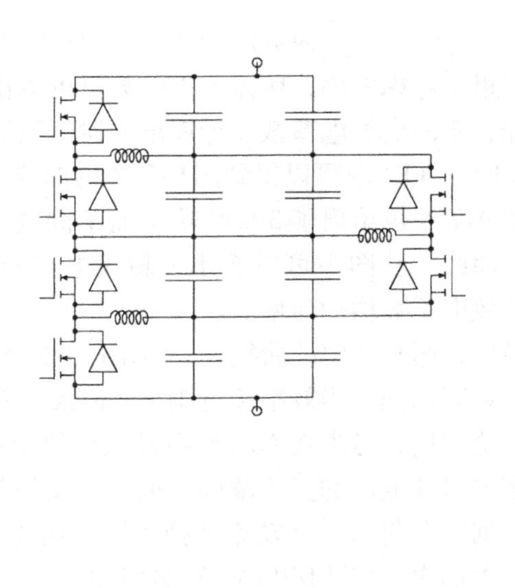

图9-8　电压均衡电路

在这种均压电路中，双向buck-boost变换器分别与相邻的两个超级电容器相连。当检测到这两个超级电容器的电压有明显差异时，与之连接的变换器被激活，工作于某一单向变换模式。当这两个电容器的电压达到均衡时，变换器停止工作。为了保证效率最高，变换器应使用低导通阻抗 $R_{ds(on)}$ 的MOSFET器件和快恢复二极管，并工作于断续运行模式。

尽管这种均压电路在效率和均压效果上都很不错，但是它的实现方式复杂，均压电路的数量随着串联超级电容器单体数量的增加而增加。不过，如果这8个超级电容器单体采用两个并联再4个串联的结构，均压电路的数量就可以减少。这种接法还有一个额外的好处在于，器件并联可以减少串联支路之间的容值差异，也就降低了电压的不均衡程度，并缓解了均压电路的应力。

然而，目前使用的还有一些更简单的方法，每个超级电容器两端都并联一个电阻，只有当电压超过设定值时该电阻才与电容器发生电气连接。在这种情况下，相当于人为地制造了一个漏电流，把超级电容器的端电压控制在最大允许值之内，只是动态过程比较缓慢（漏电流一般为几百毫安）。在第一个充放电循环中，一部分器件可能会超过最大允许电压，但经过几十个充放电循环之后，这组超级电容器至少在满充状态时所有单体的电压可以达到均衡，此后，均压电阻就不再需要了。当所连接的电容器电容值发生改变，尤其是当电容器达到寿命期限或者因外部原因而造成损坏时，均压电阻需要再次发挥作用。此外，这种均压电路还可以帮助我们辨识出失效的需要更换的电容器。

9.4.2 固态变换器

超级电容器可以看成是一个直流电压源，但其输出电压不恒定，而是取决于荷电状态。另外，充放电电流必须得到控制以将效率维持在特定值。

由此可见，超级电容器组一般不能直接与负载连接，而是需要配置一个固态变换器作为与负载之间的功率接口，提升储能系统的电流值或电压值，以满足应用需求。此外，固态变换器还应该能够实现对超级电容器充放电电流的控制。

超级电容器有一个特性应该从开始就要考虑到：尽管超级电容器的串联阻抗可以被认为在很宽的频域范围内是恒定的，但是它可以迅速降低，以至于在几百赫兹左右可以认为该阻值为0[BUL 02]。虽然超级电容器充放电电流的平均值决定了所储存能量的大小，但其他任何谐波分量应该被尽可能消减，以避免器件进入阻性频域内和高耗能模式。固态变换器在功能设计上应该能够满足这个要求。

在考虑了以上这些特性与需求之后，这里给出了固态变换器一个可行的结构，如图9-9所示。其中超级电容器组由一个等效电容 C 表示。

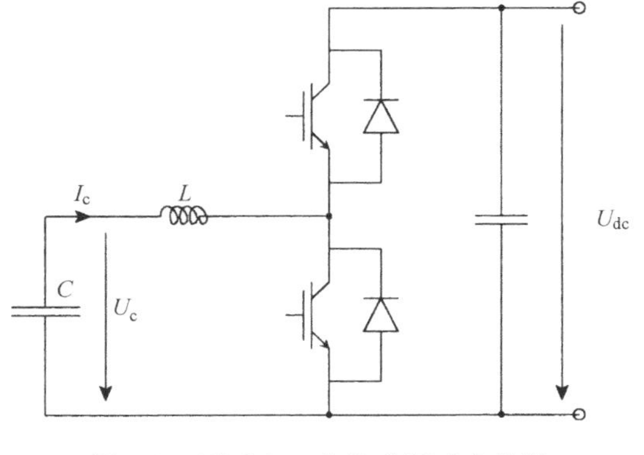

图9-9 可反向工作的升压型变换器

该变换器是一个DC－DC升压型变换器，可以双向工作，其输出电压 U_{dc} 总是大于超级电容器组的端电压 U_c。这特点的一个重要好处是，避免了大量超级电容器的串联，因为它们本身的电压太低了。另外，电感 L 用于平滑充放电电流 I_c 在其平均值附近的波动，减小因变换器高频运行所带来的高频电流分量。由于双向工作的特点，这种结构在效率、重量与体积等方面可以大为优化，而且能量的双向流动是轮流进行的。

这是唯一的一个既可以提升电压，又可以直接控制超级电容器输出电流中的谐波成分的结构。在实际应用中，当有某些特殊需求，图 9-9 所示的结构无法满足时，那么就有可能采用图 9-10 所示的变换器级联结构。

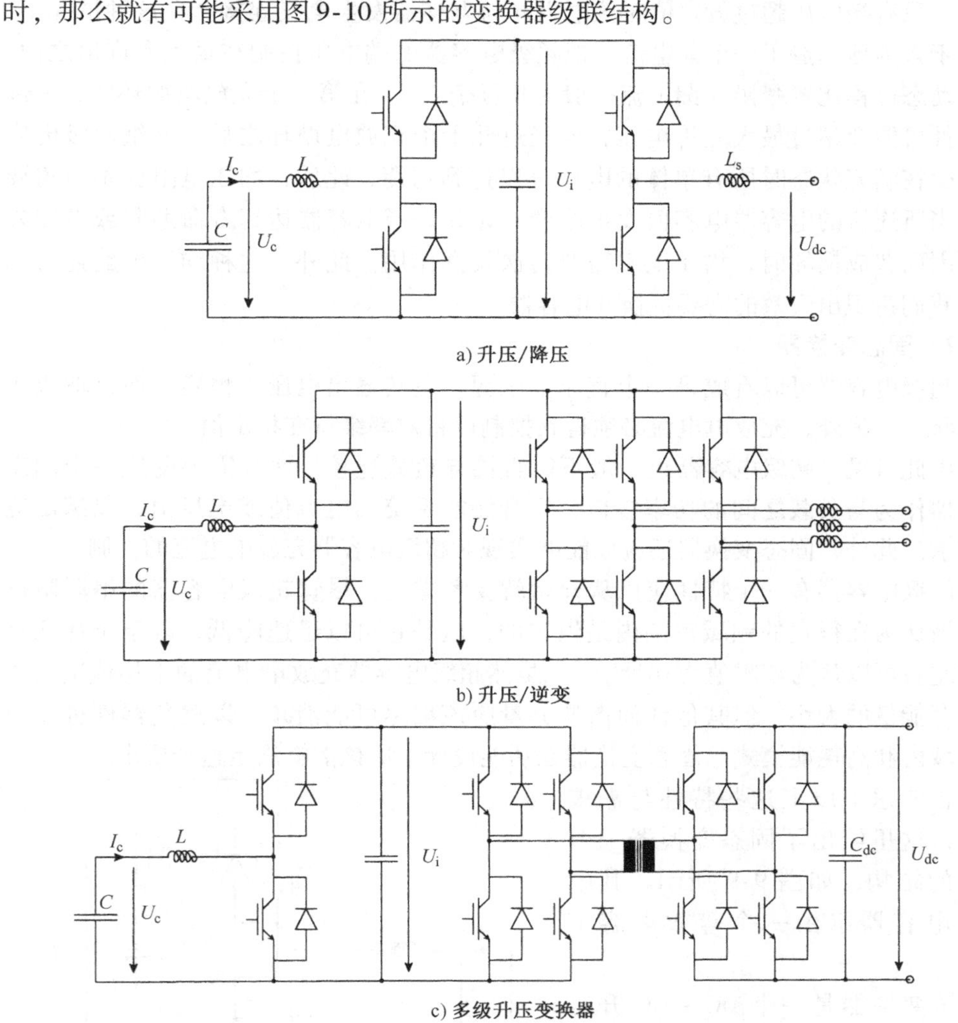

图 9-10　级联结构的变换器

图 9-10a 给出的结构是将一个双向升压变换器通过一个高电压等级的中间环节与一个双向降压变换器级联。这样的一种变换器级联方式适用于输出电压 U_{dc}，有

可能低于超级电容器组端电压 U_c 的情况。

图 9-10b 所示的结构适用于要求超级电容器储能交流输出的场合（目前主要是指三相交流）。其中，直流变换器的作用主要是提高超级电容器组的端电压，以支撑后级的电压型逆变器，因为中间电压 U_i 应该总是大于逆变器交流输出电压的峰值。对于超级电容器来说，由于其具有低电压特性，为了避免串联使用过多的单体器件，升压环节是必须要采用的。

图 9-10c 所示的结构也属于 DC－DC 变换器的范畴，这种结构适用于输出电压 U_{dc} 与超级电容器组的端电压 U_c 之间相差十分大，以至于无法由一个升压变换器完成的场合（超过升压变换器的调制极限）。因此需要借助于多级升压变换器，其工作原理是：首先，通过升压变换器产生电压 U_i，并由一个单相逆变器变换成几千赫兹的交流电提供给变压器的一次侧，变压器二次侧与另一个电压型逆变器连接，使其工作于整流状态，输出所需的直流电压 U_{dc}。使用千赫兹频率的变压器，既可以达到升压的目的，也可以减小体积和重量。

最后，我们应该注意到，图 9-10 给出的三种结构都将升压变换器作为前级。如果在具体应用中，所需的电压等级与超级电容器组的端电压（在其放电过程中）相匹配，这个升压变换器就可以省去。这种方式可以提高效率，但是超级电容器组与降压变换器、电压型逆变器，或者中频变换器之间必须有一个滤波器，用于限制充放电电流中的谐波成分[RUF 08]。

9.5 应用

9.5.1 概述

超级电容器的应用领域主要有三个划分标准，即能量密度、功率密度和寿命（充放电循环次数）。

超级电容器的能量密度比蓄电池低。因此，以超级电容器作为唯一电源的应用很少。但是，由于超级电容器在功率密度和寿命方面的优势，使得其适用于任何能量需求不高，但蓄电池又无法满足瞬时功率需求的应用场合。

可以将超级电容器的应用分为两类。第一类是作为独立的电源，由短时尖峰功率进行充电。第二类是作为辅助电源，这种应用比较常见，超级电容器与其他的主电源共同供电。在第二类应用中，超级电容器的作用在于弥补主电源在输出功率方面的不足。因此，任何混合动力系统的应用都应属于此类。

9.5.2 超级电容器作为主电源

由于能量密度较低，把超级电容器作为主电源的应用非常少。不过，我们仍可以举出两类典型的应用案例。

第一类应用案例与内燃机的起动有关。在这种应用中，能量需求并不重要，超级电容器主要用于提供起动所需的瞬时大功率。此外，超级电容器循环次数多的特性与内燃机的寿命相符，这与蓄电池相比是个很明显的优势，尤其是还要考虑到电池的维护费用[SCH 00]。

第二类应用案例与设备的供电可靠性有关。也就是说，在短时停电时由超级电容器为系统提供能量支撑。最典型的应用就是计算机，超级电容器提供的能量至少应能确保正常关机，通常需要支撑几分钟到几十分钟。与蓄电池相比，使用超级电容器的主要优势在于寿命长、免维护，以及电网恢复供电后的快速充电。

该类应用还包括风力发电中的变桨距控制系统。当控制系统的供电中断时，超级电容器可以保证风机控制器能够调整叶片的角度以避免强风的侵袭，达到保护风机的目的。在这种应用中，超级电容器的储能量与功率输出能力都是要考虑的重要参数。超级电容器循环次数多与免维护的特点是明显的优点，但不足之处在于较大的漏电流，因而其荷电状态必须受到监控和维护。

9.5.3 混合电源系统

混合电源系统一般由两部分组成，各个部分都是以互补的方式为系统提供电能。在理想情况下，各个部分都能工作于额定运行状态。

在混合电源系统中，使用超级电容器的原因就是其高功率密度与长循环寿命，作为辅助电源可以很好地满足实际应用中的高功率需求，或者平抑功率波动的需求。系统的主电源可以是主电网、蓄电池[BAR 08]、内燃机或燃料电池[DIE 03]等。这些应用案例都有一个共同点，即主电源用于满足系统的能量需求，超级电容器用于满足功率需求。

将超级电容器作为辅助能源的混合电源系统具有很广泛的应用。

在低功耗应用中，比如在照相机或摄像机中，将超级电容器与电池配合使用，以减小对电池的诸多不利影响，延长其寿命。

对于几十千瓦的应用而言，超级电容器可以替换电梯中的制动电阻。在此类应用中，超级电容器需要具备一定的储能量与功率输出能力，以减小电梯在升降过程中对电网的不利影响，而这种影响可以看成是断续的功率需求[RUF 02]。

汽车和牵引机车领域也是超级电容器比较适合的领域。对于汽车而言，超级电容器非常适合“起停”行驶模式，或者作为更高级的应用，超级电容器可以降低对内燃机的功率输出限制。

对于牵引机车，几种可能的超级电容器应用在同时开发。第一个应用就是带有悬链线的有轨电车和无轨电车，可以通过超级电容器的使用缓解机车的功率需求对电网功率分布曲线的影响，同时也可以尽可能多地回收制动能量。目前一些应用方案正在进行测试：将一组超级电容器通过悬链线端的接口接入机车的供电系统（控制悬链线电压，回收车辆的制动能量）[RUF 04b,SIT 00]，或者直接把超级电容器安装在机车上（减少了对悬链线的要求，并能回收制动能量）[DES 07,STE 04]。第二个应用就是柴-电混合的短途列车，如图 9-11 所示。

有一项针对图 9-11a 所示机车的研究。一辆由 Stadler Rail AG 公司制造的柴-

a) 柴－电混合列车

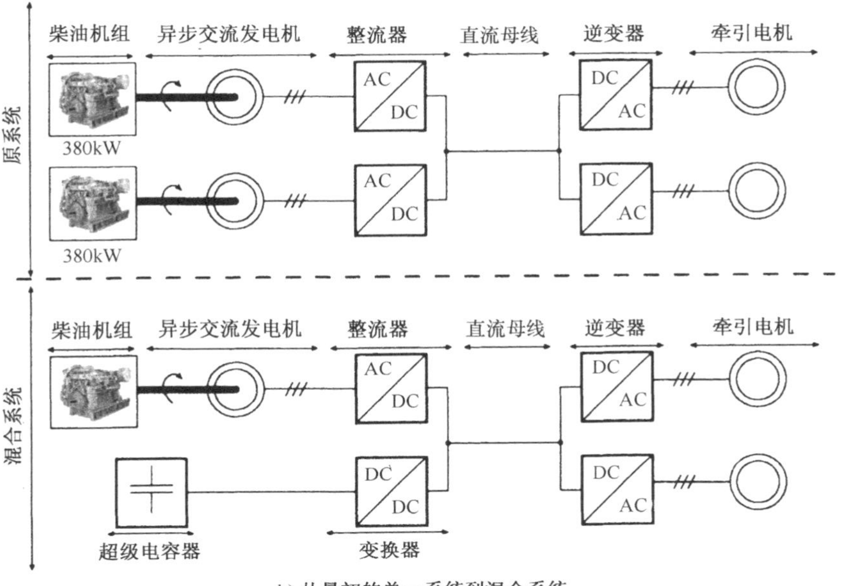

b) 从最初的单一系统到混合系统

图 9-11　柴-电混合列车

电列车[DES 04]。该列车是针对 Merano-Malles 线（位于意大利北部）设计的，这段路线以陡峭著称，海拔为 1000～1700m。如图 9-11b 所示，该列车起初是由两台柴油发电机供电的，每台机组功率为 380kW（共计 760kW）。应该注意到，在这种配置下，柴油机必须满足列车任何的功率波动需求。因此，发动机的运行状态被迫频繁改变，使得对其效率和排放物的控制尤其困难。此外，也无法做到制动能量回收，使得柴油发电机提供的能量无法充分利用。

该项研究在列车上安装了一组超级电容器，如图 9-11b 所示，它们可以完成一部分或者所有列车的波动功率需求。确实，安装超级电容器的目的就是为了控制柴油发电机工作在“起停”模式。在起动阶段，柴油发电机保持在额定工作状态，可以提供最优效率并减少排放量。不仅如此，使用超级电容器储能保证了制动能量的回收，提高了系统的整体效率。

图 9-12 所示为满足以上要求所需的超级电容器储能量预估，并且给出了储能量对于柴油发电机装机容量的直接影响。

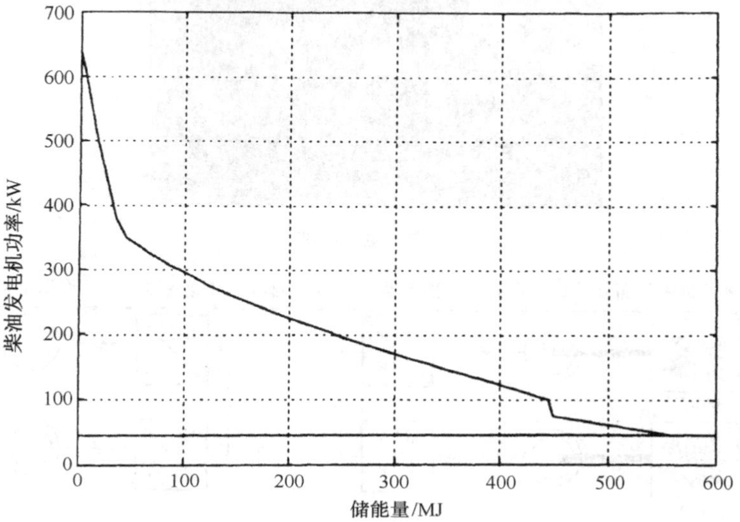

图 9-12　储能量对柴油发电机组装机容量的影响

图中的参考点是无储能时的情况（储能量为零），对应了最初预测的柴油机功率（640kW）。曲线中的极值点说明了这样一种情况：列车在重量和体积允许的情况下安装了一组储能量为 550MJ 的超级电容器，那么它只需要配备 45kW 的柴油机就可以正常运行了。遗憾的是，这种情况几乎不可能发生，因为实际的列车是无法容纳体积如此大的超级电容器的。

一个有意思的方案是，如果将超级电容器组的容量配置为 45MJ，那么对应的柴油发电机功率将会减半，因而可以将图 9-11b 所示原系统中的一个柴油发电机组换成一组超级电容器。这组超级电容器由 4900 只单体组成，每个单体参数为 3000F/2. 7V/0. 29mΩ。超级电容器组的总重为 2. 7t，体积为 2. 3m^3。

通过计算和仿真发现，这样做的好处就是柴油消耗降低了 44%，而且在 10 年内可收回超级电容器储能系统相关的投资成本。还要注意到，以上计算是在汽油价格还未超过每桶 100 美元的时候。

最后一个例子说明一下与超级电容器充电有关的应用[RUF 04a]。由于采用了超级电容器，车辆的续航里程缩短了，需要在其行使的固定路线上，每当车辆停靠在沿途分布的站点时对车载超级电容器进行充电。由于车站与车载超级电容器储能之间的能量交换过程必须非常迅速，因此所需功率肯定是巨大的（100 ~ 1000kW）。在这段短暂的时间内（几十秒），能量可以由充电站内的超级电容器提供。而站内超级电容器可以在先后两辆车停靠的间隙进行充电，从而使充电时间放宽至几分钟，这样从电网吸收的功率就不会超过几十千瓦。

上面这个应用也说明了超级电容器在储能领域的一个主要角色，即能量缓冲器，限制负荷对主电源的功率需求。

9.6 参考文献

[BAR 00] BARRADE P., PITTET S., RUFER A., "Series connection of supercapacitors, with an active device for equalizing the voltages", *PCIM 2000: International Conference on Power Electronics, Intelligent Motion and Power Quality*, June 6-8, Nurnberg, Germany, 2000.

[BAR 02] BARRADE P., "Series connection of supercapacitors: comparative study of solutions for the active equalization of the voltages", *Electrimacs 2002, 7th International Conference on Modeling and Simulation of Electric Machines, Converters and Systems*, August 18-21, Montreal, Canada, 2002.

[BAR 03a] BARRADE P., "Energy storage and applications with supercapacitors", *ANAE: Associazione Nazionale Azionamenti Elettrici, 14o Seminario Interattivo, Azionamenti elettrici: Evoluzione Tecnologica e Problematiche Emergenti*, March 23-26, Brixen, Italy, 2003.

[BAR 03b] BARRADE P., RUFER A., "Current capability and power density of supercapacitors: considerations on energy efficiency", *EPE 2003: European Conference on Power Electronics and Applications*, September 2-4, Toulouse, France, 2003.

[BAR 08] BARRADE P., DESTRAZ B., HAUSER S., RUFER A., "Application de supercondensateurs dans le transport individuel – étude expérimentale d'un scooter électrique avec assistance en puissance", *Bulletin de l'Association pour l'électrotechnique, les technologies de l'énergie et de l'information et de l'Association des entreprises électriques suisses (SEV/AES)*, pp. 37-41, 2008.

[BUL 02] BULLER S., Impedance-based simulation models for energy storage devices in advanced automotive power systems, PhD thesis, ISEA, 2002.

[DES 04] DESTRAZ B., BARRADE P., RUFER A., "Power assistance for diesel - electric locomotives with supercapacitive energy storage", *IEEE-PESC 04: Power Electronics Specialist Conference*, June 20-25, Aachen, Germany, 2004.

[DES 07] DESTRAZ B., BARRADE P., RUFER A., KLOHR M., "Study and Simulation of the Energy Balance of an Urban Transportation Network", *EPE 2007: 12th European Conference on Power Electronics and Applications*, September 2-5, Aalborg, Denmark, 2007.

[DIE 03] DIETRICH P. *et al.*, *Hy. Power* – "A technology platform combining a fuel cell system and a supercapacitor", in *Handbook of Fuel cells – Fundamentals, Technology and Applications*, vol. 4, part 11, pp. 1184-1198, John Wiley & Sons, Chichester, 2003.

[RUF 02] RUFER A., BARRADE P., "A supercapacitor-based energy-storage system for elevators with soft commutated interface", *IEEE Transactions on Industry Applications*, vol. 38, pp. 1151-1159, 2002.

[RUF 04a] RUFER A., BARRADE P., HOTELLIER D., HAUSER S., "Sequential supply for electrical transportation vehicles: properties of the fast energy transfer between supercapacitive tanks", *Journal of Circuits, Systems and Computers*, vol. 13, pp. 941-955, 2004.

[RUF 04b] RUFER A., HOTELLIER D., BARRADE P., "A supercapacitor-based energy-storage substation for voltage-compensation in weak transportation networks", *IEEE Transactions on Power Delivery*, vol. 19, pp. 629-636, 2004.

[RUF 08] RUFER A., BARRADE P., CORREVON M., WEBER J.-F., "Multiphysic modeling of a hybrid propulsion system for a racecar application", *Iamf EET-2008: European Ele-Drive Conference, International Advanced Mobility Forum*, March 11-13, Geneva, Switzerland, 2008.

[SCH 00] SCHNEUWLY A., GALLAY R., "Properties and applications of supercapacitors from the state-of-the-art to future trends", *Power Conversion and Intelligent Motion Conference*, PCIM, Nurnberg, Germany, 2000.

[SIT 00] SITRAS SES Energiespeichersystem für 750V DC Bahnanlagen, Siemens Transportation Systems Public. Nr A19100-V300-B276 and B275, field of power electronics, and energy management for UPS applications. Patent application.

[STE 04] STEINER M., SCHOLTEN J., "Energy storage on board of DC fed railway vehicles", *35th IEEE PESC Conference*, Aachen, Germany, June 21-242004.

[ZUB 00] ZUBIETA L., BONERT R., DAWSON F., "Considerations in the design of energy storage systems using double-layer capacitors", *IPEC Tokyo*, Japan, p. 1551, 2000.

作者名单

Philippe BARRADE
EPFL
Lausanne
Switzerland

Régine BELHOMME
EDF R&D
Clamart
France

Yves BRUNET
INP
Grenoble
France

Denis CANDUSSO
INRETS-LTN
Belfort
France

Orphée CUGAT
G2Elab
Grenoble
France

Jérôme DELAMARE
G2Elab
Grenoble
France

Jean-Marie KAUFFMANN
IGE
Franche-Comté University
Belfort
France

Gilles MALARANGE
EDF R&D
Clamart
France

Gauthier DELILLE
EDF R&D
Clamart
France

Jérôme DUVAL
EDF R&D
Clamart
France

Daniel FRUCHART
Institut Neel
Grenoble
France

Florence FUSALBA
CEA-INES
Le Bourget-du-Lac
France

Daniel HISSEL
FEMTO
Franche-Comté University
Belfort
France

Florence MATTERA
CEA-INES
Le Bourget-du-Lac
France

Andrei NEKRASSOV
EDF R&D
Clamart
France

Julien MARTIN
EDF R&D
Clamart
France

Sébastien MARTINET
CEA Liten
Grenoble
France

Marie-Cécile PERA
FEMTO
Franche-Comté University
Belfort
France

Eric VIEIL
LEPMI
Grenoble
France